青花加紫——

著

# 人间烟火香自来

【下】

重庆出版集团
重庆出版社

# 目录

第四章　香气养生　/137

第五章　黄太史四香　/175

香自来　　烟火　　人间

第一章　中国香具发展史

# 1. 香炉出生的青铜时代

在中国香诞生之初，从它第一次登上祭坛、第一次走进皇宫大殿开始，它就与香具形影不离了，香具是香气的承载者，亦是香气具象化的表达。我们通过一件件精美的香具，既可一览浩荡的中国历史，亦可品味细腻的雅士情怀，在中国香的探索之路上，香具文化不可缺席。

什么是香具？即品香所需要用到的器具，如香炉、香瓶、香盒、香插、香匙、香箸等。为什么要用一个系列的文字来讲香具文化？我总结了四点原因。

第一，香具不仅仅是一件实用器。中国香最初的用法，一是用来祭祀，二是供皇室贵族品闻，这两种场合要么是神圣庄严的，要么是雍容华贵的，因此所需要配套的香具绝不可能是普通器物，除了实用，它还必须是一件艺术品。什么叫艺术品？即它的价值还可以体现在精神层面上，给人们提供一种精神上的享受，这种价值就是艺术价值。香具的这一属性源远流长下去，以至于历代香具基本上都能够代表当时最高的审美水平和工匠技艺。

第二，不同历史时期的香具是完全不同的，它们具有时代的唯一性和互相之间的演变性。先说唯一性，举个简单的例子，唐三彩绝对不会出现在汉代，宣德炉也绝对不会出现在唐代，这就像苹果手机绝对不会出现在乔布斯出生之前一样，它们的出现是有节点的。这就为研究香文化提供了无比准确的证据，我们能够通过一件香具得知当时古人的用香习惯和用香方式，这比任何文字上的记载都要真实可靠。

再说演变性，历代香具是在不断变化的，大小会变、材质会变、颜色会变、造型也会变，但这些变化并非杂乱无章，而是有理可循。当我们去研究和分析这些变化时，香文化的发展历程也就从实物方面得到了印证。

第三，不同的香具有不同的用法，这对于古人来说是一个常识，但对今人来说却是一门学问。如果不了解香具的用法，很可能会在今天会闹出一些笑话。我记得曾在网上看过一张照片，有人拿着一把魏晋时期的青瓷壶正在倒茶，而那把青瓷壶也的确是真品，只是他却不知道，那把壶的真名叫作"虎子"，曾经是一把夜壶。香具也是如此，什么香用什么炉，都是有讲究的。

第四，香文化本身是一种生活美学，其中包括香具之美。我们常说柴米油盐酱醋茶，这些都是生活的必需品，但这里头连茶都有，就是没有香。因为香不是生活的必需品，而是一种超越基础物质生活的存在，是为了给生活增加更多美感的。既然是美学，仅仅有美妙的香气是不够的，与香气匹配的一定是精美的香具，嗅觉之美与视觉之美二者合一才有整体上的意境之美。

香具中最大的一个门类是香炉，但早期并没有焚香专用的炉，炉的作用是综合性的。在《周礼·天官冢宰第一》有这样的记载：

宫人：掌王之六寝之修……凡寝中之事，埽除、执烛、共炉炭，凡劳事。

《周礼》是周朝的礼制，"冢宰"相当于宰相，是百官之首，由他来率领下属，让各级官员在各个岗位都能尽职尽责。其中"宫人"的职责是掌管寝殿中的所有事务，包括打扫卫生、执烛照明和管理炉炭等。所谓"共炉炭"，"共"即供给、供应，显然是为了维持寝室的温度，所以早期炉的主要作用就是取暖。但这则记载并不意味着炉只能用来取暖，它也可以有别的功用。1923年河南新郑县李家楼发现了一座春秋时期的大墓，里面出土了很多精美的青铜器，其中有一只长方形，像一只深腹平底盘般的器物，这件东西就是"炉"。

为何敢称它为炉呢？因为器物上刻了七个铭文，是百余件宝物中唯一的文字记录，此物为"炉"确定无疑。但针对其他几个字的破译，却让各路专家争论不休，暂定名为"王子婴次之燎炉"。争论的焦点一是"王子婴次"究竟何许人也；二是对"燎"字的判定。前者不去讨论，单说这个模糊不清的"燎"字。郭沫若先生认为此字为"燎"，"燎炉"即"燎炭之炉"，是用于取暖的火盆；而国学大家王国维先生则在《王子婴次卢跋》一文中提出，"《说文》，卢，饭器也"，推测此物为盛饭器，属餐具；又有考古学家马世之先生在《也谈王子婴次炉》文中提到，此炉应为煎炒之用，下方燃炭，类似于平底锅，属炊具；此外还有学者提出酒器、礼器等说。

对于此炉的用法，至今尚无定论，但是否还有另一种可能，即早期炉的用法并不唯一，它可以集多种功能于一体。此炉据王国维先生推测，是楚军在鄢陵之战兵败后遗留在郑地的，那么作为一只"行军炉"，它完全可能兼具饭器、炊器、温酒器等功能，又或是在取暖的同时，放置香料于炭火上也不无可能，如此便成了熏香炉。实际上大部分的事物皆是如此，在漫长的使用过程中，才逐渐分化出更为专业的用途。

果然，到了战国时期，真正意义上的香炉开始从炉这个大分类中脱颖而出。

1995 年，距离"王子婴次之燎炉"的出土已经过去了 72 年了。在陕西省凤翔县城南，有一片遗址群被称为雍城遗址。秦国曾在此建都，历时近 300 年，历经 19 位国君，是秦国中兴崛起的福地。这年三月，有一件宝物在雍城被发现了。

当专家清洗了泥土和铜锈，华彩毕现、惊世骇俗！这是一尊真正意义上的香熏炉，全名叫"战国凤鸟衔环青铜熏炉"。

在说熏炉之前，先来说说青铜。如果用一句话来概括青铜，那就是人类第一次冶炼出的合金，所以青铜不是纯铜，而是铜、锡、铅的融合。

为何有纯铜不用，偏偏要用合金呢？这是因为受到了冶炼技术的制约。古代工匠发现，青铜的熔点要比纯铜低很多，更加容易冶炼，且由于纯铜的用量减少，使得成本大大下降。这与合香是一样的道理，单纯熏焚沉香、龙涎香，世上没有几个人能用得起，而合香就可以，成本决定了它容易被推广普及，所以中国香文化的延续和发展主要依靠合香。对于科技来说，只有可以被广泛使用的技术，才会对文明的进步形成巨大的推动力，因此青铜冶炼技术一下子就把人类文明从石器时代推向了另一个全新的高度——青铜时代。

用一种材料来为人类文明的重要阶段命名，可见青铜的地位之高，它的重要性体现在哪些方面呢？我总结了以下几点：

第一，青铜是一种战略资源。先秦时期，用青铜来做武器，其坚硬程度史无前例，又因耐打磨，锋利程度也极高，加之青铜的可塑性强，只要开出相应的范模，不管是刀枪剑戟还是车马配件，都可以铸造。因此手持青铜武器的战士，在当年的战场上是所向披靡的。古代的十大名剑，干将莫邪、鱼肠龙渊等，基本上都是青铜剑，而诸如收藏在武汉博物馆"越王勾践剑"那般的神兵，千年之后依然锐不可当，轻轻一划就能割开一叠纸，这便是青铜威力的最佳证明。青铜作为如此有威慑力的战略资源，结果当然是受到政府的严格管制，私藏青铜者，杀无赦，属于一等一的大罪。所以在民间，基本是没有青铜的。

第二点，古人认为青铜是不朽的。这句话看似很不严谨，因为青铜明明会腐朽生锈，但我们至今还能在博物馆里见到如此众多的上古青铜器，说明古人的理解也并无不妥。对于国家来说，只有用不朽的青铜来祭祀天地神灵，才能国祚永昌、延绵万世，所以才有了后母戊鼎、大克鼎、子龙鼎、四羊方尊等巨大又精美的青铜礼器。对于帝王来说，也只有这种不朽的材料，才能匹配自己至高无上的生活，于是工匠们极尽奇思妙想，这才有了时至今日都难以仿制的、复杂精密的铸造工艺。而对于臣子百姓来说，获得青铜的唯一来源就是努力工作，如果幸运的话便能被赐予一定数量的青铜，在当时是无上的荣耀。因此很多青铜器上的铭文，都记录了主人家因为某种功绩被天子赏赐青铜，然后用这些青铜铸成器物的故事，最后还要刻上一句诸如"子孙永保之"的文字，以期望这份荣耀和自己的家族能够像这件青铜器一样不朽，以传万世。

第三点，青铜本身就是货币。从殷商开始，直至清末，铜钱都是主要的货币。虽然汉代以后，通常以铜钱上铸造的文字来体现面值，但在此之前都是以铜的重量来计算价值的，所以从理论上来讲，拥有多少青铜就拥有多少钱。青铜作为继贝类之后的第一种金属货币，堪称是一个国家的经济命脉所在。

了解了青铜的珍贵，再来看这尊青铜的凤鸟衔环熏炉。

战国凤鸟衔环青铜熏炉，凤翔县博物馆藏

先说造型，一个方形底座，中间一根细长的支柱，上面是一个圆形的炉体，这种两头大中间细的造型，源于商周青铜器中一种叫作"豆"的器物。

青铜豆是一种礼器，用来盛放食物，因为有足，也叫高足盘。渐渐地，古人发现如果把青铜豆的盖子做出孔洞，在里面燃炭，热气就能透出来，下面有底座，放置起来很稳定，中间有柄，便于移动也不会烫手。所以当盛放食物的青铜豆消亡之后，"豆"的造型却保留了下来，变成了熏炉。

熏炉有盖，盖上有孔，这就比纯粹取暖的火炉多了一重"熏"的功能。熏什么呢？当然是熏香了，因此今天我们对于这种有炉盖且带透气孔，炉体中可以放置热源的器物，统称为熏香炉。

再说工艺，这尊熏炉可以说代表了中国古代青铜铸造技术的巅峰水平。首先底座是镂空的，属于一种高浮雕图案，有凤纹、有虎纹，还有拿着盾牌的小人，互相交错缠绕，乍一看让人眼花缭乱，仔细看却各自栩栩如生。炉体是个球形，球又分为内外两层，里头那层没有镂空，外头那层用直径约三毫米的铜丝绕成了无数个 S 形再相互交错，做成了盘龙的样子。上下半圆的接缝处，用四只衔环的兽面做扣，显得十分威武。最精彩的则是顶部的凤鸟，双翼展开呈飞翔状，气势非凡。

凤鸟是古人心目中的神鸟，孔子曰："凤鸟不至，河不出图，洛不出书。"凤鸟不来的话，就没有河图洛书，也就没有贤明的君王。今天我们通常认为"凤"代表皇后，其实这种性别划分是秦汉以后的事情了，在更早的时候，龙凤都是至高无上的祥瑞神兽。凤鸟的口中衔着一枚铜环，铜环是用来拎起炉盖的，这样的设计把实用性和装饰性融为了一体。

当年秦王的侍女们是如何操作这尊熏炉的呢？首先是放炭。炭被放在炉体里，但炉体的内层并无孔隙，燃烧所需要的空气又该从哪里进入呢？这里有一个很巧妙的设计。炉体与底座之间有一根支柱，研究发现这根支柱是空心的，空气通过这根支柱由下而上，从镂空的底座进入密闭的炉体。而支柱很细，控制了空气的进入量，使得炉温不会升得太高，也为了下一步的熏香做好了打算。

燃炭之后，侍女们会在炭表面撒上香料，彼时的香料种类很少，基本就是本土所产的花椒、佩兰、辛夷、茅香之类，可以参照马王堆中出土的香料，两者不会相差太多。

尽管炉温得到了控制，但燃烧产生的烟还是无法避免，而盖子内层并没有孔隙，烟又要从哪里冒出来呢？结果，机关在凤鸟的背上，那里有一个小孔，大约七毫米，通过凤鸟的身体与炉体相通，这个小孔就是出烟孔。

可以想象一下当年的焚香场景：烟雾缥缈在翱翔的凤鸟身边，就像天上的云朵一样，凤鸟在云层中忽隐忽现，变幻莫测，简直就是凤舞九天的真实再现。这就是古人对于烟雾的把握，充满了奇妙的幻想，而这种让烟雾通过神兽身体散发出来的设计，也在后世被发挥成了独特的香炉品种——香兽。

总之，香炉的出身是尊贵的，它一定是从这种极为高端的材料和工艺开始的，而不是我们想象中那些粗鄙简陋的器具。

## 2. 从海外仙山到博山炉暖

时光如梭，到了西汉初年，香炉的大小和材质都发生了一系列的变化。

汉代以前的豆型香炉体积通常较大，比如战国凤鸟衔环熏炉，高达 35.5 厘米。为什么要把香炉做这么大呢？一是自商周开始，青铜器的使用有着严格的等级制度，《周礼》规定，天子能享用"九鼎八簋"，诸侯级别则只能享用"七鼎六簋"，到了高级别的大臣就只有"五鼎四簋"了，次第减少下去。除了数量的区别以外，大小也不一样，天子的最大，然后一级级变小，最小的鼎可以单手托在掌中。因此早期青铜熏炉作为天子、诸侯王级别的专属器物，按照礼制自然偏大。但到了西汉初年，用香的阶级有了一定程度的拓展，部分贵族也可以用香了，而贵族们所用的香炉，首先在礼制上就不能做得太大，避免僭越。

其次用香的环境也发生了变化，王侯用香，多在恢宏的大殿之上，不论是从礼法、气势、还是香气的浓郁程度上都必须用大香炉，比如北京故宫太和殿皇帝的宝座前就摆了一排四个大型的景泰蓝香炉，但贵族们的居所要比宫殿小得多，一个小香炉，焚烧一点点香料，香气就足够了。再加上熏衣之风的流行，小巧的、便于移动的香炉使用起来会更加方便。因此在西汉初年，香炉的体积已经较先秦时期大大缩小了。

再说材质，贵族们可以私制香炉，并不等于可以随意使用青铜，青铜依然是稀缺之物。而能够替代青铜且物美价廉的材料早已在人们的心中呼之欲出了，那就是陶土。

陶土被中国人使用的历史太过久远，久远到说不清楚的石器时代，但被广泛应用于香炉，却是在数千年之后，这就是所谓的"巧妇难为无米之炊"，香炉其实早就能做了，但前提是要有香料。关于陶制香炉，后文讲到陶瓷时再叙。

青铜时代走到西汉，已经接近尾声了，陶器、漆器开始大量地取代青铜器，更加具有韧性的铁制兵器也迅速取代了青铜兵器，青铜的崇高地位已经一去不复返了，很多青铜器的品类，除了一些必备的礼器和陪葬器之外，很多都走向了消亡。但就在此时，却有一股新生的力量在西汉中期喷薄而出，成为了青铜时代最后的光芒。这股力量来自一款新式的青铜香炉，它有一个尽人皆知的名字——博山炉。

1981 年的 5 月，在陕西省兴平市一个叫窦马村的地方，一位村民在平整土地时意外发现了一件金光闪闪的宝贝。村民的觉悟很高，当即就报告了政府，结果经过考古发掘，这片土地之下竟然出土了两百多件精美的文物。当然窦马村也不是个普通村庄，它所在地方还有一个名字，叫作茂陵。在这座东西横亘长达百里的陵墓里长眠的就是中国历史上那位伟大的帝王——汉武帝刘彻。

关于汉武帝的文治武功以及他对于中国香文化极大的推动作用，前文已详述，这里来看看《香乘》中所记载的与汉武帝有关的香气故事。

其中一则记载题为"天仙椒香彻数里":

> 昔汉武帝遣将军赵破奴逐匈奴,得其椒,不能解。诏问东方朔,朔曰:"此
> 天仙椒也。塞外千里有之,能致凤。"武帝植之太液池。至元帝时,椒生,
> 果有异鸟翔集。

汉代灰陶"豆"形香熏炉,用简练的三角形为基础组合出诸多纹饰变化

汉武帝驱逐了匈奴，从匈奴那里得到了一种椒，当然一定不会是辣椒，而是一种弹丸状的花椒。汉武帝不知其名，便去问东方朔。东方朔是个学问广博之人，他与汉武帝君臣相伴多年，虽然未得重用，但汉武帝十分乐于向他讨教。东方朔果然识货，说这东西叫作"天仙椒"，产自塞外，香气不凡，可以引凤鸟降临。汉武帝相信了他的话，把天仙椒种在了太液池畔。太液池是汉武帝在汉宫中挖的一个大池塘，池塘中还堆起三座仙山，被称为"一池三山"。

时间一晃三四十年过去了，到了汉元帝的时候，天仙椒才终于结了果，在香气弥散之下，天空中还真有异鸟被吸引而来，印证了东方朔当年所言不虚。这则故事虽不知真假，但可以从中看出汉武帝对于异域香料的好奇与重视。

再有一则记载，题为"百和香"：

> 武帝尝修除宫掖，燔百和之香，张云锦之帷，燃九光之灯，列玉门之枣，酌葡萄之酒，以候王母降。

汉武帝曾在宫里设置神位。首先要焚烧百和之香，"百和"泛指用很多香料制成的合香，说明在汉武帝时期由西域引进的香料品类开始变得丰富。除了焚香，还要用云锦来做帷帐，点燃九光之灯。九光之灯也叫九枝灯，一个灯台上发散九个枝条，像树一样，每根枝条上再分别点一盏灯，一共九盏。而后摆放供品，有从玉门关来的枣，有葡萄酿成的美酒，皆为西域之物。

设置神位是为了等候王母下凡。王母指西王母，最初在《山海经》里的形象是个半人半兽、面目狰狞、居住于洞穴中的凶神，后来逐渐女性化，演变成了一位女祭司，曾邀周穆王到昆仑山对饮畅谈。到了汉武帝时期又变成了掌管长生不老药的绝色佳人，最后到了明代才被定型为我们熟知的王母娘娘。这则故事在后世广为流传，人们通常称之为"汉武帝甘泉宫候西王母"，也是一个常见的绘画题材。

转过头来再看茂陵。汉人事死如事生，更不要说是汉武大帝的陵墓了，很难想象这里头该有多少宝贝，而这一点，也令历代的盗墓贼们垂涎三尺。历史上茂陵被盗过无数次，仅是记录在案的就有好几次，赤眉军去盗过，董卓派吕布去盗过，黄巢军也去盗过，总之命运多舛，所以茂陵基本上是被盗空了。

但不幸中的万幸，茂陵不仅仅是汉武帝一个人的陵墓，它还包含了很多个陪葬墓，像大汉的功臣卫青、霍去病也都埋葬在这里，因此汉武帝并不孤单。由于陪葬墓太多，就算盗墓贼们本事再大，也总有遗漏的，这就让一批幸运的文物保存了下来，而那件在窦马村被发现的宝贝就是这陪葬墓中的一件陪葬品。

这是一尊香炉，虽然金光闪闪，但并非是黄金制成的，它依然是一尊青铜香炉，只是在表面鎏了一层黄金，这种工艺叫"铜鎏金"，即把金和汞一起融化，形成金汞合剂，再将合剂涂抹在青铜器表面，用火烘烤，汞遇热蒸发后，金就均匀地附着在器物上了，最终让青铜器黄金加身，熠熠生辉，且不易脱落。铜鎏金工艺是在战国时期出现的，到了汉代已经炉火纯青，通常都是皇家用来彰显身份所用。可能有人要问，既然都是皇家天子了，为什么不干脆用纯金来做香炉呢？我猜大约有两点原因，首先还是成本的问题，即使是天子也没有必要如此铺张浪费，更何况青铜即"吉金"，在身份地位上并不低于黄金；其次是习惯的问题，比如海昏侯大墓中出土了上百斤的黄金，基本都是马蹄金、金饼、金板等有货币性质的文物，用黄金直接做成器物的极少。后世依然如此，除了在崇尚金银器的唐代能看到诸多纯金器物以外，铜鎏金基本就是最为高端和昂贵的香炉工艺了。

形制上，它的炉体被一根细长的杆子支撑起来，从头到脚总高58厘米。汉代人都是席地跪坐的，这个高度几乎与跪坐人的胸部齐平，也就是说这尊香炉不用放在桌子上，直接放在地上就能很好地观烟、品香了。中间那根细长的杆子呈竹节状，共有五节，底座和炉体上都铸造了龙的形态，共有九条，暗合"九五之尊"。"九五"这种规制可不是谁都敢用的，因此可以断定它的主人就是汉武帝本人。但奇怪的是，既然是汉武帝御用的宝物，为何出现在了陪葬坑中呢？这里头的故事我们稍后再说。

重点在于竹竿顶部的炉体，炉体分为上下两个部分，下半部分是个半球形，用于盛放炭火和香料，上半部分的盖子是一座山的模样，这就是所谓的"博山"。

何为博山？今天有很多种说法，比如山东省淄博市就有一个博山区，里头也真的有一座山就叫博山，有人说博山炉是因此得名。也有人说，"博"是广博、广大的意思，博山并不是指某一座山，而是很多山的一个统称。我同意第二种说法，但要为这些"山"再加一个定语，那就是"海外仙山"。

古人对于海外的事物大多是存在于想象中的，因为根本无法到达。海外仙山在古籍中通常有三座，蓬莱、瀛洲、方丈，但这三座仙山究竟在哪里呢？至今也不得而知。可能有人会说，蓬莱不就是今天的山东蓬莱岛么？其实并非如此。唐代杜佑在《通典》中写道，汉武帝东巡，"于此望海中蓬莱山，因筑城以为名"。而汉武帝当年想看的蓬莱到底在哪儿，没人知道，又或是海市蜃楼也犹未可知。

博山就是海上诸多仙山的统称了，是古人心中可以找到神仙和长生不老之术的秘境所在。既然博山并非真实的山，那么在古人的脑海里它应该是什么样子的呢？我认为，它应该是个"壶"的样子。我们今天说到壶，马上会想到茶壶，有壶嘴儿、壶把儿，但最早的壶并不是这个样子的。早在西周就有青铜壶了，壶是一种酒器，肚子大，圆滚滚的很能装，口部渐渐向上收缩，有盖子，便于密封。而这种底部敦实、中间浑厚、顶部细窄的造型，就

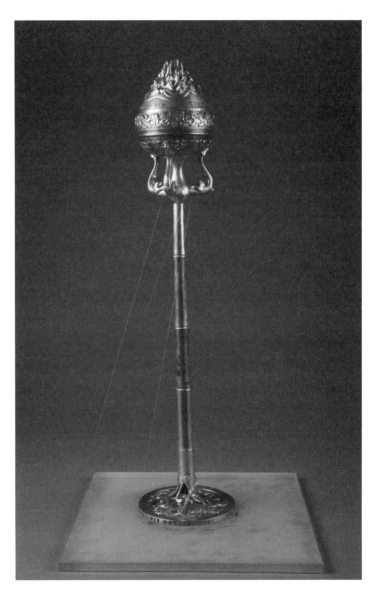

西汉鎏金银竹节青铜博山炉，通高58厘米，陕西历史博物馆藏

是古人对于海上仙山的想象。

这种想象并不难理解，我们今天对于海岛的地质构造有着科学的认知，大陆架在海底延伸，海底的山脉露出海面就成了岛，高耸的就成了山。但在古代，没人知道海面以下是什么样子，究竟是什么力量在托着这座山呢？想来想去，差不多就是壶的样子，底部大而圆，能浮于水，托着仙山浮在海上。

这种原始的想象后来被道教深度挖掘，诞生了很多关于"壶中之天""壶中之仙"的典故，比如跳到一个壶里就到了另外一个仙境，所以蓬莱、方丈、瀛洲，也被称为蓬壶、方壶、瀛壶。如果今天去北京故宫，里面有一座戏楼名为畅音阁，阁上挂着一幅匾，上书四个大字"壶天宣豫"，意思是这里仙乐飘飘，是如同仙境一般充满快乐祥和的地方。

回头看博山炉的造型，下半部分圆滚滚的炉体，就是古人想象中的仙山位于海面以下的部分，往往这部分的纹饰都是海浪、蛟龙等题材。再仔细看上半部的山峰，高品级的博山炉和普通的博山炉仅在山峰的铸造上就有很大的区别。高品级的博山，山峰一定是立体的，层峦叠嶂，每一座山峰都有独立的凹凸感，其间沟壑纵横，有鸟兽、羽人穿梭其间，有奇花异草遍植其中，360°看下来，无一重复，每一个角度都能看到不同的景象。而低品级的博山，山峰几乎是在同一平面上，或者说起伏很小，细节上的鸟兽人物也几乎没有。所以汉武帝的这尊博山炉，毫无疑问是顶级的宝物了，其山峰已不仅仅有强烈的立体感，还用鎏银的工艺在鎏金的山体上做出了海浪翻滚、云雾缭绕的特效，雄浑大气又不失精致巧妙。

但在古人看来，仅是铸造得好还远远不够，既然是仙山，就一定要有仙气。仙气是缥缈变化、似幻似真的，如果一眼就能看得透彻，那一定是凡尘。因此仙气是流动的、柔软的，不是死板的、坚硬的，如果在画作上，尚且可以通过色彩、笔触来表达这种感受，但要把青铜如此至坚之物铸造出柔美的仙气效果，根本不可能完成。这个时候，博山炉最为精妙的设计就凸显了出来，用真实的烟雾来表现仙山的仙气袅绕。

孔洞，开在山峰的沟壑里，非常隐蔽，从外表完全看不到。而一旦炉膛里的香火点起来，烟雾就会缓缓从山间升起，有的轻快，有的沉重，有的则盘旋在山间久久不散。仙境之气与人间烟火，就这样在博山炉之上合而为一了。《香乘》中记载："炉盖如山，香从盖出，宛山腾岚气，绕足盘环，以呈山海象。"

我时常在想，这恐怕不仅是凡人的智慧了，可能是真的有神仙赐予了灵感。

现在可以给出这尊香炉一个准确的名字了，"西汉鎏金银竹节青铜博山炉"。这种命名是有一定规则的，首先说年代，接着说有没有特殊的工艺，再说造型上的特征，再说材质，最后说类别用途。这样的一个顺序下来，基本上就把一件文物的重要信息概括在名字里面了，既准确又简明扼要。

"西汉鎏金银竹节青铜博山炉"是一件国宝重器，也是古代博山炉中的顶级作品，但它出现的意义却并不仅仅是国宝这么简单，因为刻在炉盖和底座上的两段铭文，让这件宝物背后的故事也在两千多年之后重现人间。

# 3. 国宝博山炉的传奇

一件文物上如果能有文字，是非常难得的事情，尤其是刻在青铜器上的铭文。一是在东汉蔡伦的造纸术尚未普及之前，文字都写在竹简、丝绢之上，这些易腐蚀的材料极难保存下来，只有甲骨和青铜上的铭文，才是少数可以穿越时空的文字；二是金属不同于纸绢，刻字要比写字困难得多，十分考验匠人的功力；三是铭文包含的信息量十分巨大，每一个字都是对那段历史强有力的佐证。

在汉武帝的这尊博山炉上，足足有 68 个清晰的阴刻铭文。铭文分为两段话，第一段 35 个字，刻在博山炉炉盖的下缘，第二段 33 个字刻在底座的边缘。两段话意思差不多，这里仅来解读炉盖上的铭文：

> 内者未央尚卧，金黄涂竹节熏炉一具，并重十斤十二两，四年内官造，
> 五年十月输，第初三。

"内者"是一个汉代的官职，自秦沿袭而来，主管宫中的日常生活。其中管寝宫睡眠的，称为"尚卧"。具体的宫殿名称也记载得很清楚——未央宫。

公元前 200 年，汉高祖刘邦命萧何在长安主持修建未央宫，这座大汉王朝的皇宫面积是今天紫禁城的六倍，殿宇森森，气势恢宏。西汉历代皇帝大多居住于此，这里就是汉帝国的心脏，后世又有无数帝王曾入主未央宫，一直到唐末才被废弃，足足存世 1041 年，是古代宫殿留存时间最长的一座。

这位内者尚卧就是未央宫中寝殿的主管之一，甚至可以说由于工作的需要，他曾与汉武帝走得很近。

第二句话开始描述博山炉的形制，"金黄涂"即鎏金工艺，"竹节"是样式，"熏炉"即有镂空盖子的香炉。第三句话记录了炉的重量，"并重十斤十二两"，这里的"并"指炉盖加炉体再加下面的支撑杆和底座，总共是十斤十二两。汉代的一斤差不多是今天的 250 克，"十斤十二两"即 2.6 千克，而今天经过精准测量之后的结果是 2.57 千克，差距甚微。

第四句话是最重要的部分，记录了这尊香炉的制作时间。"四年"应是汉武帝建元四年（前137），在这一年，这尊博山炉制作完成了，又于一年后的十月被送往未央宫寝殿，来龙去脉非常清晰。在文物领域，这个日期被称为"明确纪年"，即没有任何争议的准确时间。在漫长的历史中，"明确纪年"是弥足珍贵的，它对于我们考证当年的历史事件和文化艺术有着无比重要的意义。因此这尊博山炉也可以视为最早的博山炉，即使还有更古老的，也无法证明早于"建元四年"，这就是铭文的力量。

"第初三"即第三号，按今天的话来讲，这是一个生产批号，因为底座上铭文末尾刻的是"第初四"即第四号。有第三第四，就应该有第一第二，说明当年这尊博山炉并不是唯一的，它至少都应该是一对。

炉体部分特写，可见炉盖下缘有一圈阴刻铭文

汉武帝的御用博山炉，为什么出现在了一个不知名的陪葬坑里呢？这个陪葬坑的主人是谁，他又是如何得到这件宝物的呢？这些问题原本无解，但陪葬坑中又出现了另外几个铭文。

随着考古工作的继续，部分青铜器上出现了"阳信家"三字，于是一段新的历史推演又开始了。

"阳信"二字指向了一个女人，她是汉武帝同父同母的姐姐，被封为阳信长公主。阳信长公主家里有一个舞女，名叫卫子夫。卫子夫的故事与赵飞燕如出一辙，只是汉成帝换成了汉武帝，阳阿公主换成了阳信公主。汉武帝一眼就把卫子夫相中，带回宫去宠爱有加，不久卫子夫就有了身孕，并最终成为皇后。卫子夫发达了，卫家的人也跟着发达了，她有一个亲弟弟，名叫卫青。

卫青在抗击匈奴的战役中立下了赫赫战功，封长平侯，官拜大将军。恰好阳信公主的两任丈夫都已故去，正意图再嫁，在列侯中选来选去，最后选中了卫青。

汉武帝看见姐姐嫁给了自己赏识的大将军，而且又是皇后的亲弟弟，亲上加亲，自然是龙颜大悦。当然汉武帝高兴的主要原因还是皇权得到了进一步的巩固，皇室联姻向来目的性明确。

于是可以做出一番推测，这尊汉武帝心爱的博山炉就是在这个时候被作为赏赐，赏给了阳信公主。阳信公主死后又把这件宝贝带进了她的坟墓。

这就是博山炉带给我们的故事了，虽然故事真真假假，历史也扑朔迷离，但这件国宝就实实在在地摆放在陕西历史博物馆中，千年之后，它依然金光灿灿，依然高贵不凡，依然在向来来往往观摩的人们，诉说着那段令人回味的传奇往事。

除此炉以外，在闻名于世的博山炉精品之中，还有另外一件也值得一提，它的名字叫"西汉错金银博山炉"。

1968年5月，在河北省保定市西北，一个叫作满城的地方，炸出了一个深不见底的洞穴，再经探索，发现这是一处大型的汉代墓葬。正值"文革"期间，全国的考古工作都停止了，但幸运的是，这座墓葬的保护发掘直接得到了周恩来总理的支持，在出土的器物上，考古人员发现了"中山内府"的字样，从而得知这座墓葬属于西汉中山国的某位国王。但自西汉初年大封同姓王以来，中山国一共历经了十位国王，仅以"中山内府"四字还不能确定具体是哪一位。于是发掘继续进行，一直到一件青铜钫的出土，才将目标锁定。

钫是一种青铜酒器，在其顶部刻有七个字的铭文，"中山内府卅四年"，即中山内府三十四年。而遍数中山国的十位国君，只有第一位中山靖王刘胜在位时间超过了这个数字，至此墓主人被确定为刘胜。

按照汉代的爵位制度，同姓诸侯王的地位仅次于皇帝，因此中山国虽然不大，但刘胜享受的待遇却跟皇帝差不多，在史书中他是一个喜好酒色、光是儿子就有一百多个的奢靡荒淫之人，那他的墓葬该有多么豪华更是可想而知了。

考古发掘的成果没有让人失望，随便说出几件文物都是震惊世界的珍宝，像金缕玉衣，这是首次发现传说中能让尸体不腐、灵魂安住的宝物；像长信宫灯，实为整个灯具史上的巅峰之作，至今这种循环排烟的环保设计都为人称道。而就在这些珍宝之中，焚香器具自然也不会缺席，一件错金银的博山炉就此破土而出。

在古文中，"错"是一种打磨金属的工艺，即在青铜器表面先錾刻出凹槽，再把细如毫发的金丝、银丝给填充进去，最后进行打磨，让金银图案与青铜表面完全融为一体，如此这般，呈现出来的就是一幅用金银勾勒的画面。这种工艺极其复杂，以至于今天的工匠都还不能完全掌握。

在这尊博山炉上，金丝银线被利用得非常巧妙，可以看出当年制作这尊香炉的工

西汉错金银博山炉，满城县中山靖王刘胜墓出土，高26厘米，河北博物院藏

匠不但有着高超的技艺，还有着那个时代极致的审美。炉腹用金丝银线勾勒出了海浪翻滚、波澜壮阔的画面，其中还有一条条盘旋着跃出海面的蛟龙，让原本最呆板的部位变得动感十足。山峰部分的金丝银线同样是在凸显仙山的灵动感，仔细观察，这些线条绝不是为了体现奢华感而去肆意堆砌的，它们有的在幽暗山谷中若隐若现，有的则化作山顶上的一朵祥云，有的则是猛兽身上的斑斓花纹，每一根线条都用在了关键的部位，谨慎又恰到好处。

由于错金银的巧妙运用，让这座博山如同一场电影般充满动感。电影的主题是狩猎，猎人手里拿着弓箭，隐藏在树林里伺机而动，山间有虎豹、野猪等猛兽来回奔走，似乎并没有察觉到危险正在靠近。山顶则蹲着两只小猴四下张望着，把即将发生的一切都尽收眼底。

接下来该聊聊博山炉的用法了。

首先需要明确一点，博山炉的设计初衷是要用烟气来表现云雾，因此博山炉一定是用来熏焚有烟香的，而诸如隔火熏香等烟气很小或没有烟气的熏香方式，都无法体现博山炉的特效。博山炉圆鼓鼓的腹部非常深，炭火可以深埋进去，底部不通风，有限的空气只能从炉盖上的小孔进入，这些特点让炭火的温度得到了很好的控制，会一直处于热量缓释状态。相对于西汉早期浅腹、大口径的豆形熏炉而言，这是一个明显的改进。

古人把炭火放进博山炉中，等到炭火的温度因氧气稀薄而变得温和之后，再将香料投入进去。盖上炉盖，便可观烟、品香了。这个过程与日本香道相比，似乎有些过于粗糙，但历史的真相就是如此，包括后世的香饼、香丸，很多都是采用这种与炭火亲密接触的方式进行熏焚的。

当然在今天，我们的居住空间比不了汉代的豪门贵族，烟气过大是普通人难以接受的，因此在使用博山炉时，可以利用香灰薄覆炭火，同时调整香品的用量，让香气和烟气都能达到最佳效果，这是一项技术活。如果实在没有时间训练，在炉里点一盘盘香或打上一个香篆，也同样能够感受到那个时代的神秘和美好。


## 4. 敦煌奇遇与鹊尾香炉


让我们暂别神秘而恢宏的大汉王朝，进入下一个重要的历史阶段——魏晋南北朝。在大动荡的时代，当思想的牢笼被打破，往往会萌发出崭新的思潮，引领思潮的大师们会集中出现，世人也乐于去尝试一种新的信仰。其中就包括佛教在中国的广泛传播，从而对中国香文化产生了重大的影响，也让香具出现了诸多新颖的变化。

今天的故事要从一个西北小城开始讲起，不再是引经据典，而是我亲历的一段旅行见闻。

我曾专程走了一回河西走廊，从兰州出发，按照汉武帝所设立的河西四郡，经武威、张掖、酒泉，最终抵达敦煌。这四座城市的名字大多充满了浓浓的时代风格，比如武威即彰显大汉军队武功军威，张掖即"张国之臂掖，以通西域"之意，而酒泉是因"城下有泉，其水若酒"得名。但唯独敦煌，从字面上很难理解它的含义，因为这个词压根就不是汉语。有人说是源于吐火罗语的，也有人说是源于古羌人的语言，总之"敦煌"是一个音译词，如果翻译过来，"敦"就是大，"煌"就是盛，合起来就是盛大。

敦煌还有一个俗名叫作沙州，因为它原本就是一个沙漠绿洲，所幸有一条党河穿城而过，至今仍在缓缓流淌，这才让它得以存留，躲过了诸如楼兰、精绝等古城被黄沙掩埋的命运。如此一个小小的绿洲，又何以用"盛大"二字来形容呢？这就与敦煌的地理位置有关。

撇开行政划分不谈，单从城市化的角度来讲，敦煌市区的确很小，我从市中心驱车向西出发，十几分钟后就进入了茫茫戈壁，除了偶尔来往的车辆，已不见了人间烟火。出城之后一路向西，不到一百公里就是玉门关了，那里残存着一座小小的土城，被称为"小方盘城"。旁边有疏勒河流过，可能是枯水期，我只看见了大片大片生长的蔓草，但也足以证明玉门关曾经扼守的不仅仅是通向西域的关口，还有进入大漠前最后的水源。离开玉门关又向南行进了五十多公里，就到达了另一座孤零零的烽燧，它的名字叫阳关。

这两座如今看起来残破不堪的遗存，在历史上却是闻名天下的雄关，因为它们存在的意义远非普通关隘可比。汉武帝开通西域之后，丝路的三条主线渐渐形成，其中北线和中线必经玉门关，南线则必经阳关。一旦出关，前方就是黄沙飞舞、生死难测，可以想象当年赶着驼队出关的商旅们，他们的心中该有多么不舍。而相反，那些满载着异域货物、历经磨难得以幸运归来的人们，当他们看到这两座关隘时，又该是种怎样的心情呢？恐怕比看到长安还要激动万分！除了商旅，还有各国的学者、僧侣、画师、工匠等，他们也通过这两座关隘的连接，互相交流着彼此的学识和技法，东西方的文化在这里产生了第一次的碰撞与交融。

"春风不度玉门关"，"西出阳关无故人"，这两座中国文学历史上被赞颂、被遣怀最多的关隘，我在两个小时之内就全都达到了，原因很简单，因为这里距离敦煌近在咫尺。因此敦煌之盛大，并非指城市之盛大，而是指文化之盛大。

回到市区，我去了敦煌博物馆，一进大门就看见了一面大型石刻，刻的是霍去病征匈奴和张骞出使西域的画面，上书七个大字——华戎交会的都市，很显然，"交会"

才是敦煌文化的精髓所在。

　　步入展厅，迎面的墙上挂着一副巨大的对联，由书法家朱明山先生创作，上联是"到敦煌知敦大煌盛"，下联是"谒莫高觉莫测高深"，不但指明了敦煌的含义，也把敦煌文化中的瑰宝"莫高窟"给引了出来。

　　当然莫高窟的"莫高"并非是高深莫测的意思，而是指没有什么能比修建佛窟获得的福报更多了。但莫高窟与我这一次不寻常的相遇，却让我真正感受到了什么叫作"莫测高深"。

　　我去莫高窟的那天，原本是晴空万里，但行至半路天却突然黑了，一开始我以为是要下雨，但很快意识到，这是遇到了一场沙尘暴。我从未经历过沙尘暴，只在电视上看到过，所以这次置身其间，多少有些惶恐。

　　我认为敦煌的沙尘暴与北京的沙尘暴应该是不同的，后者至少还在城市里，随处

玉门关遗址，戈壁中形单影只的"小方盘城"

都是避风港。而在敦煌，原本就四下苍茫，沙尘突然来袭时瞬间就失去了视野和方向。当时我就在想，如果我不是坐在前往莫高窟的大巴里，而是身处室外，比如在戈壁上捡石头，那此刻我该往哪里躲呢？如果不慎走错了方向，后果难以想象。而古往今来，因此消逝的生命想必已不计其数了。

　　大概同行的人也从未见过此等景象，车里异常肃静，一时间就只听见沙石打在车窗上那种细碎的、密集的、持续的声音。车外一片混沌，唯一可见的就是大巴应急灯扑闪出的黄光。大巴停在路边老半天，才终于有人小声问了一声："师傅，还要等多久？"大巴司机是久经考验的，淡定地回答："快了，一会儿就好了。"这个回答也给车上众人吃了颗定心丸。又过了一会儿，风沙果然小点了，虽然能见度还是很低，但可以勉强前行，车子缓缓而动，渐渐靠近了莫高窟所在的三危山。

　　据《李克让修莫高窟佛龛碑》碑文记载，前秦建元二年（366），有一位叫乐僔的

沙尘中的宕泉

和尚来到敦煌，在三危山"忽见金光，状有千佛"，顿时心有所悟，当即决定在山上"架空凿险，造窟一龛"，用以修行，千年莫高窟便由他而始。但乐僔和尚真的看见了佛光么？他又悟到了些什么，才让他做出了这样一个决定？历史中并没有更详细的记载。但我接下来的经历，却让我可以对此作出另一个猜想。

莫高窟前横亘着一条河，名为宕泉，完全呈干涸状态。河上有一座桥，当我走在桥上时，风大得几乎站不稳，河底的泥沙也被卷起来，虽然我上上下下又是口罩又是围脖裹得很严，但依然无法睁开眼睛，只能摸着桥上的栏杆慢慢往前挪。所幸桥并不长，过了桥又走了几步就到了三危山脚下。

说来也怪，忽然之间风势就小了，我的眼睛也能完全睁开了，一抬头就看见了一个个开凿在山上的洞窟。我以为是沙尘暴已经过去了，但一回头却发现宕泉两岸的白杨树被吹得几乎要折断，我走过的那座桥也已经在风沙中若隐若现，风根本没有要停下的意思。这时我再去看三危山，才发现这座山完全就是一个屏障啊，正好横在风吹过来的路线上，而莫高窟就开凿在背风的这一面。这座三危山，俨然一处天然的避风港！

有没有这样的可能，当年的乐僔和尚和我一样遇到了大风沙，在迷失之中他跌跌撞撞地躲到了三危山下，方才逃过一劫，保全了性命。是谁救了他呢？他认为是佛，佛在三危山显圣了，因此他决定在此开窟修行。

风继续吹，我继续前行。当我走进石窟的一刹那，这种感受更加明显了。我看见所有人不约而同地取下口罩，每个人的胸脯都上下起伏着，大口呼吸着山洞里清凉的、没有沙尘的空气。风沙声也变成了众人的呼吸声，并由急促趋于平缓，当讲解员的手电在黑暗的洞窟里亮起的时候，我看见光芒扫过的每一张脸，都洋溢着踏实的笑容，一种前所未有的安全感在所有人的心中蓦然升起。此时再抬头看看洞窟里巨大的佛像，完全没有了平日里肃穆的法相庄严，而是一如长者般亲切慈祥的面容，他们仿佛在对避风的人说："别害怕，这里很安全。"

这就是我那次特殊的经历，不知你能否从中悟到些什么，但我是有所悟的，关于慈悲，关于真正的佛法。

由于天气，后面的参观团要么在路上耽搁了，要么被取消了，平日里人挤人、人催人的莫高窟变得十分冷清，而这样的机缘，也让我们这个幸运的小团体有了更多的时间来亲近这片宝藏。讲解员似乎也觉得我们这趟冒着沙尘暴很不容易，讲解得也格外用心，很多平日里可讲可不讲的细节都为我们娓娓道来。

莫高窟壁画中有一类比较独特的品种，被称为供养人画像。供养人就是出资修建佛窟、请画师创作壁画、请工匠雕刻塑像的人，在佛教里这种供养的方式被认为可以获得无上福报。

供养人会把自己的形象也画在窟里，有写实的，生活中什么样就画成什么样，也有写意的，把自己画成菩萨或飞天。供养人礼佛的姿态各异，有的双手合十显得十分恭敬，有的则捧着水果、饮食、鲜花或是各色佛家珍宝，也有的手持香炉焚香拜佛，而一款形制特别的香炉就出现在他们的手中。

这种香炉看起来像是一把大勺子，勺柄很长，一端将香炉托住，另一端则握在供养人的手里。这种香炉通常被称为"长柄香炉"，而它在佛教里有一个专门的用途，叫作"行香"。

行，就是走，行香就是一边走一边焚香。在行走中礼佛的方式有很多，比如绕着佛塔顺时针转圈被称为"绕塔"，但"绕"的却不局限于佛塔，绕佛龛、绕佛像乃至藏传佛教的转山皆属此类。包括莫高窟中的很多大窟，只要空间允许，都会把主体造像修建在洞窟中央，周围会留下一圈通道，让供养人可以绕佛礼拜。而香作为礼佛之圣品，是要拿在手上的，这种用香的方式就被称为"行香"。

行香之法并非源于中国，而是跟随佛教由西向东传入中国的。在巴基斯坦塔克西拉（Taxila）古城的锡尔卡普（Sirkap）佛寺遗址中就曾出土一件1世纪的长柄香炉，那里曾属于古印度犍陀罗地区，说明彼时已有古印度高僧手持长柄香炉行香礼佛了，由此可以推测长柄香炉的发明可能与古印度人的焚香方式有关。

古印度人究竟怎样焚香，并没有明确的记载，但我认为应该类似于阿拉伯人，因为早在数千年前这两个地区已开始了频繁的香料贸易，而他们彼此的焚香方式也一定会相互流传。今天阿拉伯人焚乳香就是在一个敞口炉里堆满炭火，直接将乳香置于其上，古印度人大约也会如此。这类香炉大多是金属材质，导热快，加之炉口敞开，炉火也十分旺盛，

鹊尾香炉

敦煌绢画中手持鹊尾香炉的引路菩萨像，大英博物馆藏

如果想要拿在手里边走边焚
香，没有手柄是不行的，而且
不但要有，还要足够长，这样
才能支撑长时间的行香过程。
这个道理就和中国古代的铜熨
斗是一样的，熨斗就是长柄的，
长柄的作用是为了防烫。

时至魏晋，长柄的末端忽

敦煌藏经洞出土绢画《千手千眼观音菩萨图》局部，手持长柄香炉的供养人，
法国吉美博物馆藏

然开始折向斜下方，上窄下宽呈三角状，看起来与鹊尾十分相似，故而有了"鹊尾香炉"
的叫法。但仔细观察会发现，"鹊尾"并非只是为了美观，同时也体现了巧妙的力
学设计。首先，如果手柄是笔直的，手持的时候会感到很费力，必须把手腕强制压
下去才可以保持香炉水平，因为我们的自然握姿是朝向斜上方的，当手柄的尾部改
为下垂之后，手握就很轻松了。其次是香炉的摆放，虽然用于行香，但它总有放下
的时候，或者说它也需要兼顾静置焚香的功能。如果手柄是直的，静置的时候它的
尾部一定会悬空，由于手柄很长，还会导致另一头的香炉翘起来。但当手柄尾部下
垂的高度刚好与炉身相等，静置时两头就都有了支撑，十分稳定。

《香乘》也收录了关于鹊尾香炉的故事，此故事的完整版见南朝王琰《冥祥记》：

宋费崇先者，吴兴人，少颇信法，至三十际，精勤弥至。泰始三年，

受菩萨戒，寄斋于谢慧远家，二十四日昼夜不懈。每听经，常以鹊尾香炉置膝前。

我们可以想象一下这个南朝人焚香时的场景，按照当时的坐姿习惯，他一定是跪坐的，所以香炉才会放置在膝前。但这明明是用于行香的鹊尾香炉啊，怎么能放在地上使用呢？

这就影射出了一个问题，佛教在从西域传入中原的过程中，是在不断被汉化的。在敦煌的时候，一切都是最原始的状态，都还保留着古印度的传统，长柄炉一定是手持的，没人会放在地上。但从时代上可以看出，长柄炉从遥远的西域传到江浙沿海的速度是极快的，正由于传播速度太快，长柄炉传过来了，行香之法却没有同步流行开来，中国人还是习惯于静置焚香，这才出现了把鹊尾香炉当成普通香炉使用的情况。

鹊尾香炉的工艺也被高超的中国匠人提升了不止一个级别，后世出土的鹊尾香炉一个比一个精致，大量的鎏金错银工艺被附加其上，金银材质的鹊尾香炉也在隋唐时期较多地出现。随着佛教继续东传，鹊尾香炉也传入了朝鲜和日本。到了宋代，由于品香方式的改变以及陶瓷香炉的盛行等原因，鹊尾香炉的长柄完全消失，只保留了炉

北宋白釉行炉，折沿宽而薄，腰部极细，持炉时虎口处刚好卡入，稳定又舒适。足部露胎，起防滑作用

体的形制。因此在宋代十分流行的无柄行炉，皆由鹊尾香炉演化而来。

我从莫高窟出来，沙尘暴并未消停，我重新裹得严严实实，再次钻入呼啸的狂风里。但这一次，我却没有了最初的惶恐，心中一如在佛窟时的安宁祥和。身后的三危山如同一片净土，数千年来它一直都在这里，给予出发者以十足的信心，给予归来者以温暖的怀抱。我想，这就是慈悲，这就是佛法。

坐上大巴，看着窗外的宕泉两岸，有很多小佛塔在风沙中若隐若现，那都是莫高窟历代的住持们，也是这座宝藏最为忠诚的守护者，包括曾经饱受争议，如今却得以正名的王圆禄道士，他也永远与莫高窟融为了一体。


## 5. 莲花绽放的青瓷香炉

随着丝绸之路的开通，驼队带来了源源不断的异域香料，这使得更多的中国人有了用香的可能。因此寻求一种价廉物美、适合推广和普及的材料来制作香炉就成了中国人首先要解决的问题。继青铜之后，陶瓷终于大规模地登上了香具的舞台。

中国人用陶的历史非常久远，那件著名的"人面网纹彩陶盆"就是仰韶文化中彩陶的代表作品，距今六千年以上。其他诸如河姆渡文化、龙山文化、大汶口文化、三星堆文化等古老的遗迹中，陶器也都被大量发现。但在这些陶器中，却是没有陶制香炉的，尽管也有人认为陶器中那些顶部有孔洞的都可以归为香炉，但这一说法是没有依据的，我们最多只能猜测它可能兼具焚香的功能，因此中国人使用陶土来制作专用香炉的时间非常晚。当然，这里的"非常晚"是相对于世界香文化而言。

有一次旅行，我去了位于土耳其伊斯坦布尔的托普卡帕皇宫，这是一座奥斯曼时期的建筑，如今已经成了一家博物馆。我对这家博物馆神往已久，因为这里收藏了当今世界上数量最多的中国元青花。这听起来似乎很奇怪，元青花怎么跑到土耳其去了？但事实就是如此，奥斯曼帝国与元朝差不多同时期建立，奥斯曼皇帝对中国的瓷器，尤其是青花瓷非常痴迷，不惜巨资进行购买，件件都是精品中的精品。于是在国内难得一见的元青花，竟然在这里安然避世，并一直完好地保存到了今天。

托普卡帕皇宫俨然就是一个中国陶瓷博物馆，几乎一半的展厅都在展示元明清三朝的中国瓷器，共计一万多件。更有意思的是，陶瓷展厅主要分布在皇宫右侧的一大排长条形建筑中，这些建筑有着高高耸起的房顶，看起来有点像烟囱。结果事实证明了我的猜测是对的，这些建筑正是当年皇家的厨房，里面摆放瓷器的大石板展台，其实就是当年厨师的操作台。我问讲解员，为什么要在厨房里展示中国瓷器？讲解员抬了抬眉毛，认为答案显而易见，他反问我，中国瓷器不就是餐具么？我恍然大悟，难怪这些瓷器中大部分都是盘、碗、杯、壶之类，原来奥斯曼皇室购买瓷器的用途就是为了吃喝。尽管在常人看来这完全是暴殄天物，但于皇家而言却是平常的生活。

在距离闭馆还有一个小时的时候，我无意中发现皇宫隔壁还有一个小型的建筑群，不太起眼，人迹罕至。我好奇心重，走过去看见门口挂了一块小小的牌子，上面写着"伊斯坦布尔考古博物馆"，时间紧迫不容多想，买了门票就进去了。里面的展品大部分是奥斯曼帝国从其他国家掠夺来的文物，比如埃及法老的棺椁、古希腊的雕塑、巴比伦的石碑等。

我转悠了几圈，走到了一个转角的楼梯前，有些人从楼梯上下来，后面还跟着个保安，像是催促游客在闭馆前离开。我本没准备上去，只是往楼梯上面瞅了一眼，却看见一侧的墙上挂了一张海报，文字是土耳其语，看不懂，但海报上的古物却非同一般。那是一只陶罐，体积很小，却刻画得非常精致，用红黑两色描绘了很多动物的图案，陶罐还有一个盖子，盖子上有塔形的钮，钮上也画满了纹饰。

我脑子里立即展开了一番推理，首先有海报意味着楼上有一场特展，这个陶罐就是其中的代表性文物。但看了这么多的博物馆，我还真的很少看到有以陶器为主题的展览，因为陶器通常被认为档次比较低。尤其还是这么小的一个陶罐，用它来做一场展览的主题实在是有些说不过去。而这个陶罐又如此小巧精致，还带有盖子，显然是为了密封某种珍贵材料所用的容器。想到这里，我心头一动，赶紧冲了上去。

果然，二楼入口处贴了一张更大的海报，上面有了英文，写着"升腾在香气里的故事"，原来这是一场古代西方香文化的特展。虽然我险些错过，但缘分使然，我最终得以幸运地观摩了这场盛宴。

首先是香料的展示，每一个展柜里都铺满了沙子，香料分门别类地被直接放置在沙子上，这一下让我联想到了当年阿拉伯人从世界各地搜罗来香料的场景，他们也许就是这样把香料铺在集市的沙地上进行售卖的。香料琳琅满目，大部分也是中式合香中常用的材料，比如沉香、檀香、茴香、肉桂、丁香、琥珀、乳香等，另有一部分是西方世界常用的香料，比如藏红花、鼠尾草、薰衣草、欧薄荷、姜黄等，但还有一些就比较特殊，一时间我也没有认出来。

问了讲解员方才知道，其中有木患子，佛经中最早的念珠就是用木患子做的，而这一颗颗坚硬漆黑的圆形果实竟然也是一味香料，可以提取精油；还有牛至，在中国，牛至多为药用，用于解暑或治疗伤风等疾病，实际上这种植物并非中国原产，而是生长于地中海沿岸、北非和西亚，西方世界对于牛至的使用也与中国不同，主要用于提取牛至精油或作为调味品用；再如荜茇，这是一种胡椒科藤本植物的果实，长得像是被拉长了的桑葚，在中医里通常用来治疗脾胃虚寒，而在西方世界它也是一味香料。

总之这上百种香料让我大开眼界，也切身地感受到了阿拉伯世界对于全球香料的汇聚能力。

接下来是文物展览，首先展出的依然是陶器，但这些陶器却不是普通博物馆中的那些盆盆罐罐，它们全部是制香、品香时所用的香具。第一个展柜里的香具非常古老，具体时间没有标明，我想是已经古老到了连考古学家也无法准确定义的年代，这部分香具有一个共同的特点，它们都

中国执壶

托普卡帕皇宫中的中国执壶

是研磨器。所谓研磨，就是用陶土烧制成一个小碗或是一个带有凹槽的平板，外加一根陶土棒，用来磨碎香料。这说明西方世界的香文化也是从香料的研磨和原始的混合开始的。

很快，海报上的那只彩陶小罐就闪亮登场了，原来这是一只来自古希腊的彩绘香炉，兼具焚香和储香的功能于一身。而它被作为整场展览的明星，有两个原因，一是这只陶炉上的绘画非常精美，炉体和炉盖上都各绘有一圈动物，有的在低头吃草，有的在向前奔跑，动物的头上都长着角，不知是羊还是鹿。其他部位则点缀着花草纹饰，用了红黑两种色彩。如此精细的描画说明当年香炉的主人对它非常重视；第二个原因，这只香炉是西方世界早期焚香用具的一件代表作品，在它之后，主流的用香方式就开始发生了改变了，开始脱离火，脱离固体的香料，变成了以液体为主的香水或香油。当然还有重要的一点，就是这只古希腊彩陶香炉的年纪，远远大于马王堆中的那只彩陶熏炉，这就是为什么我会说"非常晚"的原因。

展台里的各色香料

果然接下来的展品发生了 180° 的大转弯，以玻璃器皿为主的液体香水瓶开始占据主要的展台，它们大部分来自罗马时期，这也与前文"世界香史"部分西方香文化的发展史不谋而合。

我从博物馆走出来，身后的建筑群已经笼罩在了一片金色的晚霞之中，我不由得感慨道，很多事情真的是冥冥之中自有安排，仿佛就是有一种无形的力量在牵引着我一步步地走进这个小小的、极不起眼的展厅，其间哪怕发生任何一点意外，都会让我与这场特展擦肩而过。如果按照佛的说法，这种力量就是缘分。

丝路给中国带来了香料，陶制香具也迫不及待地取代了青铜香具，应该说这是人心所向。陶土和青铜，这两种材质之间有着很大的不同，但我所指并非是它们的成分不同，而是它们带给人的感受不同。举一个简单的例子，我们在家里吃饭通常都用陶瓷器皿，很少有人去用金属器皿，按理说金属的碗碟不会摔碎，不必担心磕磕碰碰，应该更好用才对。这就是因为陶瓷不论在视觉上还是在触觉上，给人的感受都要更加亲和、温暖。还记得梁武帝祭天时的场景么？他先用沉香祭天，取沉香之至阳，再用合香祭地，因"地与人亲"。这就是古人的直观感受，天永远高高在上、遥不可及，因此用冷峻的青铜来祭天最为合适。而大地与人最亲，我们每天都与大地亲密接触，吃穿用度也都来自大地上生长的万物，陶土就天生具备了大地的亲和力，用它来作为日常生活中的实用器皿再合适不过了。所以除了食堂、快餐店会用不锈钢的餐具图省事之外，中国人居家基本都会选择陶瓷餐具。

对于香炉来说更是如此，青铜香炉适合营造一种威严庄重的气氛，而陶瓷香炉则适合居家品香，这一点就是除了成本问题之外，促使陶瓷香炉大规模取代青铜香炉的一个重要原因。

再说造型。魏晋时期的香炉继续沿用了博山炉的形制，但博山的细节却被大大简化了，虽然还是尖顶、圆腹，但那些细致入微的狩猎图、升仙图、蛟龙出海、凤舞九天等大多消失不见，博山上那一派神秘的气息也荡然无存。原因何在？这就与魏晋时期文人们率性天然、特立独行的风格有很大关系。他们纵情于山水，挥洒心中的不羁与自由，完全摆脱了汉代严格的、拘谨的、教条式的精神枷锁。而当这种"道法自然"的思想反映在香炉上，便产生了由繁复向简约的转变。

博山上的纹饰不见了，但也不能是光秃秃的山峰吧，那也太不符合香文化的审美了。因此取而代之的是另外一种新的纹饰——莲花。

莲花在这一时期大量地出现在香炉上，显然是受到了佛

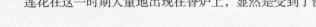

教传播的影响。莲花是佛
教之教花，也是印度之国
花。很多人会认为，佛教
如此推崇莲花，是因为莲
花绽放在水中，无比纯粹、
圣洁，但实际上更多的原
因是莲花"出淤泥而不染"
的特性。池塘下的淤泥在
佛教看来是凡尘浊世，每
个人都是降生在这个浊世
之中的，但只要坚持修行、
研习佛法，就能脱离种种
污浊，去往另一个纯洁的
世界，那个世界就是佛界，
也被称为"莲界"。这个
过程与莲花的绽放如出一

古希腊彩绘香炉

彩绘香炉

辙，这才是佛教取莲花为教花的根本
原因。

　　而凑巧的是，博山的形态也的确
很像含苞待放的莲花，于是古人在博
山上直接进行刻画，让一座座海上仙
山变成了一朵朵待放的莲花。

　　造型上的另一个重大变化是香炉
的承盘开始普及，承盘即香炉下方的
大盘子，用来注入热汤，多为熏衣所用。
这说明中国香开始越来越深入地融入
日常生活了，能够兼顾熏衣的香炉，
显然更受市场欢迎。

　　《香乘》中有这样一则记载，囊
括了这一时期香炉的造型特征，题为

"天降瑞炉"：

　　贞阳观有天降炉自天而下，高三尺，下一盘，盘内出莲花一枝，十二叶，每叶隐出十二属。盖上有一仙人带远游冠，披紫霞衣，形容端美。

东汉晚期灰陶博山炉，局部施褐彩，山峰以莲瓣为饰，峰顶有凤鸟，青烟升腾时犹如凤鸟在云端飞翔

贞阳观从天而降了一尊三尺高的香炉，下面有一个承盘，承盘里面有一枝刻着十二生肖的十二瓣莲花。香炉的盖子上刻画着一位仙人，头戴远游冠，身披紫霞衣，一看就是一位道家的仙人，仙风道骨，容貌端庄。这段文字所描述的香炉就是典型魏晋南北朝时期的造型，有莲花、有博山，充满了佛道融合的味道。

既然是陶瓷香炉，釉色就成了重点。南北朝时期北方多战乱，南方相对平稳很多，南方人的生活条件要比北方人优越，所以南方人用香的可行性就更大。再加上南方潮湿，当时的人们又是席地坐卧的，用焚香的方法来祛除湿气、驱逐虫蚁、抑制霉菌有着显著的效果，因此南方用香也一定比北方普及。最终体现在香具上，便是南方窑厂所烧制的越窑青瓷占据了当时陶瓷香炉的主导地位。

越窑主要分布在今天的浙江省境内，古代浙江省属于越州，故而得名。"青瓷"是指器物的釉色是青色的，这种单一的青色，在今天看来似乎比比皆是，但实际上它是历经了漫长岁月才被研发成功的。

早在商周时期，在陶器表面刷釉的做法已经出现，但那时的釉色深浅不一、厚薄不均，颜色很不稳定。到了春秋战国，釉面开始变得光亮了，颜色也稳定了一些，但大多呈现出的是青黄色、灰黄色，不太好看。到了汉代，对于青色的控制有了进步，使陶器有了"玉"的质感，而这种玉质感正是中国人追求青瓷的原因所在。

中国人自古尚玉，玉的地位一直高高在上，帝王们喜爱，文人雅士们也喜爱。因此让瓷器拥有玉的色泽和质感一直都是工匠们努力的方向。到了魏晋南北朝，越窑青瓷终于成熟了，并被大量地用于制作香炉。这种以淡青色为主，淡雅明亮，色泽均匀，如玉一般温润的釉色，使得原本冰冷生硬的青铜香炉，又或是粗糙暗淡的陶土香炉瞬间没有了竞争力。

青瓷香炉的出现，并不是一个

南北朝莲花造型青釉博山炉，福建省博物馆藏

偶然，而是中国人审美进步的一个必然，这种单色釉香炉极大地影响了后世人们对于香炉的审美。比如今天的陶瓷香炉依然是以单色釉为主，而诸如五彩、粉彩之类艳丽缤纷的香炉少之又少。

如果这段历史继续延续下去，我想很快会形成宋代那种更加淡泊风雅、更加追求素简的全民审美，然而隋唐的到来，却将这一节奏完全打乱，中国迎来了一个空前开放的时代，香具也紧跟着变得璀璨起来。

## 6. 金银璀璨的唐代香具

中国香具的发展，经历了至高无上的青铜，回到了返璞归真的陶瓷，从神秘莫测的博山，变成了素雅圣洁的莲花，如果把这个演变的过程看作是一个人的成长，就如同从幻想无限的孩童成长为了饱读诗书的君子，他的眼界和审美都在不断进步着。但在成长的过程中，每个人都会遇到活力四射、生机勃发的青春期，这一时期对于新鲜事物的兴趣和接受程度也都空前高涨。相对应的，在中国香具的发展史中也有这样一个青春期，它乐于去打破传统，并善于去改革创新，这一时期不同于过去，也区别于未来，这就是隋唐。

1970 年 10 月的一天，在西安市南郊一个叫作何家村的地方，一群工人正在挖地基、盖新房。挖着挖着，锄头就碰到了一个坚硬的东西，刨开一看是一只大陶罐。陶罐埋得并不深，只有一米不到，显然这不是什么墓葬。按照常理，土里埋陶罐无非就是两种情况，一种罐里装的是酒，利用地下相对恒温恒湿的条件来让酒的品质变得更好；另一种装的是钱，从古至今人们但凡想要藏东西，能想到最安全的办法就是找个地方埋起来，这也是动物的一种本能。何家村挖出来这只陶罐属于后者，只是它所装的东西要比钱贵重太多了。

工人们打开陶罐，眼前一片璀璨，这是满满一罐金银器！金、银是最能勾起占有欲的，因为它们就是最直接的财富，无论在任何年代都拥有着强大的购买力，所以工地上挖出一大罐金银，通常在下一秒就会被哄抢一空。但奇怪的是，何家村的这群工人非但没有哄抢，反而在第一时间进行了上报。一切皆有因，原来这处工地并不一般，恰好是一处隶属于省公安厅的收容所，这些"工人"其实是里头正在接受教育改造的被收容人员。正因如此，这批财宝才幸运地躲过了一劫。

考古人员很快到位，又从不远处挖出了另外一只陶罐，自此何家村窖藏的两只大陶罐和一只"提梁银壶"就全部出土了，当把里面的东西一件件拿出来以后，结果更是让人震惊不已。

两只陶罐个头不大，高不过 65 厘米，直径不过 60 厘米，但却从里头陆陆续续拿出了一千多件来自大唐的珍贵文物，大到盘碟盆碗壶，小到杯子、玉器、钱币、药材。当我看到展厅里琳琅满目的陈列时，脑子里出现的第一个疑问就是，这么多东西是怎么被塞进罐子里的？

文物品类繁多，仅以材料的用量计算，黄金就多达 14.9 千克，白银 195 千克，不论在今日还是在唐朝，这都是一个非常庞大的数字。如果再加上文物的艺术价值、历史价值等，更是无法估量了。这批出土金银器的数量，至今都无任何一处考古发现可以与之匹敌，包括诸多帝王级别的墓葬，甚至有种说法，大唐盛世最为璀璨的光芒都被浓缩在了何家村的陶罐中。

宝藏是谁埋下的呢？至今无解，因为器皿上没有"明确纪年"的文字，一切都只能靠猜。何家村听着像是个偏远的山村，其实就在今天西安市碑林区，在唐代这里叫作兴化坊，坊内住的都是皇亲国戚、达官显贵，其中有两位的住处相对符合窖藏的地点。第一位是邠王李守礼，李治的孙子，正儿八经的大唐亲王，他拥有这批珍宝理所当然，因此有推测说在安禄山叛军攻入长安时，他仓惶出逃，留下了这批财宝。但史书中李守礼的生卒年月并不能与安史之乱相符合，故而此番推测颇为牵强。

第二种推测是北大齐东方教授提出来的，藏宝人名叫刘震，他是晚唐时期的人物，官至租庸调使，也就是主管全国田租税赋的官员，如此肥差能拥有这批珍宝也在情理之中。巧的是在刘震的一生中也曾遇到过一场叛乱，史称"泾原兵变"，叛军也是攻陷了长安，并大肆掠夺皇宫内府的财宝。刘震没有跟着皇帝出逃，而是把财宝埋好之后投降了叛军。不管这是不是他的无奈之举，但一定不是一个明智之举。因为没过多久唐军就杀了回来，收复了长安，只是朝廷却没有给他再次变节的机会，直接满门抄斩。

原本想着草草掩埋，待风平浪静再将窖藏启出，继续享受荣华富贵的刘震，终究没能再次拥有这些财富了，宝藏的下落也随着刘震的人头落地永远归于尘埃。

如此多的金银器齐聚一堂在中国考古史上从未有过，而这种现象也正是隋唐文化的重要特点之一。中国人用金的历史悠久，但受制于黄金的稀缺性，早期的金器都很小，通常就是金箔、金片、耳环、发簪之类，只有广汉的三星堆是一个特例，发现了金面具、金手杖等祭祀用具，在当年算是大型的金器了。到了春秋战国，开始有了金盆、金兽等，但数量极其稀少。再到秦汉，金银通常混用，出现了错金银、鎏金银的工艺，而纯金则多被制成货币，比如马蹄金、金饼、金板等，用纯金来做器物的依然极少。但是到了隋唐，情况却发生了180°大转弯，金银器骤然增多，甚至超过了历代之总和。为什么会发生这种变化呢？我想有以下几点原因。

首先是金银资源的充足。对外，陆上丝路和海上丝路的双向开通，让大唐贸易的吸金能力前无古人。对内，唐朝进行了采矿方面的改革，允许私人采矿，政府从中收税，使得金银开采量有了大幅增长。同时租庸调制规定，徭役可以用相应的金银来抵消，这也导致民间大量的金银涌向国库。

第二个原因跟工艺有关。中国人对于金属的加工方式主要是铸造，尽管铸造工艺炉火纯青，但铸造出来的器物往往线条刚直，较为生硬。而金银的延展性不同于铜铁，它们天生就有一种柔美的特质，只可惜铸造之法总是无法将这种柔美在器物上充分体现出来。他山之石可以攻玉，中国人无法做到的，外国人却可以做到。在伊朗高原另有一个强大的帝国，名为波斯萨珊王朝。萨珊王朝掌握着一种特殊的金银加工技术——锤揲，简单来说是一种模冲工艺，即把片状金银放在坚硬的模具上，用锤反复锤打，一些简单的器具可以直接锤打成型，复杂的器具则可以分开成型最后再焊接为整体。尤其是制作带有凹凸感纹饰的器具，锤揲可以充分发挥金银的延展性，既能让纹饰精细美观，又大大缩短了制作时间。因此锤揲工艺相比传统的铸造法要灵活很多，为更加精细化的金银器生产提供了可能。

第三个原因关乎审美，主要是受到了西方世界的影响。前文我曾提到在土耳其托普卡帕皇宫博物馆的见闻，那里有着大量的中国瓷器。但土耳其人的做法却让中国人十分不解，他们会在瓷器上增加很多金银配件，比如给一件玉壶春瓶加一个黄金的把手，把好好的赏瓶变成一把酒壶；比如给一件原本素雅的大盘子镶上一圈黄金包边，还要再点缀上红宝石；还有一件令我印象深刻的，是大明成化年的青花酒杯，这可是价值连城的珍稀品类，可土耳其人却给它加了一个黄金的杯把儿，硬是把它变成了一只咖啡杯。原因在文物介绍上说得很清楚，因为烫，没有杯把儿就没法把热咖啡拿在手里，据说这项改动也意外地成了今天咖啡杯的雏形。所以这些在中国人看来画蛇添足且充满了"土豪"气息的俗事，在西方人看来却无比优雅且实用，这就是文化上的巨大差异。而在隋唐，由于空前的开放和民族的融合，这些差异渐渐地被同质化了。

接下来，再通过何家村窖藏中的另外两件香具印证以上论述。

陶罐里有一枚香囊，全称"葡萄花鸟纹银香囊"，在此之前，从未有人想到过香囊竟然也可以用金银来制作，因为常规的认知中，香囊都是用丝绢麻布所缝制的。因此这枚银香囊的出土，再结合后来法门寺地宫碑文的记录，也让《旧唐书》中杨贵妃"肌肤已坏，而香囊犹存"的疑问得以解开。

香囊是球形的，分为上下两个半圆，内部装有一个同心圆机环，机环内侧又连接着一个黄金制成的小碗，这个小碗也叫香盂，用来盛放香料。由于机环的存在，无论如何翻转香囊，香盂都不会倾覆。直到16世纪，类似这种设计的陀螺仪才在西方被发明，继而开始广泛地用于航海、航天之中。而更加令人难以置信的是，这一精妙的机关还

托普卡帕皇宫中的"大明成化年制"款青花瓷咖啡杯碟

不是唐人所创，《香乘》中就有一则引自《西京杂记》的记载，题为"被中香炉"：

> 丁缓作卧褥香炉，一名被中香炉。本出房风，其法后绝，至缓始更为之。
> 为机环，转运四周而炉体常平，可置于被褥，故以为名。即今之香球也。

汉代的长安巧妇丁缓复原了早已失传的平衡机环，并制成球形香炉用在了被褥之中。只是当年此物并未流行，到了唐代才为贵族所用。

重点来看香囊外层的纹饰：葡萄和花鸟。

葡萄不是中国的原产物，最早由张骞从西域带回，中国人对于这种既可以食用，又可以酿酒，还可以提炼糖分，同时又寓意"多子多福"的水果充满了好感，于是开始广泛种植。到了唐代，葡萄纹饰被大量应用到了器物上，诸如带有"葡萄花鸟纹""海兽葡萄纹"之类的器物，出现时间大多都是在唐朝。

再说花鸟，中国画中有专门的一大类，就叫"花鸟画"，但如果仔细去看花鸟画的演变历史，会发现隋唐是一个明显的分水岭。就拿画鸟来说，隋唐以前的鸟多为神兽，通常出现在比较庄重的场合，比如马王堆招魂幡中的那只金乌，虽然像极了动画片里乌鸦喝水的卡通造型，但它却具有某种神秘的意义，与鸟一同出现的大多都是日月星辰、蟠龙螭虎，而不会是花儿。但到了隋唐，画风陡变，鸟的画法从写意转为写实，变成了日常所见的样子，且花与鸟开始同时出现，充满了生活的情趣，没有了神秘的色彩。这一时期也出现了很多花鸟画画家，如边鸾、于锡、梁广等，让花鸟画正式成为了一门独立的绘画类型。因此花鸟纹饰出现在隋唐的器物上，并逐渐成为主流，这也是前所未有的。

如何在金属器物上把这些细如毫发的翎羽、婀娜多姿的花瓣、叶片、藤条传神又灵动地表现出来呢？唐人学以致用，将锤揲工艺与镂空、錾刻、焊接、铆接等手法结合了

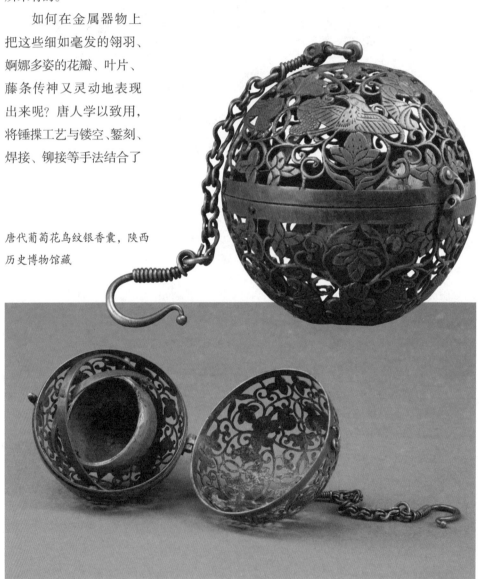

唐代葡萄花鸟纹银香囊，陕西历史博物馆藏

起来。比如这只银香囊上的葡萄，在如此小巧的金属球面上，硬是把葡萄颗粒分明的质感表达了出来，这就是高超錾刻工艺的体现。

最后来看这只银香囊的链子，很少有人注意到这个细节。链子也是银质的，一端连接香囊顶部，一端做钩子状，用于悬挂。但这条链子只有7.5厘米，非常短，为什么不做得长一点呢？我认为这个设计跟稳定性有关。物理学认为，在同样的作用力之下，摆绳越短，摆动一次的时间就越短，摆动的幅度就越小。因此对于悬挂的香囊来说，链子越短，它在摆动时就相对稳定。

不是说无论如何翻转，香盂都不会倾覆么，为何还需要稳定呢？这又与香囊的使用方法有关。香囊的用法有二，其一与今天的香囊一样，用于放置自然挥发的香料，比如一枚香丸或香饼，这种用法对稳定性的要求不高；其二是用于盛放点燃的香料，结合整体构造来看，外层的镂空不仅是为了透出香气，同时也考虑到了烟气的分割，而内部的香盂是开放式的，没有盖子，这些设计都是为了香料的燃烧。说得直白一点，它又是一种悬挂式的香炉。既然有火，安全性是首先要保障的，所以除了同心机环的作用以外，尽量减少香囊的摇摆和振动也是必须的。

可以想象一个场景：唐代贵妇们在香囊中放置一枚香丸，然后系在腰间，香囊会随着她们的步伐轻轻摇晃，由于上层社会对于行为举止的要求，她们绝不会有过于夸张的肢体动作，再加上机环和足够短的摆绳，香丸不会脱落出来。如果她们坐上马车，可以把香囊解下，悬挂在车内，正如辛弃疾的那句"宝马雕车香满路"，这满路的香气就有香囊的功劳。回到居室，她们再次打开香囊，将一小块点燃的炭火放进香盂，青烟便开始从花鸟纹镂空中徐徐而出了。此时，她们又把香囊悬挂在斗帐之上，开始安享一整夜的香气温馨。

在何家村的窖藏中，还有一尊香炉名为"忍冬纹镂空五足银熏炉"。

"忍冬"即金银花，因一花有金银两色而得名。金银花耐寒，属于四季常青的植物，这种凌冬不凋的品质为人称颂，故而取名"忍冬"。中国人使用忍冬的历史十分悠久，至少都可以追溯到先秦时代，但那时选材入药的部位通常是茎叶，而非花朵。包括"金银花"的叫法也是到了宋代才出现的，而大量使用金银花的花蕾来入药、入茶则是明代以后的事情。

然而忍冬纹却不是中国人的原创，忍冬纹的出现与佛教传入中国的时间节点几乎一致，因此可以理解为它是跟随佛教传入中国的，而这种图案的源头却并非来自印度，而是来自希腊，就像早期传入中国的佛像吸收了希腊雕塑的特点一样。

忍冬纹传入中国后，开始与器物上的卷草纹、卷云纹等传统纹饰进行融合，并在魏晋南北朝时期极为流行，人们用"忍冬"寓意坚强不屈的品格和冬去春来的万物新生。到了隋唐，忍冬纹开始作为镂空图案出现在了香炉之上，尤其是用在本身就具有浓郁异域风格的金银香炉上，可谓是相得益彰，这也是隋唐香具一个重要的时代特征。

"五足"，指香炉由五只足来做支撑。"足"源于"鼎足"，因此带足的香炉也被称为"鼎式炉"。而在此之前，圆形的鼎式炉都是三足的，这就是所谓的"三足鼎立"。但到了隋唐，鼎式炉却突然出现了五足甚至六足的情况，而且足变得更长了。

我想如果有一个汉代人穿越到了唐朝，看到这种五足熏炉的时候，一定会感到很不适应，类似于正常的人突然多了两条腿一样，有点章鱼或蜘蛛的怪异感。但唐人却并不觉得奇怪，在他们的眼中，越是复杂的、有别于传统的东西，反而越会觉得新颖别致、精美绝伦。所以看待隋唐文化，不能用墨守成规的眼光，在很多时候它都是没有章法的，是超脱于寻常历史轨迹的。包括在足与足之间，常常还会悬挂坠饰，有的是金银环，有的是金银兽面，如果有风吹过，坠饰还会

唐代忍冬纹镂空五足银熏炉，陕西历史博物馆藏

摇晃起来，甚至发出叮叮当当的声响，
这种动态的设计出现在香炉上，也是前
所未有的。

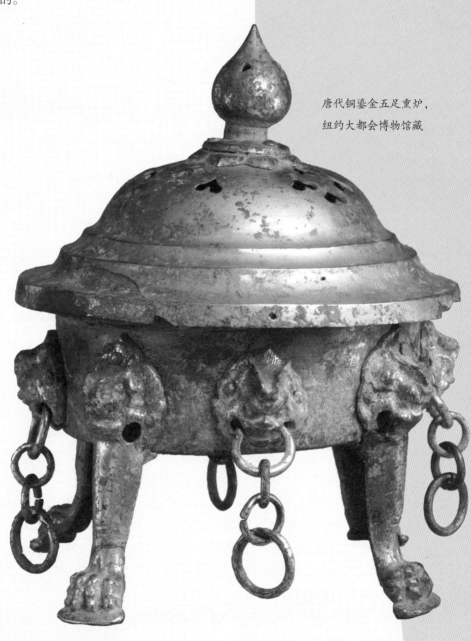

唐代铜鎏金五足熏炉，
纽约大都会博物馆藏

# 7. 香宝子与出口香炉

1987 年，宝鸡法门寺地宫出土了一对金银器，它代表着香具中另一个很大的门类。

法门寺窖藏与何家村窖藏有着很多共同之处，比如它们都是来自大唐，都出土了空前精美的金银器具，都历经千年岁月完好地保存了下来。但两者也有一点最大的不同，何家村窖藏由于没有任何文字证明，来龙去脉永远都是个谜团；而法门寺窖藏的来历却十分清晰，宝物是谁的？何年何月放进来的？为什么要放进来？这些全都有详尽的记载，这一切都要归功于地宫中的一块碑文。

地宫中一共发现了两块碑，一块叫《志文碑》，记载了大唐皇室先后六次迎奉佛骨舍利的盛况。还有一块叫《衣物帐碑》，详细记录了这些供奉品的名称、数量、供养人身份、姓名等，简直就是一份宝藏清单。

在这份清单里，与香文化有关的器物多达二十多件：

> 香炉一枚，圆无盖香炉一副，香宝子一枚，香案子一枚，香匙一枚，香炉一副，火筋一对，香盒一具，香宝子二枚，乳头香山二枚，檀香山二枚，丁香山二枚，沉香山二枚，香囊二枚，银棱檀香木函子一枚，绯罗香倚二枚，银白香炉一枚，银白香合一具，手炉一个，银香炉一个。

可见有香炉、香箸、香匙、香囊以及用上等香料制成的山子等，但其中有一样东西却很少见，名为"香宝子"。香宝子也叫宝子，是一种存放香料的容器。

焚香需要香料，香料需要贮藏，贮藏需要容器，按照常理，自香炉出现之日起就应该有配套的容器才对。但是纵观魏晋之前的考古发现，并没有这样的容器出现，即使马王堆里有诸多的漆盒、漆奁，但其中所盛之香均为涂傅之香。

这是由于彼时中国人所使用的香料大多是草本，焚香方式又是直接点燃，导致香料的消耗很快，香料的需求量和体积都很大，不是一只小小的容器可以承载的。因此草本香料通常会被大量存放在布袋或是竹筒里面，时间一久，便连同容器一起化为尘埃了。

但丝路的开通为中国带来了各色树脂类香料，还有来自南海的沉香、檀香、降真香等富含油脂的木质类香料。这些香料与草本香料不同，它们只需要很少的用量就能散发出浓郁持久的香气。同时焚香方式也有了相应的改变，直接燃烧变得不再流行，通过控制炭火的温度让香气缓慢挥发，成为了更加高效、节约的新方法。除此之外，合香的出现也让香品更加趋于浓缩，一枚枚香丸、香饼成了精华所在。于是乎，在种种因素的影响之下，用一只小小的容器来盛装数月乃至数年所需的香料就成为了可能。

体积的缩小也意味着香料变得更加珍贵了，这些漂洋过海不远万里来到中国的精灵们，让每一位热爱香气的贵族都对它们百般呵护，因此存放它们的器具一定不会是简陋的寻常物件，必须要匹配它们高昂的价值和主人高贵的身份。

这种器具应该做成什么样子呢？创意和灵感永远不会无中生有，来自印度的一种香具给了中国人很好的启发，这就是香宝子。

香宝子的第一次出土，在一处北齐的墓葬，这个时代再次与佛教的传入时间相吻合。它是铜制的，主体椭圆形，顶上有个小钮，分上下两半，上半部分是个盖子可以打开，下半部分则连着一个底足，从侧面看就像是一个鸡蛋被放在了底座上。

起初人们并不知道这东西是干吗用的，感觉像是个喝酒的杯子，所以称它为"高足杯"。后来在当阳长坂坡又有一处墓葬被发现，里头也出土了这样一个高足杯，而这次与它一起出土的却是一柄鹊尾香炉。这让人们对这个高足杯有了新的理解，它也许不是装酒的，而是传说中与香炉配套使用的盛香用具——香宝子。这种推测后来被陆续证明，比如在敦煌藏经洞封藏的唐代彩绘麻布画中，香炉居中，一对香宝子分列左右，这种摆放的方式大量出现在了古代画作之中。

随着时代的进步，香宝子的造型也从最初的鸡蛋形，演变出了塔形、杯形、正圆形、莲花形等样式，有的还会被镶嵌在鹊尾香炉的长柄上成为一个整体。而盛唐时期高超的金银器加工技艺，也让香宝子这类香具的制作达到了顶峰。

法门寺地宫中的这对香宝子，名为"鎏金人物画银香宝子"，材质是银鎏金的，金银两色的对比非常强烈，显得富丽堂皇。下方有底足，底足上刻画的是水波纹，有蛟龙翻腾于其间。底足托着主体部分，下方是一圈仰莲纹，浓浓的佛教色彩。莲花上方是用鎏金描绘的人物画，每个香宝子有四幅，一共八幅，内容分别是仙人对饮、萧史吹箫、金蛇吐珠、伯牙抚琴、郭巨埋儿、王祥卧冰、仙人对弈、颜回问路，均为传统的中国典故。顶部有盖，盖子隆起就像大清真寺的圆顶，圆顶又分为四个画面，分别画了四只金色的狮子和神鹿。

香宝子上有狮子，主要因为佛教对狮子的推崇。《维摩诘所说经·佛国品》中有云："演法无畏，犹师子吼，其所讲说，乃如雷震。"意为佛陀说法，如同狮子的吼叫一般，气势非凡，雷霆万钧，摄伏一切邪异外论。因此狮子也成了文殊菩萨的坐骑。

除了上述种种纹饰之外，还有遍布在整个器身上的细密底纹。这些底纹如果不仔细看，还以为是金属的自然纹理，但其实都是人工錾刻出的极其复杂的缠枝花卉纹，它们相互缠绕，却又根根分明，精细程度令人咋舌。

我时常在想，如果这样的器物出现在其他地方，我绝不会相信这是古人手制，因为就连今天的机器也不一定能把这些细节处理得如此完美。然而它就放在博物馆里，就真实地摆在我的面前，让我不得不信。这种震撼，来自千年之前某个大唐工匠之手。

整体回顾一下，这对香宝子的身上融合了多少种文化啊！涉及太多的国家，太多的地域，太多的民族、宗教、艺术等。它们早已不是一对简单的香具了，它们的背后就是那个开放又自信的大唐盛世。自唐之后，香宝子越来越少了，宋之后基本销声匿迹，盛放香料的用具被简化为了香盒。当然香盒也不乏制作精细者，瓷器的、漆器的、黄花梨的、掐丝珐琅的等，亦是案头不可多得的一件美物。

除了金银器的大放异彩，唐代陶瓷也处于一个大变革的时期。比如南方继续发展青瓷，使得越窑的烧造技术越发精湛，而北方却另辟蹊径，创烧出了白瓷，以河北邢窑为代表，形成了"南青北白"的两大瓷色系列，这就为后面素雅的宋瓷打下了基础。但另一方面，唐人对复杂色彩、复杂纹饰、异域风情的喜好，也影响到了陶瓷的设计，其中一种具有代表性的瓷器品类被称为长沙窑。

1998年，德国一家打捞公司在印度尼西亚的一处海域发现了一艘唐朝时

其中一只"唐代鎏金人物画银香宝子"，法门寺地宫出土，图片由法门寺博物馆提供

南宋青白釉双凤纹香盒，四川宋瓷博物馆藏

期的沉船，发现它的地方有一块黑色的大礁石，便叫它"黑石号"。黑石号是一艘阿拉伯商船，正在把满满一船中国货物运往西方。在这船货物里，仅是唐代瓷器就有六万七千多件，多么庞大的数字啊，估计沉船多少与超载有点关系，而重点是瓷器里超过 80% 都是长沙窑。

长沙窑顾名思义是在湖南长沙烧造的瓷器，也叫长沙铜官窑，其最大的特点就是有彩绘，并且开创了"釉下彩"的烧制工艺，这种借鉴了唐三彩审美的创新，不但迎合唐人的喜好，还尤其受到外国人的喜爱。于是唐人看到了商机，把各种外国人喜爱的纹饰都烧在了长沙窑上，比如胡人、葡萄、狮子、椰枣树等。

出口的长沙窑中有很多香炉，其中五足香炉占了很大的比例，这就是受到了金银香具的影响。我个人也收藏了一尊唐代长沙窑的小香炉，它的特征非常明显，整体造型如同一个缩小了的香宝子，下面是青瓷的底座，上面是褐彩的炉盖，撞色感很强。炉盖是微微隆起的圆顶，有着浓郁的伊斯兰风格，镂空是花瓣状的，也有别于中国传统的缠枝花卉，全身上下都充满了文化交融的味道。

唐代长沙窑褐彩香炉

## 8. 李清照的瑞脑香

唐灭之后，天下再次分崩离析，又历经了半个多世纪的纷争动乱，方才重新归于一统。而此时我们会惊讶地发现，这个款款走来的新王朝，却是有些特立独行的，仿佛五代十国这几十年的光阴编织成了一张滤网，滤去了金碧辉煌，滤去了浮躁繁华，硬是把一壶浊酒滤成了一盏清茶。这就是大宋，在洗尽铅华之后，它风雅得不可一世。

我们很难用一两篇文章来洞彻这个时代的生活美学，因为它们大多都在这三百余年间达到了至今也无法企及的高度，宋词、绘画、书法、茶艺、瓷器等，也包括我们的香文化。所以与其去讲一些空洞的、感性的、虚无缥缈的内容，倒不如沉浸到某个人的一生或是某一段重要的历史中去。如此，等到我们把本书所有关于宋代的内容都放到一起来思考的时候，我想对于大宋之美会有更加真实和细腻的体会。

接下来，让我们以香文化的视角来解读一位宋人，既不是皇帝臣子，也不是公主贵妃，而是一位才华横溢的女子——李清照。

李清照生于北宋元丰七年（1084），在那一年，司马光完成了《资治通鉴》的撰写，苏轼也在黄州完成了向苏东坡的蜕变，赴任途中与王安石同游钟山。那一年的大宋，文治昌盛，巨匠云集，李清照的父亲李格非也是文坛中的一位佼佼者。李格非进士出身，文章写得出类拔萃，深得苏轼的欣赏，故而收为门生，位列"苏门后四学士"之一。母亲也并非普通女流之辈，生于状元之家，亦是满腹的诗书才华。李清照的家庭是正儿八经的书香门第，她从小就在耳濡目染中受到了良好的家庭教育。

待字闺中的富家女子，内心往往比较纠结。原本这是人生中最后一段能与父母日日共处的时光了，格外值得珍惜。可锁在深闺之中难得见人，对于情窦初开、春心萌动的少女而言，又仿佛笼中雀一般难熬。因此在离别与不舍之际，在寂寞与遐想之间，她们的内心深处便产生了一种别样的情愫，李清照在一首《如梦令》中如此写道：

> 昨夜雨疏风骤，浓睡不消残酒。试问卷帘人，却道海棠依旧。知否，知否？应是绿肥红瘦。

这是她的早期作品，读下来会发现，宋代闺中女子的生活似乎跟我们想象中的有些不太一样。她的状态是"浓睡不消残酒"，喝了一夜的酒而后沉沉睡去，直到第二天早上都还没有清醒，这实在太不符合我们对于大家闺秀、清纯少女的想象了，她们不应该是温文尔雅、细语轻声的样子么，又怎会喝得如此烂醉如泥？

可接下来李清照并未落入俗套，当卷起床帘的丫鬟把她轻轻唤醒时，她的第一句话并不是去问"我昨天喝了多少？几点睡的啊？"这般常见的问题。而是问了一句"院子里的海棠花怎么样了"？言下之意是，这一夜的风雨是不是把海棠花都吹打凋零了？原来昨夜的酒是一壶发愁的酒啊，她一直都在担心那些风雨中的花儿。

所幸卷帘人的回答是"海棠依旧"，花儿没有被风雨吹落。按理来说，这个回答总能让她心安了吧，她所担心的事情并未发生。然而她听闻之后却轻叹了一声说，不应如此，应是绿叶茂盛、红花凋零才对。显然她并非不相信丫鬟所言，而是另有所指的。

李清照的词中尤爱用"瘦"字，比如"莫道不消魂，帘卷西风，人比黄花瘦"，"瘦"实际上是在说衰老，在说光阴的流逝，叹息年华不在，并不是说人瘦了。原来这才是李清照真正的愁绪所在，她是担心闺阁中漫长而寂寞的时光会让青春老去啊！

如此年纪，便能通过几句短短的问答把愁绪表达得跌宕起伏、令人深思，可见她的天赋异禀。

她另有一首闺中作品《浣溪沙》：

莫许杯深琥珀浓，未成沉醉意先融。疏钟已应晚来风。

瑞脑香消魂梦断，辟寒金小髻鬟松。醒时空对烛花红。

她又在喝酒，闺阁中的李清照为何夜夜都泡在酒里？其实不仅是在闺中，可以说她的一生都没离开过酒，在她众多的传世作品里都有酒的身影。

从某种程度来上说，在成就李清照的种种因素里，酒有着很大的功劳，太过清醒的时候往往没有办法解开束缚一吐为快，自然也就写不出绝世的诗词文章。因此没有酒就没有曹植，没有酒就没有李白，没有酒也就没有了李清照。

"莫许杯深琥珀浓"，琥珀色的酒，类似于今天的黄酒，由谷物发酵制成，而非蒸馏。这种酒不是高度白酒，没有浓烈的酒气，闻起来很香甜，喝起来很柔和，这就是宋代米酒的特征。这种酒可以用来制香，比如炮制檀香、降真香、玄参、茅香等，都会用这种酿造的低度米酒来浸泡。曾有香友用茅台炮制了香材，问他缘故，他说好香就要配好酒，结果是既浪费了好香又浪费了好酒。

"未成沉醉意先融"，按照经验，往往说自己没喝多的人，其实已经喝多了，喝多了自然再次沉沉睡去。只是这一觉没有睡到大天亮，半夜就醒了，醒来之后她又看到了另外一番景象。

"瑞脑香消魂梦断。"这里提到李清照所用之香，"瑞脑"即瑞龙脑香。在唐代，这可是南海小国献给上邦的珍稀贡品，也是唐玄宗赐给杨贵妃的上等宝物，民间根本就见不着。但是到了宋代，这种龙脑香中的上上之品也开始通过海路贸易，通过市舶司进入了中国，走进了贵族、官宦之家。龙脑香堪称是李清照的最爱，在她的作品之中"瑞脑"曾多次出现，为什么在诸多香品之中她会独爱龙脑香呢？

龙脑的香气是极其清凉的，有着十分明显的提神醒脑作用。在饮酒的时候，这种香气的效果尤胜，它会延长清醒的时间，缓解饮酒所带来的困倦感，但这种感受却往往会造成另一种错觉，让饮酒的人觉得自己并没有醉，反而会越喝越多，最后比不用香时还要醉得厉害，这恐怕就是"未成沉醉"的缘由之一。可如果再反过来说，这种"醉上加醉"的状态，会否正是这些文学巨匠们所追求的一种效果呢？李清照独爱龙脑香，究竟是为了解酒，还是为了更加"沉醉不知归路"呢？答案只有她自己才知道了。

再看这个"消"字，普通人的理解自然就是消失的意思，香烧完了，香气消失了，梦也醒了，很直白的意思。但这里我要告诉大家一个秘密，一个只有制香师和用过龙脑香的人才知道的秘密。龙脑香作为一种精油物质的凝结，当然是可以单独熏焚的，但它却不能用火直接来烧。龙脑香遇火即燃，跟固体酒精被点燃的效果差不多，燃烧中会冒出浓浓黑烟，不但没有香气，还有一股难闻的刺鼻气味。因此如果单品龙脑香的话，只有唯一一种方式——隔火热熏。

宋代的品香方式已经发生了诸多明显的变化，最具代表性的就是隔火熏香的流行，这是一种让香品与炭火完全分离，仅靠热量促进香气挥发的品香方式。

《香乘》对"隔火熏香"的记载，摘自北宋颜博文所著的《香史》一书，这是一个非常明确的时间节点：

> 焚香，必于深房曲室，用矮桌置炉，与人膝平，火上设银叶，或云母制如盘形，以之衬香，香不及火，自然舒慢，无烟燥气。

火与香之间被加入了一层介质，银叶或云母。银叶，把银子锤打成薄片，像叶子一样，导热性很好，且不会焦煳。云母则是一种透明的天然矿物晶体，最大的特点就是耐高温，把它打磨成圆形。两者均可以用来承载香料，再置于炭火上。除了银叶、云母之外还有很多种介质，比如"春宵百媚香"中，用"玉片隔火焚之"，比如"赛龙涎饼子"中，"为香钱隔火焚之"，铜钱亦可用。

"隔火"的目的是要让香气"自然舒慢、无烟燥气"。事实上的确如此，就拿沉香来说，直接点燃的香气与隔火的香气是不同的，前者浓郁张扬，瞬间就会扩散出去，除非很高品质的沉香，否则木质部分的燃烧多少都会产生烟火气。但隔火就不同了，香气徐徐而来，且非常纯净，这是因为木质部分没有被燃烧，自然就没有烟火气。

接下来让我们还原一下李清照当年用香时的场景。

李清照手持香箸，把香炉中的香灰搅拌松散，然后夹起一块香炭充分点燃，再埋入松散的香灰之中。香灰中的空气，足以维持香炭的缓慢燃烧。李清照又取出一片银叶，想必也是工艺非凡，或荷叶状，或梅花状。而后她打开一只瓷罐，瓷罐中有鸡毛、糯米炭、红色的相思子和晶莹剔透的龙脑香。李清照用香匙取出一些龙脑香，放在银叶之上，再把银叶轻轻放入炉中，香灰下的炭火不断透出热气，熏着银叶上的龙脑香。

很快，龙脑香冒出缕缕白烟，注意是白烟，而不是直接点燃的黑烟。这些白烟十分轻盈，在空中稍稍盘旋便消失不见。轻嗅一口，顿觉神清气爽，鼻腔发凉。

李清照饮着酒，品着香，但她的目光却集中在炉中的银叶之上，她看见之前片状的龙脑结晶在温度的作用下开始一点点地融化，这个融化是有过程的，它先化成了雪。

什么叫化成雪呢？如果你曾近距离观察过雪花，就会发现它是六角形的结晶，而如果是一团雪花的话，看上去就像是一片冰雪森林。刚刚融化的龙脑香就是这个样子的，由片状变得参差不齐，一如雪花从天而降。

接着雪花又开始消融，一点一点地融化，但却没有化成水，而是化成了一片虚无！龙脑香完全消失了，银片上没有留下任何痕迹，如果不是空气中还有清甜冰凉的味道，根本无法证明龙脑香曾经来过。这是一种非常奇妙的感受，亦是一个变幻无穷的过程，

龙脑香加热后很快融化成雪的模样，最终完全消失

但凡体验过一次，就会顿悟李清照词中这个"消"字的含义了。

她最后写道："醒时空对烛花红。"一个"空"字将悲凉且怅然若失的感觉形容到了极致，然而少有人知的是，这个"空"字还暗合了龙脑香的凭空消失，心也空空，炉也空空……

自古以来，能读懂她的词的人有很多，能读懂她的酒的人也有很多，但能读懂她的香的，却没有几个。今日缘分使然，真正读懂李清照的人中又多了一个你。

这就是李清照的闺中生活，她和无数深闺中的少女一样悲秋伤春、感慨年华，却又和古往今来的文坛巨匠们一样，以酒为伴、以香为使，写出巾帼不让须眉的千古文章。而彼时的李清照，芳龄还不足十八岁，就已展露出了如此惊世的才华。

# 9. 香兽演变与鸭形炉

寂寞深闺，柔肠一寸愁千缕。惜春春去，几点催花雨。

寥寥数语，淡淡的愁绪便跃然纸上，她们深居简出、吟风弄月，会因一朵落花而惋惜，会因一片落叶而感伤，继而又借酒浇愁，愁上心头。但这种闲愁并不等同于消极的生活态度，在每个深闺女子的心中都是充满了期盼的，她们无时无刻不在用心地准备着，去迎接生命中那个决定着未来幸福与否的陌生男子。

李清照的丈夫叫赵明诚，赵明诚的父亲赵挺之与李清照的父亲李格非同朝为官，这是他们的婚姻基础，是门当户对的体现。原本两家结亲后应该相互扶持才对，但赵挺之和李格非的政治立场却渐渐地分属两边，赵挺之站队激进派，力挺变法，而李格非是苏轼的学生，自然是保守派的一员，因此这新旧党争也早早在李清照的人生中埋下了隐患。

赵明诚是中国历史上杰出的金石学家之一。赵明诚著有一部《金石录》，是继欧阳修《集古录》之后最为重要的金石学著作，也代表了宋代最高的金石学水平，而这部著作的完成，李清照也功不可没。新婚之初，赵明诚还在太学读书，已经对金石学十分痴迷了，在他的影响下，原本就对文字特别敏感的李清照也很快爱上了这门学问。两人因此有了一个典故，叫作"脱衣市易"，来自李清照在《金石录》后序中的一段回忆。说的是尚未入仕的赵明诚还没有收入，经济上并不宽裕，但二人又十分着迷于古董文物的鉴藏。赵明诚每月从太学回家时，都要先将衣服典当，换取五百钱，然后去大相国寺的古玩市场里购买一些心怡的碑文古物，再回到家里与李清照一起品味分享。以至于后来赵明诚出仕为官，但凡遇到爱不忍释的名人字画、上古珍奇，却又财力不足时，还是会用上这"脱衣市易"的招数。可以想见当衣衫不整的赵明诚怀抱着斑驳的书卷回到家时，二人相视一笑，那一脸的幸福与满足。

这种难得的情投意合并未因日久年长而淡漠，很多年以后，他们依然能够保持着和谐又有趣的生活。纳兰性德的一首诗里写"赌书消得泼茶香。当时只道是寻常"。这句"赌书泼茶"就源于他们的中年生活。李清照在《金石录》后序中如此写道：

余性偶强记，每饭罢，坐归来堂，烹茶，指堆积书史，言某事在某书、某卷、第几页、第几行，以中否，角胜负，为饮茶先后。中，既举杯大笑，至茶倾覆怀中，反不得饮而起。

这是二人之间的一种游戏。她说，我的记性比较好，每次吃完饭我就和他坐在一起烹茶，然后随手指向一堆书，开始猜某件事是记录在哪本书的哪一卷，哪一页，哪一行。如果猜对了，就可以先饮茶。而往往猜对的那一方由于太过高兴，举杯大笑，导致茶水倾洒出来，反而没有喝成。

所以李清照深爱着赵明诚，这是毋庸置疑的，尽管坊间有很多关于赵明诚不好的传言，但我宁愿相信这种精神上的高度契合会超越世俗中的种种诱惑，尤其对于这两位有着绝世才华、非一般城府的佳人来说。

赵明诚在太学学习期间，不能每日回家，二人总是聚少离多，这也让李清照第一次感受到了相思之苦，她的词也开始展现出另外一种唯美。

> 绣面芙蓉一笑开。斜飞宝鸭衬香腮。眼波才动被人猜。 一面风情深有
> 韵，半笺娇恨寄幽怀。月移花影约重来。

首先是李清照的打扮，"绣面芙蓉一笑开"，这个芙蓉就是在眉心处画了一朵芙蓉花，源于寿阳公主的梅花妆。原本这朵花儿是静态的，但李清照想到动情之处会莞尔一笑，脸上泛起一片红霞，就好似这朵芙蓉花也绽放了一般。

"斜飞宝鸭衬香腮"，对于这句话的理解通常是，李清照的发间斜插着一枚发簪，发簪是鸭子造型的，很好看，衬得整个面容都很娇美。听起来似乎很合理吧，但从香文化的角度来看却是有问题的。发簪是古代女子常用的发饰，簪的造型有很多，从最高等级的凤簪，到玉兔、孔雀之类祥瑞的动物，再到莲花、玉兰之类冰清玉洁的花朵，也有石榴、葡萄之类寓意多子多福的瓜果，但在簪的种种造型之中，很少会有鸭形的，即使有，也不应该是鸭子，而是大雁。因此我认为李清照所谓的"宝鸭"根本就不是一根簪子，应为一尊香炉。

动物形态的香炉也被称为"香兽"，《香乘》中有这样的记载：

> 香兽，以涂金为狻猊、麒麟、兔鸭之状，空中以燃香，使烟自口出，
> 以为玩好，复有雕木埏土为之者。

兽形的香炉，有狮子状的、麒麟状的，也有水鸭状的，腹内中空用以燃香，烟是从嘴里冒出来的，十分具有趣味性。香兽除了有用铜鎏金制作的以外，也有用木头或陶土制成的。

这段文字摘自宋代洪刍的《洪氏香谱》，以宋人的眼光全面地评鉴了香兽这类香具。但香兽并非是宋代才出现的，它的历史非常悠久。早在先秦时期，香兽的造型主要以

神兽为主，如凤鸟、螭龙、神龟、饕餮之类，充满了远古的神秘感；到了汉代，开始出现了具有宗教色彩或是寓意吉祥的瑞兽，如云雾中的仙鹤、博山上的猛虎、沧海中的蛟龙，包括象征诸多品格精神的大雁也在这一时期集中出现了，有雁灯，也有雁炉。

　　到了唐代，雁形炉开始发生了变化，成了鸭子的形态。雁与鸭虽然长得很像，但其实有很多区别，体型、羽毛、嘴巴、脚蹼等等都能看得出来，所以鸭形香炉很明确是在唐代开始出现的。再往后就到了宋代，"凫鸭"形态的香兽更加普及，它们也有了更多的叫法，比如睡鸭、金鸭、香鸭、宝鸭，都是指的鸭形香炉。

铜鸭熏炉

宋代铜鸭熏炉，背部翅膀可掀开，腹中焚香，烟气自口而出，四川宋瓷博物馆藏

在唐宋时期也出现了大量提及鸭形香炉的诗词，比如唐代李贺的"深帏金鸭冷，笯镜幽凤尘"；李商隐的"舞鸾镜匣收残黛，睡鸭香炉换夕熏"；五代时期和凝的"香鸭烟轻爇水沈，云鬟闲坠凤犀簪"；宋代有陆游的"水冷砚蟾初薄冻，火残香鸭尚微烟"；秦观的"玉纤慵整银筝雁，红袖时笼金鸭暖"，这一句中雁和鸭是分开的，不能混为一谈。

因此香兽的发展是具有一定规律的，它从上古时期的神兽变成寻常山林中的动物，进而又向民间的生活靠拢，最后连家禽都加入了进来。难道说家禽也有什么寓意么？或者说家禽也象征着某种权力和威严么？统统没有，家禽唯一有的就是趣味性，所以这种演变规律的背后，实际上就是中国香文化中的生活情趣越来越浓了。

这种生活情趣在宋代达到了顶峰，同时也成为了宋代香具的一个突出特点，它抛弃了所有陈旧观念的束缚，不在乎香具的附加意义，而更在乎香具本身的美感，尽管与前朝后世的风格相比，宋代香具显得朴素了许多，也柔弱了许多，但这种沉淀下来的审美才最为恒久，直到今天都为我们所追求并深感难以超越。

除了香兽，诸多艺术品都在宋代出现了类似的变化，比如明明是一只虎形的瓷枕，但老虎的模样却憨态可掬，它是可爱的，不是凶猛的；再如玉佩，螭龙凤鸟皆已不是主流，花花草草、飞鸟鱼虫，院子里的小狗，笼舍里的鸡鸭，人们更愿意把它们作为掌心玩物。因此也可以说，宋代之美是最贴近人间烟火的。

再回头看这句"斜飞宝鸭衬香腮"，其实也可以读作"宝鸭斜飞香衬腮"，斜飞的不是一根发簪，而是从鸭形香炉中升腾出的青烟，青烟裹挟着香气盘旋缭绕，它们像是有生命的，轻轻地托起了李清照的脸，也轻轻地托起了李清照的思念。我想，这才是合理而完美的解释。

当然，李清照的词并不需要过多的解释，词中的朦胧之美才是它的精妙所在，而宋代的美同样也是朦胧的，它总是藏在一片轻纱帐的背后，你越是看不清，就越会心驰神往。

# 10. 玉炉与影青炉

如果只看李清照的前半生，她显然是一位幸福的女子，有好的家世和理想的夫君，她的性格也格外适合大宋这个充满了书卷气息的时代，在淡淡的、朦胧的烟气之中，书写出醒目的、唯美的诗词文章。然而把这些幸福放之于她的一生来看，却仅仅只是流星般短暂，太多的不幸即将接踵而来。

父亲李格非和公公赵挺之有着不同的政治立场，从变法的角度来说，李格非属于"旧党"，赵挺之属于"新党"。既然如此，赵家当初又为什么要到李家来提亲呢？彼时宋徽宗刚即位，朝政大权实际上由向太后把持，向太后自宋神宗驾崩之后就开始垂帘听政了，包括拥立赵佶登基也是她的手笔，而向太后是力挺"旧党"的。深谙权术的赵挺之自然能看清形势，要想确保自己的仕途万无一失，找一个老牌的旧党联姻，对于赵家来说便相当于有了保护伞。于是目标很快锁定了李格非，"苏门后四学士"之一，礼部员外郎，如假包换的旧党核心人物，所以这门亲事归根到底，是李家被赵家给利用了。

但李格非保全了赵挺之，却没有得到相应的回报。向太后故去之后，宋徽宗起用蔡京，新党重新崛起。蔡京重新拟定了旧党名单，将司马光、苏轼、苏辙、黄庭坚、秦观等上百人都分别定了罪名，并把名单刻在石碑上，称之为"元祐奸党"。刻碑说明了事情的严重性，在古人看来这是永世不得翻身之意，李格非的名字也赫然其上。

很快，李格非一家被敕令出京，打回原籍。而与此形成鲜明对比的却是赵挺之的一路高升。此时的李清照已嫁去赵家，无法随父回乡，她是心急如焚啊，多么希望公公能够施以援手，救救自己的父亲。然而赵挺之却无动于衷，生怕影响了自己的前途。

李清照很生气，奈何一个弱女子又能做什么呢？赵明诚也无能为力，因为赵明诚是苏黄的追随者，在赵挺之眼中他一直都是个"逆子"。无奈与气愤之中，李清照写下一句"炙手可热心可寒"，送给了这位红极一时却冷酷无情的公公。

可没想到政局的变化让人根本无法预测，新旧交替、此起彼伏，没过几年赵挺之也被罢了职，竟一命呜呼了！赵明诚也被逐出京师，只得带着李清照回了青州。

这接二连三的打击，让李清照的家道一落千丈，对于任何人来说这都是件不幸的事情。然而李清照吉人自有天相，看似不幸却是万幸。

万幸之一，是这段在青州悠闲的日子，让夫妻二人都各自有了充裕的时间。赵明诚没得官做了，便去游历名胜古迹，搜罗各种金石文物，来丰富和补充自己的《金石录》，这段经历极大地提升了赵明诚的专业水平。因此他并没有因为丢官无比懊恼、备感失落，而是十分享受和珍惜这样的时光，事实也证明最终让他灿烂于青史的，不是官做得有多大，而是对于金石学的研究有多深。

李清照更是如此，父亲被逐的这些年，她在赵家过得想来很不舒心，可现在公公也倒台了，怨恨也好委屈也罢，皆成过眼云烟。离开令她深感不悦的官场氛围，再也不用看那些趋炎附势的嘴脸，再也听不到那些阿谀谄媚的声音，重新回归了平民的生活，取而代之的是青州如画的山水和如歌的鸟语虫鸣。她的心总算是安静了下来，就像是又回到了曾经的闺中时光，于是她把自己的家称为"归来堂"，也给自己起了"易安居士"的别号，这些都是取自陶渊明《归去来兮辞》中的文字，显然她把这次磨难当成了一次归隐。

在青州，她一面细心地整理各种文物，一面思念着远游的赵明诚，其间也写下了诸多的传世佳作。其中有一篇《浣溪沙》，便是她在文字中留下的美好：

髻子伤春慵更梳。晚风庭院落梅初。淡云来往月疏疏。玉鸭熏炉闲瑞脑，朱樱斗帐掩流苏。通犀还解辟寒无。

"髻子伤春慵更梳"，这个"慵"字用得极妙，表达了一种慵懒的状态，随意挽起发髻，懒得去仔细梳头了。在今天看来，"慵懒"似乎不是个好词，有点百无聊赖、自我放弃的意思，但对古代女子们来说，"慵"并不完全指懒，反而是一种很高的追求，因为不是人人都有资格去慵懒的，它需要非常舒适的生活和极其平和的心态，常常只有豪门贵妇才能拥有。《香乘》中有这样的记载：

婕妤又沐以九回香膏发；为薄眉，号远山黛；施小朱，号慵来妆。

说的是赵合德沐浴之后，要用九回香来涂抹头发，显然九回香是一种香泽。而后画眉，用了一种十分淡薄的画法，一如远处的青山，被称为"远山黛"。再"施小朱"，即在脸上浅浅地施以胭脂，如此便被称为"慵来妆"。

这里的"慵来"就是对于"慵"这种状态的追求，故意画简单的妆，显得人很懒，但却徒生了一丝娇媚，所谓"慵妆媚态"就是这种懒洋洋的却又简约素净的美感。包括李清照随意盘起的发髻，也是为了配合"慵"的状态，被称为"慵妆髻"。

接下来是当晚的景象，晚风吹过庭院，吹落了梅花，空中薄云来往，遮得明月忽隐忽现，这种清冷的夜色最能勾起相思。

而后空间转移，开始讲室内的陈设。"玉鸭熏炉闲瑞脑"，香炉就放在那里，但并没有熏上她最爱的龙脑香，这是一尊冷香炉。有多冷呢？不仅是香冷、炭火冷，就连香炉本身都冷峻无比，她用了一个词——玉鸭。

"玉鸭"按字面的意思就是玉质的鸭形香炉，且不说其他，仅是玉的质地就让人心生凉意，因此从文学上来讲，"玉鸭"已经与这清冷的夜色融为一体了。而我们要重点讨论的是，李清照真的有一尊用玉雕成的鸭形香炉么？我认为她没有。

早在上古时代，玉就是王权的象征，基本只有"王"一级才可以享用。但那时候没有什么好的玉和不好的玉之分，有玉就不错了，因为产玉的地方很少，且基本都不在中原。后来汉代开通了西域，新疆、青海的玉料开始从玉门关传进来，虽然玉质很好，但路途遥远、运输艰难，无法形成规模。到了唐代，贸易范围极大，理应有大量玉器出现才对，但实际上唐玉很少见，因为唐人对于玻璃、瑟瑟、玛瑙这些异域材料的喜好更胜一筹，素净的玉器反而有些与审美不符。

一直到宋代，玉才算是走出了王侯将相的府邸，开始向民间普及，并渐渐成了一种常见的商品交易，这与香文化的发展几乎是同样的节奏，由此可见各种文化之间的脉络也是彼此互通的。虽然民间有了玉，但也仅限于一些小的器物，比如配饰类的有玉簪子、玉镯子，把玩类的有小鸭子、小兔子、小狗等具有生活情趣的手把件。但大件的器物，尤其是玉香炉却极少出现。

香炉是要掏膛的，即把炉腔掏空，然而"掏玉"不是掏西瓜瓤，拿个大勺子一下就能挖空的。古人没有电力，制玉要用解玉砂一点点地磨，且不说这个过程中的人力和时间成本，仅是一大块玉料掏出来的膛全部变成粉末，这种材料的浪费也很难让人接受。同时能做香炉的玉料需要很大一块，普通的小料，像籽料、山流水之类河床里的玉料都是做不了的，至少都需要山料，而山料体积大、开采难，在交通不便、道路不畅的古代，其成本之高难以想象。

因此玉香炉的大量出现通常被认为是在乾隆时期。西域叛乱被平定，新疆通往中原的通道被重新打通，最好的和田料也有了保证，再加上乾隆皇帝对"繁复"之美的特殊喜好，清宫造办处研发出了一种极其复杂的制作工艺，被称为"乾隆工"。当"乾隆工"被用在玉石上时，一尊尊精美绝伦的玉香炉才得以大量出现。

因此在宋代，尤其在民间，玉香炉难得一见，更不要说是雕成鸭形的玉炉了。故而我推测，李清照的"玉鸭"并不是用玉做的，而是另一种接近于玉质感的材料，即宋代的青白瓷。

中国人为什么崇尚瓷器？最初的原因是因为崇尚玉石，青瓷像青玉，白瓷像白玉，如何让青白瓷更加像玉，从来都是制瓷业共同追逐的目标。在宋代青白瓷中，有一个

宋代青白瓷鸭形熏炉，美国芝加哥艺术馆藏

清代白玉炉、瓶、盒三式，瓶中插香箸、香匙，故宫博物院藏

代表性的品种名为"影青"。

影青是北宋中期景德镇所独创的品种，这与李清照所生活的时代相符合，它最大的特点就是"半透明"，釉是半透明的，胎也是半透明的，整体极薄，可以透光，而刻花的地方更薄，在光线下有如影子一样柔美动人。加之"色白花青"和"薄、透、润"等特点，影青也被称为"假玉器"，因为实在是太像玉器了，一度被誉为最接近玉的瓷器。影青瓷制成的鸭形香炉是有实物例证的，比如美国芝加哥艺术馆收藏的一尊宋代青白瓷莲瓣鸭形香炉，造型惟妙惟肖，釉色自然润泽、白里泛青，的确很有"玉鸭"之感。

当然我们去猜度李清照的真实生活，只是想借此来聊聊宋代的香具特征，那就是各色精美的瓷器香炉大量出现，伴随着"汝官哥钧定"五大名窑的横空出世，这种素雅简洁、温润如玉的瓷器香炉在宋代达到了至今都无法企及的高度。

思绪回转，继续解读李清照的这首词。

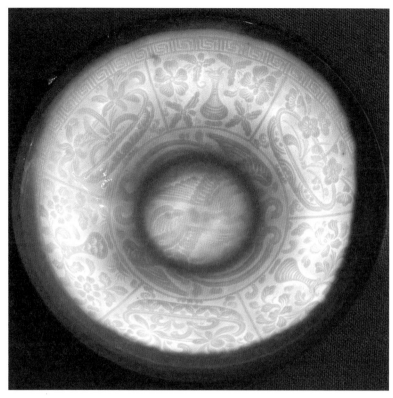

南宋景德镇窑影青瓷碗，在光线下透出犹如影子一般的纹饰，纹饰为宋代流行的插花艺术，四川宋瓷博物馆藏

"朱樱斗帐掩流苏"，朱樱斗帐即红色的帐子，流苏则是把帐子捆扎起来的绳饰。斗帐掩住了流苏，言下之意就是无人卷帘，依然是一种慵懒的状态。

"通犀还解辟寒无"，源于《开元天宝遗事》中的一则典故，名为"辟寒犀"：

> 开元二年冬至，交趾国进犀一株，色黄如金。使者请以金盘置于殿中，温温然有暖气袭人。上问其故，使者对曰："此辟寒犀也。"

犀角真的可以避寒么？显然是不可能的。但在古人看来，犀角不仅可以避寒，还可以避水、避尘，属于一种被神化的物质。从中医的角度来说有一定药用价值，用犀角制成的酒杯向来都是至珍的宝物，用其盛酒可以解毒、健体。

《香乘》另有一则记载，名为"灵犀香"：

通天犀角镑少末与沉香蒸，烟气袅袅直上，能抉阴云而睹青天。

通天犀的角刮下粉末与沉香一起熏焚，发出的烟气能够把乌云拨开而露出青天。这个说法更加夸张了，但我并不好奇也没有去测试过，因为我们要对野生动物及其制品坚决说不！

这句词妙就妙在这个"辟寒犀"，李清照借由典故发出了一声感叹，在如此清冷的夜晚，不知通天犀的角还能否为我驱散寒气，带来一丝温暖呢？结果前面那么多的铺垫都是为了最后这一抹情绪的抒发，她一个人在没有一丝烟火气的房间里，对于赵明诚的思念应景而生、涌上心头。而"女为悦己者容"，她的慵懒看来也并非是为了故作娇媚，只是无人欣赏罢了。词中的一切都因"辟寒犀"而有了合理的解释。

万幸，就是青州让她躲过了发生在靖康二年（1127）的东京城破。假设李家、赵家继续官运亨通，假设他们一家继续生活在东京汴梁的话，恐怕最终也是在劫难逃。

万幸归万幸，覆巢之下焉有完卵啊，战火很快就烧到了山东。宋室南迁，百姓南逃，赵明诚也临危受命，先行一步去往南方任职了，只留下李清照孤身一人，守着"归来堂"整整几间屋子的珍贵文物，茫茫然不知所措。是保命要紧，还是保护文物要紧呢？几经思索，她仍无法割舍她和赵明诚的半生心血，她决定带着这些文物跟随宋室一起南逃。

今天还活着的人们，很少有人经历过逃难这种事情了，所以常常会把逃难想象得很简单。有人说宋室南渡，不过是从汴梁跑去临安，换个城市重新生活罢了。这种说法着实荒谬，因为金兵攻陷东京之后一直都在穷追不舍，逃难是没有目的地的，没有人知道最后会在哪里停留，跑得不够快或稍有迟疑就会被全部歼灭。宋高宗赵构一路南逃，从河北大名府跑到河南商丘，跑到江苏建康，又跑到临安，还没安稳几天金兵又追来了，他只能继续往南跑，跑到绍兴、跑到温州沿海，还吓得躲在海船上漂了半个月。最后一直等到岳飞、韩世忠等名将击退了金兵，方才回到临安安定下来。整个逃难路线是十分曲折漫长的，有太多的人都死在了奔波之中。

皇室尚且如此仓惶，不要说是拖着十几车珍贵文物的孤身女子李清照了，很难想象她在荒山野岭面对一群抢夺文物的贼寇时，该有多么地无助。从这一刻开始，李清照就陷入了常年居无定所、颠沛流离的逃亡生活，而更多的悲剧也在期间不断袭来，文物被抢劫、赵明诚病亡等。

总之这位婉约的弱女子在命运的打磨之下成为了一名铿锵的战士，她坚守着所剩无几的文物，耗尽最后一丝精力完善亡夫的《金石录》。她也一改柔美的文风，写下了诸如"生当作人杰，死亦为鬼雄"的豪言壮语。生命的最后，她怀着对故土难归的无比失望和无限哀愁，悄然逝去了，时至今日都没人弄得清她究竟死于何处，葬在哪里。

此时再回望她的一生，这哪里只是一位女词人的一生啊！这简直就是整个王朝的盛衰兴亡，暗藏了整个时代的跌宕起伏，而把这一切都压在她身上的时候，实在是太重太重了。

我忽然想到了一首词，来自另外一位杰出宋代词人，他叫辛弃疾，他描写了"东风夜放花千树"的临安元宵之夜。辛弃疾写这首词时，李清照已经故去很多年了，但我想这临安的繁华景象她应该是见过的，只是她心里的哀伤在这劫后的盛世里越发显得悲凉。我仿佛看见她依然站在灯火阑珊处，轻声吟诵着她所喜爱的词，想念着她所挚爱的故土与爱人。她的那尊玉鸭香炉也不知何去何从了，但我想它一定会流传到一代又一代爱香之人的手中，重新埋上炭火，重新熏上瑞龙脑香，这些香气也将带着李清照的才情诗意，亘古飘扬。

# 11.　元代彩炉与红楼香事

宋朝的故去让中华文化骤然衰落，也让香文化跌到了谷底。元代香具继续沿用宋代流行的形制，但在工艺上却相差太多，用一个词概括就是"粗糙"。在我所见的古代香具中，往往似宋非宋、工艺粗犷的品种，除了是赝品以外，还有一种可能就是元人的作品。

当然元代香具也并非一无是处，就和元代茶文化一样，它同样起到了重要的过渡作用，这种过渡作用主要体现在色彩上。有一种瓷器叫作钧瓷，即宋代五大名窑"汝官哥钧定"中的"钧"，相传最初是在宋徽宗的艮岳里做花盆的，而大量被用于制作香炉则是在元代了。

钧瓷的特点是"入窑一色，出窑万彩"，这句话包含了两个要点，一是钧瓷是彩色的；二是这种彩色是随机的。这两点都不太符合宋人的审美，他们不喜欢彩色的东西，尤其不喜欢在书房雅室中出现不受控制的杂色。但到了元代，审美再次发生变化，人们开始重新接受美艳的事物，一如魏晋之后的隋唐，青铜变成了金银器，青瓷变成了唐三彩。因此对于香具来说，彩瓷香具的出现是以元为节点的。

元之后是明清，明清两朝的香具文化，似乎除了前文提及的宣德炉和"炉瓶三事"以外，并没有太多的特色，但我又总觉得有些意犹未尽之感。于是我想到了一部关于这一时期的经典小说，如果着眼于其中的一些细微之处，或许能寻得一份别样的惊喜。

我想起《红楼梦》，是因为曹雪芹，作为半个同行，我深知如果一个作家要写未来，他可以随便写，因为没人知道未来是什么样的，但如果他要写过去，就一定要有足够的经历或阅历，写得越真实，读者的代入感就会越强，否则很容易出戏。而小小红楼，不比那大千世界，不是人人都有机会一览其中之秘的。红楼里的人也不比那些江湖儿女、绿林草莽，又或是妖魔鬼怪，要写他们的故事，展现他们的个性，就必须描写他们贵族生活里的种种细节。

这些细节，一般平民阶层根本无法企及，连想象的源泉都没有，而王侯将相们又不屑于记录，因为在他们看来不过是生活琐碎而已。结果就很像苏东坡与黄州猪肉的缘分，"富者不肯食，贫者不解煮"，最后只有苏东坡做出了东坡肉。

曹雪芹跟苏东坡一样也是个大起大落的人，祖上是努尔哈赤的家奴，又跟着多尔衮打仗建立功勋，转入正白旗，从此官运亨通。诸如江宁织造、两淮巡盐御史等这些超级肥差，曹家人都干过，而且跟皇室关系还特别好，康熙六次南巡，五次都住在了曹家的江宁织造署。所以曹雪芹十三岁之前是亲历了人间极致富贵的，他可不是空穴来风地一通幻想。之后曹家被抄，从江宁的豪宅迁往北京的破屋，曹雪芹才开始了卖字卖画、靠朋友接济的潦倒生活。"生于繁华，终于沦落"，只有他才对繁华的过往充满了无限的眷念与回忆，于是他动笔，写出了如此毫发毕现的文字来。

这些细节有多细呢？随便举一个例子，王熙凤出场时，曹雪芹说此人的打扮与众姑娘都不同："头上戴着金丝八宝攒珠髻，绾着朝阳五凤挂珠钗；项上带着赤金盘螭璎珞圈。"用来固定发髻的饰品是由黄金拉丝编织而成，再镶嵌八种宝石，并用珍珠攒成花儿来修饰。这种工艺也叫"花丝镶嵌"，在明代登峰造极，定陵中就曾出土"万历皇帝翼善金冠"等令人叹为观止的金丝作品。发钗也不一般，一支钗上就有五只凤凰，

元代钧窑三足香炉

大有皇后统御后宫的气势，也暗合了王熙凤在红楼里的职能。脖子上的项圈更厉害，上面有用足金铸成的蟠龙造型，而源于佛教的"璎珞"原本就是用世间众宝和合而成。

"裙边系着豆绿宫绦，双衡比目玫瑰佩。"这句开始写裙边的玉佩。先说系玉佩的丝绦是豆绿色的，而且是宫里流行的款式。再说玉佩的形制是"双衡"，"衡"就是玉珩，弯弯的像小桥一样，通常悬挂在玉佩的上端，只是个配件；然后才是玉佩主体，"比目"就是比目鱼，但并非海里的比目鱼，而是古代传说中成双而行的鱼，类似于比翼鸟，有喜结连理、不离不弃的寓意，所以比目佩就是双鱼玉佩。最后描写玉佩的颜色，是玫瑰色的。

"身穿缕金百蝶穿花大红洋缎窄褙袄，外罩五彩刻丝石青银鼠褂，下着翡翠撒花洋绉裙。"这些生僻的词汇普通人虽然看不明白，但一听就会觉得富贵逼人，而如果是内行人士来看，这里头提到的每一种织物、布料、皮草，衣服的样式、配色、缝制方法等都大有文章，正是明清时期真实存在的工艺技法。

而类似这样的描写，在整部《红楼梦》中不计其数，除了衣服配饰，还有书法绘画、戏曲诗词、古董名器，乃至点心菜肴、果品香茶等，任何一项单独拿出来研究，都堪称一段活生生的专业纪实。因此《红楼梦》中关于香气的细节，也能真实反映出明清贵族阶层的用香情况。

全书中有唯一一款完整的香方，名叫"冷香丸"。冷香丸其实是薛宝钗服用的一味药，据说她从娘胎里就带下热毒，无法驱散，直到来了个专治无名之症的和尚，给了她一纸海上仙方。只因香气实在是太好闻了，被旁人发现，几番追问之下，薛宝钗才道出了这方子的内容，精简后如下：

> 春天的白牡丹蕊、夏天的白荷花蕊、秋天的白芙蓉蕊、冬天的白梅花蕊，各十二两。四种花蕊集齐之后，于次年春分晒干研为粉末。然后用雨水这天的雨，白露这天的露，霜降这天的霜，小雪这天的雪，四种水把粉和匀，再加十二钱蜂蜜、十二钱白糖，捏了丸子放进瓷罐，然后埋到花根底下。发病时吃一丸，用十二分黄柏煎的汤送下去。

材料倒是很简单，四种寻常花蕊。但难得是这调和所用之水，四个节气所对应的四种天降之物——雨、露、霜、雪。这就太难了，因为雨水那天不一定下雨，霜降那天也不一定结霜，所以这一等就全看造化了，运气不好的话，等上十年八年也未可知。好在薛宝钗运气不错，一两年之内就全都集齐了。接着和蜜、捏丸、窖藏，这是常规的制香步骤。

但如果从制香的专业角度来看这个方子，它恐怕不会有书中所描述的香气效果。首先花蕊并不会很香，它的作用是授粉，而不是发香，古代香方中也很少见到花蕊，就连花蕊夫人自己也没用过，"花蕊很香"只是一种错觉而已；其次是水的加入有问题，在需要窖藏的药品或香品中加水都是大忌，比如制香师们会用各种手段对香材进行阴干、风干、焙干，就是为了防止窖藏过程中发生霉变，包括炼蜜也是为了给蜂蜜脱水。所以固然这水来之不易，也不能加入，即使加入的话，恐怕香气也不及苏东坡的"梅心之雪"来得实在；再者就是白糖了，白糖即白砂糖，这东西在今天司空见惯，但在古代的中国乃至世界，它都昂贵得无以复加，甚至引发过战争、推动过世界格局的转变。有的学者考证，中国人第一次做出白糖就是在明代，可想而知当年的白糖代表了怎样的财富和地位。因此方子里的白糖依然是曹雪芹表达豪门富贵的一种手法，实际上它的作用与蜂蜜完全重复，没有任何意义。

无论如何，曹雪芹的这个方子编排得极妙，让读者一听就觉得十分厉害，其中关键在于一个"巧"字，无巧不能成香，全看缘分造化，这也成为后世很多小说中描写名贵香方的一个范本。

但我想说的是，这种"巧"在真实的制香过程中的确存在。去年中秋前夕，我采了一大筐桂花，用鲜花捣泥做了香饼，剩余的风干做了木犀印香和桂花线香，忙得不亦乐乎。然而今年就没有这么好的运气了，花开的那几日风雨大作，昼夜不息，我是眼睁睁地看着一地的落花心疼啊，还在朋友圈里感叹了一句"零落成泥碾作尘，只有香如故"，等到风雨过后，已是残花无几。所以在很多时候，制香是需要"巧"的，只有天公作美、地利人和，才能合出好的香气。

薛宝钗大约是曹雪芹心目中比较接近完美的女性形象，对她颇为优待，不但抽花签时把"群芳之冠"的名号归了她，生活中也是处处芳香不绝。除了冷香丸，薛宝钗的住处也与香有关。

大观园刚落成时，贾家众人进园游览。里头景致错落、庭院森森，有些去处还没有名字，于是便一边游玩一边命名。走到其中的一个院子，书中如此描写：

> 步入门时，忽迎面突出插天的大玲珑山石来，四面群绕各式石块，竟把里面所有房屋悉皆遮住，而且一株花木也无。只见许多异草：或有牵藤的，或有引蔓的，或垂山巅，或穿石隙，甚至垂檐绕柱，萦砌盘阶，或如翠带飘飘，或如金绳盘屈，或实若丹砂，或花如金桂，味芬气馥，非花香之可比。

此处别具一格，院里有很多大石头，皆太湖石之类，也不种普通的花木，而是种了很多香草，异香扑鼻。香草是个偏门，众人多有不识，唯宝玉认得，他便张口道来：

> 那香的是杜若蘅芜，那一种大约是茞兰，这一种大约是清葛，那一种是金簦草，这一种是玉蕗藤，红的自然是紫芸，绿的定是清芷。

故而宝玉为此院取名为"蘅芷清芬"，后来皇妃省亲，正式将此处命名为"蘅芜苑"，最后成了薛宝钗的住处。

关于"蘅芜"二字，《香乘》中有"蘅芜香"的记载，摘自晋代王嘉的《拾遗记》：

> 帝息于延凉室，卧梦李夫人授帝蘅芜之香。帝惊起，而香气犹著衣枕，历月不歇。帝弥思求，终不复见，涕泣洽席，遂改延凉室为遗芳梦室。

这是一则关于汉武帝和李夫人的传说。李夫人同卫子夫一样，也是平阳公主推荐给汉武帝的，同样让汉武帝痴迷不已，直到今天，世人还在为汉武帝到底最喜欢她们中的哪一个而争论不休。

故事说的是汉武帝的卧室叫作"延凉室"，一天梦见了故去的李夫人，给自己送来了蘅芜香。醒来之后方知是大梦一场，但那香气却留在了衣枕之上，数月不散。汉武帝伤心啊，求神拜仙终不能再次相见，无奈之下把"延凉室"改了名字，称为"遗芳梦室"，即留下过芳香美梦的地方，以此寄托对李夫人的思念。

这世间到底有没有"蘅芜香"呢？至少我没有见过，历代香方中也从未有过这味香草。因此江湖上有很多种说法，一说"蘅芜"是一种菊科植物，但具体是什么却模糊不清；二说"蘅芜"是两种东西，杜衡和芜菁。乍一听好像有点道理，但细想也不对。杜衡是常见的中药材，马兜铃科细辛属植物，也叫马蹄香，根茎之中含有黄樟醚和丁香油酚，的确有些香气，可以归为一种药香。但芜菁却是一种蔬菜，也叫大头菜，常用来做泡菜用，显然不会是香草了，把这二者往一起凑着实牵强。故而真正的答案只能去问贾宝玉了，而贾宝玉说的却是"杜若蘅芜"，这里又来了个杜若。

杜若也是有争议的植物，在诸多古代医药典籍里杜若常被解释为杜衡的别名，以根入药。而屈原早在《九歌·山鬼》中写道"被石兰兮带杜衡"，又在《九歌·湘夫人》中写道"搴汀洲兮杜若"，将二者指向了一种芳香馥郁的花朵，可以折下送给远方的佳人。据当今植物学的分类，杜若（*Pollia japonica* Thunb.）是鸭跖草科杜若属草本植物，开白花，有香气，符合屈原的描述。然而《香乘》在对香草的释名中提及，"杜若即山姜"，《本草》亦有云："杜若，人无识者，今楚地山中时有之。山人亦呼为良姜，根似姜，味亦辛。"两段记载又同时将杜若指向了姜科植物，类似高良姜。

因此古往今来，杜衡和杜若在医药学、文学、香学、植物学等不同的场合扮演着不同的角色，从来都没有一个确切的答案。由此推测"杜若蘅芜"的由来，大约是曹雪芹想到了杜若和杜衡，又想到了"蘅芜香"的典故，于是随笔一写，只是他自己万万没有想到这随意的一笔，又在后世留下了谜一般的难题。

## 12. 琴炉与手炉

另一段故事发生在某一年的上元节，也就是正月十五元宵节，虽然对于古人来说元宵节不一定是最重要的节日，但一定是最热闹的节日，因为在这一天会有一项独特的活动——元宵灯会。

很多古典小说都会对元宵灯会进行浓墨重彩的描写，有很多重大事件都发生在这一夜，比如《水浒传》中的三闹元宵节，再如《红楼梦》的开篇就是英莲小朋友在元宵灯会上走丢了，这才拉开了一场红楼大梦，而接下来的这一幕就是元宵之夜贾府中的一次猜灯谜的活动。

"贾母见元春这般有兴，自己越发喜乐，便命速作一架小巧精致围屏灯来，设于当屋，命他姊妹各自暗暗的作了，写出来粘于屏上，然后预备下香茶细果以及各色玩物，为猜着之贺"。

贾母让人准备了一架围屏灯，"围屏"就是把屏风给围起来，在中间点上灯，灯光会从丝绢制成的帷幕后面透出来。贾母让每人出一个灯谜，写在纸上，再分别贴到围屏灯不同的面上，然后边转边猜，猜中者有赏。

出题人也不是普通角色，多是十二金钗中一等一的文笔，所出灯谜自然不同凡响，皆为一首首工整隽秀的诗词。比如其中探春的一首七绝，"阶下儿童仰面时，清明妆点最堪宜。游丝一断浑无力，莫向东风怨别离"，谜题的答案就是风筝，这恐怕是史上最能引人哀思无限的风筝灯谜了。其他佳作且不提，单说薛宝钗的这首七律，也是曹雪芹唯一一个没有给出标准答案的灯谜，算是个开放式的结局：

朝罢谁携两袖烟，琴边衾里总无缘。晓筹不用鸡人报，五夜无烦侍女添。
焦首朝朝还暮暮，煎心日日复年年。光阴荏苒须当惜，风雨阴晴任变迁。

上来是个问句，但问得似乎有些莫名其妙，朝会结束之后，谁会携带两袖子的烟呢？而这句恰恰体现了薛宝钗的博学，她实际上引用了杜甫的一首和诗，题为《奉和贾至舍人早朝大明宫》。安史之乱之后杜甫官至左拾遗，与王维、岑参、贾至等几位诗人同朝为官，贾至先写了一首诗，描写大明宫早朝上的情景，其中一句写道，"衣冠身惹御炉香"，意思是衣服上、帽子上全都沾染了御炉中的香气。因此杜甫和了一句，"朝罢香烟携满袖"，意思是下朝之后连两只袖子里都是御香的味道。一唱一和皆在形容大殿之上的御香香气，浓郁且持久不散。

薛宝钗隐去了其中的一个"香"字，换成了"谁"，所以她问的并不是谁的袖子里装满了烟，而是袖子里的烟是什么？答案很明显，是"香"。因此谜底的范围在第一句就被锁定了，这是一种香。

"琴边"即弹古琴时熏焚的香品，"衾里"则指被子里，属于熏衣之香。这里提到了"琴"，可以顺便来介绍一下"琴炉"，这也是香炉中的一大品类。

最初，只要能在抚琴动操时燃香助兴的香炉都可以称为琴炉，但随着香具的多样化发展，渐渐出现了弹琴专用的香炉。由于琴是主体，焚香只是一种辅助，用香气来沉静心绪、烘托氛围，让嗅觉与听觉形成一种呼应，因此香气一定不能喧宾夺主，必须是清幽淡雅的，烟气也不能过大。

譬如宋人赵希鹄在《洞天清录·古琴辩》中写道："焚香弹琴：惟取香清而烟少者，若浓烟扑鼻，大败佳兴，当用水沉、蓬莱，忌用龙涎、笃褥、儿女态者。"这一描述十分符合宋人清秀的审美，只有海南沉水香（南宋周去非《岭外代答》载："蓬莱香，出海南，即沉水香结未成者。"）纯净无比的香气才符合古琴之清韵，而其他一切复合型的香气都不能用，哪怕是名贵的龙涎香。

因此在宋代，搭配古琴只需要一块小小的沉香，对应的香炉也以小巧、素简的最为合适，在视觉上也不会太过抢眼，于是人们开始把这类小到可以托在掌心上把玩的小香炉通称为"琴炉"。在宋徽宗的名画《听琴图》中，琴旁的高几上就摆放着一只白瓷琴炉。

回到灯谜里，"总无缘"的意思是这款香既不是文房用香，也不是熏衣之香，一下子就把香的两大品类给排除了，那莫非是涂傅之香么？继续往下看。

"晓筹"一句点明了香的用途，有了这种香，天亮的时候不用鸡人报晓了，有如闹钟一样。"鸡人"是一种古老的官职，戴着红头巾像公鸡一样报时的人。漫漫长夜里也不需要侍女来添香了，它可以一直保持燃烧不会熄灭。很显然，这种香品的作用不是用来品闻的，而是用来计时的。

颈联是香点燃的状态。"焦首"就是头被烧焦了，说明这是一种要从一端开始点的香。重点在于"煎心"二字，竟然还是一种有"心"的香。如此便只有一种可能，它是线香中的一种，以竹签做骨，外裹香粉，又被称为"竹签香"，竹签就是心。

"光阴荏苒须当惜"再一次强调了香的计时功能，将无形的光阴变得有形了，而"风

宋代青白釉莲花香炉，与《听琴图》中的琴炉属同类款式，福建省博物馆藏

雨阴晴任变迁"则是薛宝钗的人生哲学，无论风雨，皆坦然面对，是一种豁达、智慧的人生态度。

至此谜底揭晓了，这是一种计时用的竹签线香。

线香大约起源于宋金时期，元代的著作中已可以找到一些零星的记载了，一直到明代，李时珍在《本草纲目》卷十四中有云，"今人合香之法甚多，惟线香可入疮科用"，说明线香在明代开始普及。在民间，线香的用途非常广泛，居家品闻、净化空气、祛疫避瘟、求神拜佛等。但薛宝钗的这首灯谜却能反映出另外一个问题，那就是线香在明清之际的贵族阶层看来，它并不是用于品闻的，它与"琴边"和"衾里"都无缘，它主要的作用是计时和祭祀。

《红楼》里里另有一款知名的线香，名为"梦甜香"，听起来似乎是可以安神助眠的香品。但梦甜香每次出现，都是在比赛作诗的时候用于计时的，书中如此描述："梦甜香只有三寸来长，有灯草粗细，以其易烬，故以此烬为限，如香烬未成便要罚。"意思是从点燃到完全成为灰烬，这段时间里如果没作出诗来就要受罚，再次证明了方才的推测。

今天与线香配套使用的香具通常是香插，无论何种材质何种造型，只要中心有一个小孔能够插入线香即可。但香插这种简易便携的香具其实非常年轻，它的出现跟线香并不同步，我所见过最老的香插就是清代的了。

古人用线香，大多都是插在香灰里，只是由于线香很长，带盖的香炉就没法用了，这也很好地解释了为什么在明清出现了大量无盖的香炉。此外还有一种镂空的香盒也可以用来燃线香，香盒可立可卧，青烟会从不同部位的镂空中徐徐飘散而出，别具一番美感。

这就是灯谜中所包含的香文化信息了，由此可以反推出曹雪芹对于香气的理解，如果能将香气拟人化，那她大约就是薛宝钗的模样，不会像王熙凤那般犀利，也不会像林黛玉那般哀伤，她是素净大方的、温厚纯良的，不会去争名夺利，也没有那些小肚鸡肠，和她在一起总会让人感到心生清净、与世无争。

另一个与香具有关的片段，发生在某一年的寒冬腊月，那天大雪纷飞，宝玉的贴身丫鬟袭人请了个假，回家吃年茶去了，吃年茶是一种春节习俗，也叫请春酒。结果宝玉在府里实在无聊，便也偷偷溜去了袭人家里。

袭人一大家子见宝玉突然到访，慌得手忙脚乱，又是倒茶又是准备点心果品。袭人服侍宝玉惯了，便说："你们不用白忙，我自然知道。果子也不用摆，也不敢乱给东西吃。"足见宝玉的娇贵。袭人将如何应对呢？书中如此描述：

> 袭人一面说，一面将自己的坐褥拿了铺在炕上，宝玉坐了；用自己的脚炉垫了脚；向荷包里取出两个梅花香饼儿来，又将自己的手炉掀开焚上，仍盖好，放与宝玉怀内。

脚炉即暖脚用的铜炉，里面燃炭，有镂空的盖子，脚放在上面十分暖和。这看起来类似于今天的热水袋、取暖器，但实际上脚炉用起来远比它们舒适太多。古人的服装与今天不同，无论男女都穿长袍，冬天更是如此了，长袍几乎是拖地的。因此把脚踩到炉子上之后，接下来古人还会有一个更加细致的动作，就是把长袍的下摆顺手理好，将整个脚炉罩住。这时炉内的热气会顺着长袍里的空间往上升，很快就让整个身体也暖和起来了，所以脚炉绝不仅仅只是暖脚。这种在衣物内部热流涌动的感受，今人难得体会了。

接下来，袭人又把自己的手炉也拿了过来。手炉的主要作用自然是暖手的，通常认为这种器物的出现大约是在隋唐时期。白居易曾有一篇五言长律写道："拂胸轻粉絮，暖手小香囊。"这里的香囊就是球形的金属香囊，它就兼有暖手的作用，可以视为手炉的雏形。

《香乘》中也有一则记载名为"凫藻炉"，出自元人伊世珍的《琅嬛记》：

冯小怜有足炉曰辟邪，手炉曰凫藻，冬天顷刻不离，皆以其饰得名。

冯小怜是北齐出了名的大美女，有一个成语叫"玉体横陈"，横陈的就是冯小怜。她的脚炉辟邪、手炉凫藻都是以炉上的纹饰来命名的，凫藻即一幅水上禽戏图。这两只炉是她的心爱之物，寒冬岁月片刻不会离身。

时至明末，手炉的流行达到了高峰，《红楼梦》里的冬季，几乎每位贵妇的怀里都会抱着一只，闲来无事还可以用铜箸慢慢拨里面的炭火和香灰，也是一种消遣。手炉还有一个特点，它有一个提手，很多人认为这个提手的作用只是防烫，实际上提手还可以用于行走中保持炉的稳定。

回到原文当中，袭人并没有把手炉直接给宝玉，而是先从荷包里取出两枚梅花香饼，放进去焚上，再把手炉塞到宝玉怀里。这个细节就是手炉的第二重作用，它除了取暖，也可以用来焚香。当然，"梅花香饼"是指一种梅花形状的香炭，很可能是没有梅花香气的，但一定是焚香专用的精制炭。关于这部分内容在后面的香炭专题中再做讨论。

于是又可以展开一番联想了，想象一下自己就是宝玉，在这寒冬腊月，望着窗外的漫天飞雪，坐在热炕上一边赏雪一边把脚放到脚炉上，身体也在腾腾的热气中变得温暖无比。怀中还有个小巧的手炉，不仅暖手，还有徐徐的香气散发出来。一旁的桌上烹着热茶，摆着各色精致的点心水果。这日子过得恐怕比今天的暖气房还要舒坦一些。

我们之前老说古人的冬天多么难熬、多么艰苦，但实际上冬天对于王侯贵族们的生活并没有太大的影响，即使跟今天现代化的生活相比，舒适度也没有差到哪里去。而真正受苦的永远都是老百姓，别说手炉、脚炉了，就连炉里的炭都是烧不起的。

今天依然有很多朋友在用手炉焚香、打香篆、隔火熏香等，这并不属于香具的乱用，因为手炉本身就是兼具取暖和焚香两种功用的，只要千万别把硕大的脚炉拿来焚香就好了。

手炉在明末盛极一时，也从侧面体现了彼时的一种社会现象。当年公认最好的手炉是张鸣岐制作的，他做的手炉无论是铜质、分量、造型、工艺还是耐用度，都是一流的。不光是手炉，其他各个领域也都出现了类似这样的顶尖工匠，比如时大彬的紫砂、江千里的螺钿、黄应光的版刻、方于鲁的制墨、陆子冈的玉牌，他们的作品已经超越了器物本身的实用性，成为了艺术品，甚至是为众人所争抢的收藏品。

忽然之间，这些杰出的工匠摇身一变，变成了举世闻名的设计师和艺术家了，他们的名字成为了一种标志，被人们所认可、追捧，这就是最初的"品牌效应"。而这种情况在之前的历史中是从未出现过的，从未听说过谁的博山炉做得最好，谁的影青瓷烧得最棒，最好的永远都是宫廷的、官造的。

当年的这种现象就与西方十分类似，诸如路易威登、香奈儿、纪梵希、阿玛尼等，皆以设计者的名字作为品牌，因为这不仅仅是一个工匠的姓名，它更代表着不同凡响的灵感和创造，同时也说明早在明末，中国人就已经产生了品牌意识。

只可惜到了清朝，好不容易形成的品牌意识又被打回原形了，变成了"大清康熙年制""大清乾隆年制"，刚刚有了独立思维的艺术家们，刚刚迸发出的灵感火花又再次被同质化了。

因此对于中国香而言，我们要做的不仅是复原古方，同时也要勇敢地去创造，不拘泥于传统，大胆地融汇东西方香气之精华，这才是中国香的未来，也是手炉带给我们的一些思考。

清代白铜手炉

第二章

香炭与香灰

香自来　烟火　人间

## 13. 我记忆中的木炭与煤炭

在了解了历代香具的材质、造型、纹饰以及演变过程之后，我们又要更进一步了，穿透器物的表面，深入其内部空间，去看看诸多香品是如何在器物的腹中被熏焚的。

香炉里都有些什么？如果问这样一个问题，我想大家会异口同声地回答："当然有香了！"然而这个答案并不准确，香炉里除了有香，还有另外两样东西——炭和灰。它们很不起眼，容易被人忽略，但要知道在中国香文化里，它们的重要性绝不亚于香品本身。炭和灰是香品的载体，也是产生香气的热源，堪称熏香的基石，即使今天有更加便捷的电子熏香炉，可以随意地调节温度，但也仅是简化了操作的过程而已，温度与香气的内在关系依然存在，对于温度的把控依然变不离法。

因此如果不懂炭和灰的用法，即使再好的香也无法体现出最佳的气韵，而不懂制炭和制灰的制香师，也不是一位合格的制香师。

去年冬的一天，邻居家的小男孩跑来香堂玩，见我正在生一盆炭火，觉得十分新奇，蹲在一旁看了好久。我就问他："你知道这是干吗用的么？"他想了想说："烧烤用的。"这个答案倒是让我始料未及，又问他："还有没有别的用途呢？"他摇摇头，一脸茫然。虽然我有些诧异，但细想一下也对，这些"10后"的小朋友们的确只在烧烤摊上见过炭火，此外哪里还有炭的踪影呢？恍惚间，我想起了我的童年时光。

由于第四次小冰河期刚刚结束不久，20世纪末的气温要比今天普遍低上很多。我家住在江淮之间，冬天没有供暖，室内要比北方更加寒冷，加之湿气很大，鞋子里长期都是湿乎乎的，衣服也不容易晾干。当年家中主要的暖气来源就是炭火了，不仅提供热量，还能驱散湿气，因此炭火盆是很常见的居家器物。

那时候的炭大约有三种来源，第一种是国家发的，但不是人人都有，只发给公职人员，相当于发放取暖费。这历史其实非常悠久，古代朝廷也是要给官吏发放取暖费的，其中宋代从每年的农历十月就开始发放了，一直发到次年的正月结束。又根据官职大小发放不同的数量，从一两百斤到几十斤都有。包括在很多清宫戏里，后宫的主子们每年冬天都要去内务府领炭，炭的数量和品级根据妃嫔们的级别不同而有所差异，这些都是真实的历史。今天依然把工资称为"薪水",这个"薪"就包括了烧饭用的柴薪和取暖用的木炭。

如果不是公职人员,那就只有去买炭了,一是去供销社买,国家会按照统一的价格来出售;二是去找私人买,这个"私人"就是挑着炭从乡下进城来售卖的人,一根扁担两头挑,炭用小竹篓装着,一篓大概二三十斤,里面还塞了些稻草,防止木炭互相撞碎了。有些会做生意的,上面一层摆的都是完整的炭,底下放些碎的,这样会更好卖。这些人如果按照古话来说就是"卖炭翁"。

"卖炭翁,伐薪烧炭南山中",白居易的名作《卖炭翁》无人不知,数千年来,每逢天寒地冻的时节,卖炭翁们就会出现在风雪街头,于瑟瑟发抖中为千家万户送去温暖。而这句诗也包含了更多重要的信息,它直接揭晓了炭的制作方法。

日常生活中主要有两种炭,一种叫木炭,一种叫煤炭,二者是完全不同的。先说木炭,自然界并不会生成木炭,它必须要通过"烧"这一过程来获得,而在烧之前首先要做的是"伐薪"。"薪"通常的理解就是柴,但对于古人来说薪和柴又不一样,郑玄在《礼记·月令》中对"薪柴"一词如此注解,"大者可析谓之薪,小者合束谓之柴",而制炭必须用薪,不能用柴。

伐薪之后开始烧,但如果把木头放在露天直接烧,最后得到的只有灰烬。因此在烧之前需要挖一个窑,所谓"窑"就是可以阻断空气进入的腔体,最古老的炭窑实际上就是在地上挖一个洞。洞挖好之后,在洞壁上打一个倾斜的小洞通向地面,用于排烟。再把木头放进去,一根根摆放整齐,尽量少留空隙,开始点火。

让木头燃烧一阵子,这时候烟是白色的,说明木头里的水汽在不断蒸发,等到烟有些微微泛蓝时,立即封住洞口。随着洞内空气耗尽,明火逐渐熄灭,但超高的温度依然让木头处于燃烧状态,这便开始了木头的炭化。理论上讲,炭的品质与空气隔绝程度和窑内温度有关,空气越少温度越高,炭就越好。炭化过程往往需要耗费几个小时,等到烟基本停止的时候,才能打开炭窑,木头就变成黑色的木炭了。

为何烧了这么久的木头还能继续燃烧呢?答案很简单,因为木头并没有被完全燃烧,仅仅是被炭化了而已。清代段玉裁在《说文解字注》中对于"炭"字的注解就十分精准:"炭,烧木留性,寒月供然火取暖者,不烟不焰,可贵也。"

"烧木留性"即木材的状态虽然已经改变,但它的可燃性却被留了下来。没有了杂质和水分,可燃的部分更加纯粹了,点燃的时候既无烟又无明显的火焰,这便是它的可贵之处。除了"不烟不焰",木炭还有很多优点,比如易燃、易储存、经久耐烧、没有异味等,这些特性中任何一项不达标都会对居住环境造成干扰,而木炭全都通过了考核。其中尤其是没有异味这一项,对于香文化十分重要,此处先埋下伏笔。

诚然木炭有如此多的优点,却并不代表它没有缺点,它的缺点就是可能造成一氧化碳中毒。但古人用了几千年的炭，中毒的记载却不多见，这倒不是因为古人用的炭有什么不同，而是因为大部分古人的木质房屋没有办法做到完全密闭，所以古代炭中毒的案例基本来自贵族阶层，只有他们住的地方不怎么透风，比如北宋大词人秦观就曾中过炭毒。

我小时候最喜欢坐在炭火盆边上，把大棉鞋一脱，放在炭火旁烤，烤得暖洋洋、热乎乎再穿上，别提多舒服了。饿的时候就把火钳子架在炭火上，摆一个冷馒头，不一会儿就烤得外焦里嫩、香气扑鼻。喝茶的时候更需要炭火，当年没有什么保温杯，只有搪瓷缸子，一大杯茶泡上很快就冷了，但只要有炭火，把杯子放在火盆旁，便可以安心地慢慢喝了，茶水会一直保持适合的温度。当然也有无聊的时候，那就拨拨炭灰，翻翻旧炭，再添些新炭，然后盯着红通通的火光发呆，感受热气一阵阵地涌上来，直到两边的脸颊都被烤得火辣辣的……这些都是我对于炭火的美好记忆。

后来的冬天，每当开始烤暖气、吹空调的时候，我就会非常怀念曾经的炭火盆，因为我能够明显感受到它们之间的不同，一种只是死板的热量，另一种却是能够与人亲近的温度。古人常说，"围炉赏雪""围炉煮茶""围炉夜话"，为什么都要围炉呢？仅仅是为了取暖么？如果你不了解木炭，又或是从未用过木炭的话，将永远无法理解这种美好。

再说煤炭，这是一个极易与木炭混淆的概念，而我对于煤炭也有另一段深刻的儿时记忆。那时候没什么高楼，平房和两三层的小楼居多，邻里之间走得很近，大家总是抬头不见低头见。我记得每天早晨去上学，一出家门就能看到一种在今天看来十分奇特的景象，每家每户都会出来一个人，不管春夏秋冬手里都拿着一把蒲扇，然后蹲在一只铁皮炉子旁边生火。有条件的用旧报纸引火，没条件的就用刨花儿。火苗起来之后用扇子扇，烟就从炉子里冒出来了，有人被呛得咳嗽，有人被熏得眼泪直流，但大家都很认真，全神贯注地盯着炉火，因为点炉子是这一天之中最重要的一件事了，全家老小的热水热饭都要靠它。点炉子是门技术活，技术好的很快就点起来了，放一壶水在上头就上班去了，也有那技术差的，总也点不燃，最后气急败坏一脚把炉子踢翻。一时间，真是人生百态，这才是真正的人间烟火啊！

炉子里的烟还有一股特别的味道，虽然不好闻，但它依然会形成一种嗅觉记忆，以至于今天我偶尔路过某个早点摊的时候，忽然闻见这种气味，一下子就想起了过去。在连液化气都还没有的年代，炉子就是最稳定的热量来源，只是提供热量的燃料并不是木炭，而是煤炭。

煤炭是自然形成的，来自千万年甚至上亿年前的植物，它们倒伏在水里、沼泽里，而后因为地壳的变化沉入地底，在高压、高温等复杂的作用下，最终形成了煤炭。因此煤炭的获取相对于木炭更加困难，它是需要开采的，而在开采、钻探技术尚不成熟

的古代，煤炭的利用远远没有木炭广泛。

　　但中国古人依然在很早以前就开始使用煤炭了，《山海经》中已有关于煤的记载："西南三百里曰女床之山，其阳多赤铜，其阴多石涅。"

　　"石涅"即煤炭，包括像石黑、石墨、黑石脂等，都是因为古人弄不清楚煤的成因，总以为是石头变成的燃料，故而得名。

　　《香乘》中有一则"清泉香饼"：

　　　　清泉，地名。香饼，石炭也，用以焚香一饼，火可终日不绝。

冬日里的炭火盆，可置壶煮茶，亦可置一束迷迭香茎秆于炭火旁，品闻阵阵幽香

迷迭香茎秆

"香饼"一词，通常指一种饼状的香品，但它同时也可以指焚香专用的饼状香炭。因此这句话的意思是，"清泉香饼"是一种用煤制成的香炭，用来焚香，火不会熄灭，终日不绝。这实际上点明了煤最大的一个特性，持久耐燃，且热能更高，比木炭更加炙热、猛烈。但如此高效的燃料，用它来做香饼却是极其少见的，"清泉香饼"就是《香乘》中唯一一则记载，其余的香饼都是用木炭来制作的。为什么呢？这就要说到煤的一大弊端。

勾起我回忆的那股气味，其实就是煤味儿。煤燃烧时会释放出气体，气体的成分复杂，这源于煤自身的成分复杂，除了碳，还有氢、氧、硫、氮等元素，比如其中硫经燃烧所产生的二氧化硫就是难闻的气体。所以如果用煤来做香饼，会对香气造成很大的干扰。

我记得当年的煤最早是粉状的，要去煤场购买，买回来兑上水搅拌成泥，然后用一只大勺子一团团地舀出来摊在地上晾干，晾干以后就成了煤球，早期炉子里烧的就是煤球。后来渐渐出现了一种模具，铁打的，很重，拿过来对着煤泥按下去压实，再找个空地脱模，脱出来的就是蜂窝煤了。早期的蜂窝煤都是自己家做的，真正的纯手工。

蜂窝煤比煤球又更进了一步，它更易燃，更节能，火力也更充足，一时间家家户户的墙角都堆满了蜂窝煤。与蜂窝煤配套的炉子也发生了改变，也就是我上学时每天都看到的铁皮炉，这种炉的炉腔刚好能放三四块蜂窝煤进去，只要最底下的一块点着了，上面的也就着了。

但不管是什么煤，刺激性的气体总是无法避免，这也注定了煤炭与木炭在使用场景上的种种区别。家里烧水做饭的煤炉一般都放在通风的地方，有院子的放院子里，住楼房的就放在过道里，总之不能放在家里。而家里取暖则用木炭盆，因为木炭没有异味。后来又有了一种带烟囱的煤炉，烟囱很长，可以贴着天花板通向户外，把煤烟排走，这样煤炉也可以用于居家取暖了。

这就是在我的记忆里，对于木炭和煤炭的一些认知，虽然今天这两种炭都已经远离了我们的生活，但于中国香文化而言，了解它们的特性是必不可少。

# 14. 红箩炭与香饼的制法

纵然煤炭的火力大且持久，不良气味却难以消除，因此木炭成了中国古人熏香所用的主要燃料。但众所周知，香文化自古就是一种宫廷文化、贵族文化，与香文化有关的一切都是精益求精的，因此并非所有的木炭都有资格用于焚香，这道门槛依然很高。

什么样的炭才是真正的好炭？古人是如何把木炭分成三六九等的？让我们从一则清宫档案开始说起。

清宫里藏有无数古老的档案，这源于中国人善于记录的好习惯，皇帝的一言一行、皇室成员的饮食起居、生老病死等，都记录得无比详尽。在堆成山的老档案里就有一部十分不起眼的账本，名为《乾隆添减底账》，但奇怪的是，账本里记录的并非银钱收支，而是宫中各处所支炭的数目，记录人也不是什么账房会计，而是历任的总管太监。可能有人会说，这些太监真是闲得慌，记录炭的支出用度能有什么用啊？可千万别小看这本柴炭账，它的用处可大了去了。

比如每逢正月，乾隆爷都会去圆明园住上一阵子，除了偶尔办公会客，主要还是为了消遣，消遣的内容里有很重要的一项就是听戏，把最知名的戏班子喊来唱戏，还不只唱一场两场，要从正月十四一直唱到正月二十七，连唱十四天。正月里的北京，天气有多冷可想而知，所以十四天的连台大戏就需要大量的炭火来维持。在乾隆三十二年（1767），账本中有了这样一段记录：

> 同乐园开连台大戏，后台火壶每日用黑炭三十斤，东西厢房每日用黑炭十六斤，茶水用黑炭十斤，果子上用黑炭五斤。

"同乐园"是圆明园里最大的戏园子，里头还有一座戏楼叫作"清音阁"，修建得壮丽无比，乾隆、嘉庆时期每年的上元节、万寿节皇帝都要召集群臣和各国使节于此听戏。此处记录的就是后台演员们的炭火用度情况。

"火壶"是烧热水的，每天烧热水要用黑炭三十斤，"东西厢房"即住宿的地方，每天取暖要用黑炭十六斤，另有些饮食用度也要用掉黑炭十五斤。值得注意的是，尽管戏班子所用炭火数量不少，但皆为"黑炭"。

皇帝听完了戏就要去吃饭，在圆明园里有一处所在名为"奉三无私殿"，"奉三无私"是以天下为公、不谋私利的意思，但这里恰恰是皇帝举办私家宴会的地方，来赴宴的都是皇室宗亲。关于这一年的私宴用炭也有记录：

> 奉三无私筵席，安火盆二用红罗炭六斤，提炉二次用香饼一斤，天地大供每日用香饼八斤，沐浴用红罗炭九斤。

很显然，这里的炭与戏班子的"黑炭"完全不同了，一种是香饼即焚香专用的炭饼，被用在了"提炉"和"天地大供"这两件事上，也就是熏香和祭祀。另一种则叫"红罗炭"（或称"红箩炭""红螺炭"），被用于取暖和沐浴。

"红罗炭"的叫法起源于明代宫廷，宫中宦官刘若愚在《酌中志》中如此记录：

> 凡宫中所用红罗炭者，皆易州一带山中硬木烧成，运至红罗厂按尺寸锯截，编小圆荆筐，用红土刷筐而盛之，故名曰"红罗炭"也。

首先红罗炭的原料就与普通的黑炭不同，它是来自易州一带山中的硬木。易州即易县，在今天的河北保定市境内，距离北京近在咫尺。此处山高水深、林木茂盛，便承担起了给宫廷供应木炭的职责，其中就有一些硬木，可以用来烧制红罗炭。

中国人说木材，通常分为两大类，一类是软木，一类是硬木。简单来说，软木很常见，质地疏松，生长快速，价格便宜，民间常用来劈柴做饭或做些普通家具，黑炭多是这类木材烧制而成，比如松木、杉木、柏木之类皆为软木。硬木则以"硬"著称，质地紧实，分量沉重，生长缓慢，少则四五十年，多则上百年方能成材，比如榉木、榆木、柞木、栎木之类皆为硬木。

相比软木，硬木更适合来做家具，它纹理好看、沉稳厚重、不易变形腐朽，所以古人用硬木来烧炭，这本身就是一件相当奢侈的事情。当然硬木中还有更高端的，

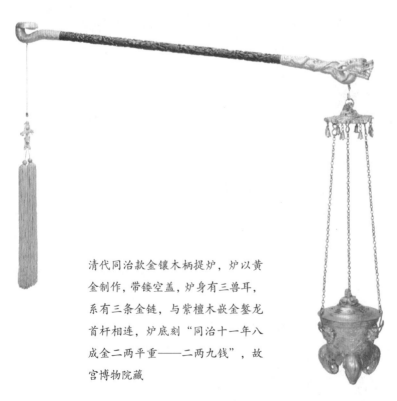

清代同治款金镶木柄提炉，炉以黄金制作，带镂空盖，炉身有三兽耳，系有三条金链，与紫檀木嵌金螯龙首杆相连，炉底刻"同治十一年八成金二两平重——二两九钱"，故宫博物院藏

像紫檀、花梨、酸枝、鸡翅木之类，那就连皇家也舍不得用来烧炭了，皆为名贵家具所用。

红箩炭的原料就是硬木，主要以柞木、栎木为主。红箩炭的烧制方法也不同寻常，它需要把熊熊燃烧的木材从炭窑里刨出来，堆放到另一个沙坑里，利用沙子的覆盖来让明火慢慢熄灭，开始炭化。由于与空气有了一定的接触，这种炭的表面会形成一层白灰，也被称为"白炭"，所以千万不要以为炭只有黑的，恰恰这种"白炭"才是更高品级的品种。

白炭的优势，实际上就是一枚好炭所需要具备的几点要素了。

第一是"不烟不焰"，尽管这是木炭的共性，但由于黑炭的品级低，制作过程不够严谨，木性不能完全被炭化，留有杂质，燃烧时就会导致烟气相对较大，再加上贮存的条件不够完善，比如受潮也会导致烟气增大。而白炭则不会，它的特殊用材和烧制工艺都决定了它的质地会更加纯粹，存放也有专人看管，所以白炭燃起来更加纯净。

第二是持久性，这是由木材的性质所决定，质地疏松的软木与质地坚硬的硬木所烧出来的炭，自然是后者更加经久耐烧。在徐珂的《清稗类钞》中就有这样一段记载：

> 银骨炭出近京之西山窑，其炭白霜，无烟，难燃，不易熄，内务府掌之以供御用。选其尤佳者贮盆令满，复以灰糁其隙处，上用铜丝罩燕之，足支一昼夜。入此室处，温暖如春。

"银骨炭"也是白炭的一种，虽然很难点燃，但点燃了就不易熄灭，内务府把它作为御用之炭。用的时候放上满满一盆，再用灰把缝隙都填满，这样一盆炭就能燃烧一昼夜了，这种持久性是普通黑炭无法做到的。

第三点是不会爆裂。有些炭在燃烧的过程中会突然爆开，像放鞭炮一样，瞬间火星四射，力度大的还能把炭崩得四分五裂。这是由于普通木炭内部会留有孔隙，孔隙导致木炭在受热时发生一些化学反应，从而产生爆裂。而白炭则很少有这种情况，因为硬木本身就已非常致密了。这种爆裂在古代十分令人头疼，《红楼梦》中有一段情节，贾宝玉有一件贵重的披风被烫了一个洞，怕被老太太责骂，结果重病的晴雯缝缝补补熬了个通宵才把洞给补好，险些丢了性命。而这个洞，众人一致认为是炭崩出来的火星所烧。除了熏衣、取暖时会让衣物受损，这种爆裂也容易导致火灾，在很多宫斗戏里，有人偷偷把红箩炭换成了劣质炭，结果导致走水，以此来置对方于死地，虽不知历史是否真有其事，但这些想象皆有来源。

以上三点就是白炭的优势所在了。

此外日本也有一种名炭，叫作备长炭，相传是由江户时期一个叫备中屋长左卫门的人所创烧，原料是日本山中的乌冈栎，属于硬木炭，多被用于高端的料理和化妆品中，顶级的日本香道用炭也归于此类。但由于日本资源匮乏，如今大部分的备长炭其实是中国出口过去的。既然不缺原料，为什么如今国内几乎找不到用硬木炭制成的高级香炭呢？归根结底，还是因为中国本土香文化的没落。

回到清宫档案之中，易县山中的硬木炭烧成之后，按尺寸锯成相等长度，用荆条编成小圆筐，再用红色的泥土把筐刷成红色，最后把炭装进去，这些装在"红箩"里的炭就被称为"红箩炭"。当年京城里专门储存此炭的地方名为"红罗厂"，这个储炭机构一直沿用到清朝，今天的北京依然有"大红罗厂街"的地名。

红箩炭极其珍贵，即使在宫廷也是按照品级限量供应的，在清代典籍《国朝宫史》中就有相关规定。比如皇太后，"红箩炭，夏二十斤、冬四十斤；黑炭，夏四十斤、冬八十斤"，到了皇后就变成了"红箩炭，夏十斤、冬二十斤；黑炭，夏三十斤、冬六十斤"。可见仅此一级，红箩炭的分例已骤减了一半。再往后皇贵妃、贵妃、妃、嫔依次递减，到了贵人这一级就只剩下"红箩炭，冬五斤"了，夏天已不再供应。最后到了常在、答应的级别，红箩炭直接被取消了，只能用黑炭。如此便可看出清宫用炭的三六九等，红箩炭第一，黑炭次之。

这就是"柴炭账"的意义所在了，一方面为了更好地管控宫中的物资调度，另一方面是为了不断完善宫中的等级制度，制定更加合理的供应规则。此外对于今天的史学家而言，这些账目也佐证了很多突发性的大事件，要是某个妃子有了身孕，相应的炭火供应会马上增加，又或某个妃子薨逝了，相应的炭火供应也就停止了，这些都会在"柴炭账"里有所体现。

如此说来，是否直接把红箩炭、银霜炭之类的硬木炭投入香炉之中就能作为香饼来使用呢？答案是不可以的，因为焚香用炭还需要在硬木炭的基础上进一步精益求精。

《香乘》中记载了很多香饼的制法，其中一则有代表性的方子如此写道：

> 坚硬羊胫骨炭三斤（末），黄丹五两，定粉五两、针砂五两、牙硝五两、枣一升（煮烂，去皮、核），右同捣拌匀，以枣膏和剂，随意捻作饼子。

首先是基础炭，"坚硬"二字指向了硬木炭，但随后出现一个新名词，"羊胫骨炭"。羊胫骨即羊的小腿骨，在清代医论著作《研经言》"羊胫骨考"中记载，羊胫炭"即炭中圆细紧实如羊胫骨者"，意为在硬木炭中继续挑选，粗大的不要，专挑圆细紧实的小炭来用，这种炭的品质自然又高了一筹。选好炭，磨粉备用。

其次是矿物质，方子里提到了两种，一是黄丹，二是牙硝。黄丹是一种丹药，多由铅、硫黄、硝石等共同炼成，而古老的火药配方就是"一硝二黄三木炭"，所以当黄丹中的硝和黄遇到了木炭，被点燃时就会发生化学反应，让炭变得更加易燃。牙硝也叫芒硝，学名"含水硫酸钠"，是一种无色透明的晶体，这种晶体其实是结晶水，遇热会释放出水汽，有降低烟燥气的效果。

接下来是两种金属，一是定粉，二是针砂。定粉即胡粉，也叫白铅粉、官粉。在东汉炼丹家魏伯阳所著《周易参同契》中有这样的记载，"胡粉投火中，色坏还为铅"，即把胡粉丢进炭火里，它会由白变黑，又重新变成了铅，这实际上是一种氧化还原反应。针砂则是磨钢针时剩下的铁屑、铁粉。铅与铁的加入，大约与金属的导热性有关，但这仅仅是一种猜想，因为我在制做香饼的过程中并未发现它们有明显的作用。但香饼的颜色会变得有些黑中泛银，在光线下出现一些闪烁的光彩，这可能也是其目的之一吧。

第四类材料是黏合剂。方子里用的是枣，先煮烂，再去皮、核，最后捣成泥，枣泥也是合香中常用的黏合剂。此外还有"煮糯米胶"，即把糯米煮成糊状来让炭粉黏合，也是制香饼常见的手法。

把上述材料全部混合起来，捏成饼状，讲究一点的会用模具脱模成形，比如制成"梅花香饼"，最后晾干。

很显然，香饼要比皇家御用的红箩炭、银霜炭更加精细化了，它是在白炭的基础上继续深加工，并融入多种材料和合而成的产物。因此香饼的优点也显而易见，首先是易燃，打成炭粉再重新合成，一定比一整块的木炭更加容易点燃，再加上黄丹的助燃作用，便弥补了硬木炭难燃的缺陷；其次是香饼的质地更加均匀，这就让温度变得更加可控；其三是绝对不会爆裂，因为压制而成的香饼不会有任何孔隙，这一点很重要；最后是它的可塑性强，可以适应任何形制、任何大小的香炉，同时可以捏成任何形状，使炭也具有了观赏性和趣味性。

香饼究竟起源于何时，我们已无法考证了，但通过相关古籍的记载可以确定，至少在宋代，香饼已经成为各色香炉中的座上宾，这与隔火熏香的流行有关，也与更加精细化、优雅化的生活美学有关。

## 15. 兽形香炭与引火香煤

香饼是一种基于高端硬木炭的深加工产品，但古人并未停下精益求精的脚步，更加复杂的制作工艺和匪夷所思的创造力继续被用在了香饼上，在《香乘》中有如下两则记载。

第一则题为"香炭"，摘自《开元天宝遗事》：

> 杨国忠家以炭屑用蜜捏塑成双凤，至冬月燃炉。乃先以白檀香末铺于炉底，余炭不能参杂也。

制作过程是把木炭碾为碎屑，再混合蜂蜜成为炭泥，炭泥再加捏塑，做成一对凤凰的样子，于是有了"双凤炭"。这就是在香饼的基础上叠加了捏塑工艺，赋予其生动的造型。但接下来杨国忠开始了一番令人瞠目结舌的操作，他的炉里没有余灰杂炭，空空荡荡、干干净净，用的时候先在炉底铺满白檀香末，再将点燃的双凤炭置于其上。

杨国忠的奢靡又一次在檀香上得以体现，他直接用檀香替代了炉灰，虽然不知这种夸张的做法究竟会产生怎样的香气效果，但至少说明在杨国忠心中，只有上等香末才能与"双凤炭"相匹配。

另一则记载题为"金猊玉兔香"：

> 用杉木烧炭六两，配以栎炭四两，捣末，加炒硝一钱，用米糊和成揉剂。先用木刻狻猊、兔子二塑肖形，如墨印法，大小任意。当兽口开一线，入小孔。兽形头昂尾低是诀。将炭剂一半入塑中，作一凹，入香剂一段，再加炭剂，筑完将铁线针条作钻从兽口孔中搠入，至近尾止，取起晒干。狻猊用官粉涂身，周遍上盖黑墨。兔子以绝细云母粉胶调涂之，亦盖以墨。二兽俱黑，内分黄白二色。每用一枚将尾向灯火上焚灼，置炉内，口中吐出香烟，自尾随变色样。金猊从尾黄起焚，尽形若金妆蹲踞炉内，经月不散，触之则灰灭矣。玉兔形俨银色，甚可观也。虽非雅供，亦堪游戏。其中香料精粗，随人取用，取香和榆面为剂，捻作小指粗段长八九寸，以兽腹大小量入，但令香不露出炭外为佳。

这是一款神奇的巧做，说它是香吧，其实它是炭；说它是炭吧，它又能散发出香气，可谓是"香中有炭，炭中有香"，比杨国忠的"双凤炭"又精进了一步。首先是"杉木炭六两，配以栎炭四两"，用了软木炭与硬木炭四六分的配比，再加入助燃的硝石，用米糊做黏合剂，如此炭泥就混合好了。

接下来用木头雕成范模，一尊雕成狻猊状，一尊雕成兔子状，然后把炭泥填进去。

但是炭泥并不填满，只填一半，把准备好的香泥搓成条状放进去，贯穿香兽的身体，之后再填入另一半炭泥，也就是说用两层炭泥夹住了一根香条。最后用铁丝从兽口穿入，兽尾穿出，在香兽体内打了一个孔，用以通风、出烟。这里特别要注意的是，兽头高昂，兽尾低垂。

脱模之后，狻猊和兔子便成形了，接下来用一种黄色的妆粉给狻猊刷上颜色，再用银白色的云母粉给兔子刷上颜色，最后通通刷上一层黑墨。因此两尊香兽外表看起来都是黑的，但里面却分别是黄色和白色。

晾干之后就可以点燃了。点燃一定要从兽尾开始点，因为兽尾比兽头低，炭火是向上燃烧的。随着炭火的燃烧，里面的香条也被点燃了，不但香气四溢，青烟还会通过预留的小孔从兽口中喷涌出来，就像神兽在吞云吐雾一样。

最奇妙的在于点燃后的效果，由于糯米胶的黏合作用，香灰并不会倾塌，因此整个燃烧过程中香兽的色彩一直在变化，最后就像换了身衣服一样，狻猊变成了金黄色，兔子变成了银白色，这就是"金猊"和"玉兔"的由来。试想一下如果是一个不了解制作过程的人看了，无疑像是在看一场魔术表演。

我们经常感慨，古人的生活连电都没有，一到晚上黑咕隆咚的该多无聊啊！其实你看，他们一点都不无聊，这种匠心独具、处处有惊喜的生活之趣，其实一直都在过去的数千年中陪伴着他们。

古人是如何点燃香饼的？这个问题似乎有些奇怪，今天我们用打火机轻轻一摁就可以点燃了，但古代没有打火机。那划一根火柴呢？不好意思，1845 年一位奥地利化学家才发明出安全无毒的红磷火柴，传入中国更是清代末年了。因此这并不是一个无厘头的问题，没有火又何谈焚香呢？而我们智慧的祖先就发明了两种主流的取火方式。

一种叫火镰，它还不是一件物品，而是一个套装。整套火镰看起来像是个钱包，底部是个弯弯的月牙形，这个月牙是金属材质，也被称为"火钢"。顶部可以打开，里面装着火石和火绒。用火钢与火石快速进行摩擦就可以产生火花。

接下来就看火绒的了，古人常用艾绒来做火绒，艾绒是把艾草的叶子反复破碎之后得到的一种灰白色绒毛。艾绒的特性是易燃却不起明火，所以中医善用艾绒条来进行艾灸，除了药用功能以外，这种不起明火的特性也让温度更加适中，不易伤及皮肤。而当火花迸发到艾绒上时，艾绒的易燃性便得以体现。但由于艾绒的火是阴火，还要将它放进枯草之类易燃的材料中，再小心翼翼地吹吹风，直到产生明火才算操作成功。

如此一番在今天看来依然无比复杂的取火过程，实际上已经是古人所能想到的最好办法了。

另一种叫火折子，外形像一根竹筒，打开盖子，吹几口气，火苗就燃起来了，感觉便捷程度不亚于打火机，但实际上火折子并没有想象中好用。火折子的原理很简单，将纸紧紧地卷成圆柱形塞进竹筒里，先点燃，再盖上盖子，让明火熄灭。盖子上会有一个小孔，提供极其微弱的空气，让里面的火星保持不灭。用的时候轻轻一吹，火即复燃。而缺点就是存续性比较差，内部一直都保持着阴燃的状态，无法长久。

有了火，还要让火保持稳定才足以点燃香饼。古人的生活中有取暖的炭火，但在春夏之际炭火并不常备。又有油灯、蜡烛等照明之火，只可惜一来有时间上的局限性，二来油烟味多少会影响香饼的品质。灶台里的火倒是相对稳定的，因为每天都要烧水做饭，但古人又觉得不够敬畏，《香乘》中有一段记载名为"制香煤"：

> 近来焚香取火，非灶下即踏炉中者，以之供神佛、格祖先，其不洁多矣，故用煤以扶接火饼。

如果用灶台里的火或是脚炉里的火来点燃香饼，再拿去供神佛、拜祖先，这都是不礼貌的，因为这种火不干净，所以要用煤来引燃香饼。前文提及，煤是有不良气味的，它不能用来焚香，因此这里的"煤"并非煤炭，它泛指一种用来"扶接火饼"的引火材料。

另有一则记载名为"金火引子"：

> 定粉、黄丹、柳炭，右同为细末，每用小半匙盖于炭饼上，用时着火或灯点燃。

配方和做法都与香饼类似，唯一不同的是没有加入黏合剂，成品是干燥的粉状，又因铅粉和黄丹的加入，色泽金黄，故称"金火引子"。为何要保持粉状呢？因为粉状要比块状更易燃。用时取小半勺盖在香饼上，只要把金粉点燃了，下面的香饼自然就燃了。如此这般，即使用火镰、火折子之类的短暂火源，也可以点燃香饼了。

燃香饼的具体方法在《香乘》中也有记载：

> 凡烧香用饼子，须先烧令通红，置香炉内，候有黄衣生，方徐徐以灰覆之，仍手试火气紧慢。

首先是香饼燃烧的程度，"烧令通红"即彻底烧红的意思，这一点很重要。大部分人认为，只要点燃了香饼的一角即可，火焰自己会慢慢扩散，然而这只是一厢情愿。

不论是香饼还是木炭，要想让它在氧气稀薄的香炉里保持燃烧，前提必须是彻底烧至通红。烧红之后离开明火，香饼的表面很快会形成一层灰，由于古人的香饼中有黄丹，故而灰是黄色的，当"候有黄衣生"时，才算完成香饼的点燃步骤。"徐徐以灰覆之"即用香灰把香饼覆盖住，但重点在于"徐徐"二字。《孙子兵法》中有云，"疾如风，徐如林，侵掠如火，不动如山"，分别代表军事行动的快、慢、攻、守。因此"徐如林"不仅仅代表单纯的缓慢，更是一种慢中有细、细中有稳、不慌不忙的行为。对应到香灰的覆盖上，不是上来就舀起一勺灰呼啦一下盖在香饼上，这太粗暴了，容易导致香饼熄灭。但也不能一味地放慢动作，那等香灰覆盖好了，香饼也快烧完了。正确的方式是把香灰一点一点地拨到香饼上，这里需要用到一种工具，名为香箸。

箸即筷子，筷子除了用于夹菜，还可以用于夹炭火，在唐代茶文化兴盛之后有了专业的煮茶器具，其中便出现了火箸，被用于在烹茶时夹炭拨火，比如法门寺地宫就出土了唐代的银火箸。由于火箸要接触高温，材质不会用木头，通常都是金属的，根据使用者的身份财力又分金银铜铁等，讲究的还要錾刻花纹于其上。

香箸晚于火箸出现，相比于火箸它又多了搅灰、拨灰、夹取香料等作用，由于焚香操作的细致程度远高于煮茶，香箸也随之变得更加小巧，长短粗细都较火箸有很大不同，同时在做工方面香箸也更加精致一些。因此在分辨茶用箸和香用箸时，我们可以根据它的长短粗细和精致程度来加以区分。用香箸薄薄地挑一层灰覆盖到香饼上，再重复这个过程，逐次增加灰的厚度，目的在于保持香灰的松散度，防止香灰太厚或太紧实导致空气无法进入。每增加一层香灰，都要

清代铜香瓶，也称"箸瓶"，内插香箸、香匙各一

以"手试火气紧慢",用手放在香饼上方去感受温度,温度若是高了就继续增加灰的厚度,直到温度合适。

可见古人对待这炉中之火,如同对待一个不谙世事的婴儿,要了解它的性格脾气,要用心地去呵护培养,它才能够健康成长,而绝非是粗暴地加以干涉。有一个词叫作"炉火纯青",并不是在形容炉火的颜色,而是在形容一项技艺的熟练程度,因为在古人看来,对于炉中之火的掌控就是一项具有代表性的高超技艺,不论是烹饪、焚香,还是冶炼、烧瓷,温度都是成功的关键因素。

# 16. 炭在合香中的妙用

炭在中国香文化中的作用主要有两个,一是提供热量,热量可以用来炮制香料和熏焚香品;二是干燥除湿,比如古人用糯米炭来贮藏龙脑香等。但这些用途都是外用的,能否把炭直接加入到香品之中呢?答案也是可以的。

在传世香方中以炭入香的虽不多见,却也并非没有,《香乘》中就有两则香方颇具代表性。第一则香方来自"黄太史四香"之"深静香":

> 海南沉水香二两,羊胫炭四两。沉水锉如小博骰,入白蜜五两,水解其胶,重汤慢火煮半日,浴以温水,同炭杵捣为末,马尾罗筛下之,以煮蜜为剂,窨四十九日出之。入婆律膏三钱、麝一钱,以安息香一分和作饼子,以磁盒贮之。

此香的主材是沉香和炭,而炭竟然是沉香的两倍之多。把沉香锉成"小博骰",这里的"博"是指古代的六博棋,双方需要互掷骰子,因此"小博骰"就是骰子般大小。再将蜂蜜化水,投入沉香,隔水煮上半日,待蜜水煮尽后用温水冲洗,最后把沉香与羊胫炭同捣为末,合入炼蜜,窨藏四十九天。

乍一看似乎还是炮制、磨粉、炼蜜、混合的常规过程,但实际上在沉香经过温水冲洗之后,少了一个晾干或炒干的过程,直接就"杵捣为末"了,这种做法按常理来说是不正确的。不经干燥的香材一旦入香,会让香品中的水分大增,此为制香大忌,非常容易导致香品出现发霉的情况,更何况是这种需要窨藏四十九天之后再次加工的半成品。如果不加以除湿的话,四十九天之后的香泥恐怕已是一团毛球了。

如何除湿呢?四两羊胫炭起了关键作用。大量的炭末可以充分吸收多余的水分,有着明显降低湿度的作用，湿度降低了，生霉的概率也就变小了。当然，"深静香"中之所以用到了大量的炭，也并非都是为了除湿，这其中还蕴含着制香者欧阳元老与黄庭坚的一段友情故事，相关内容在后文"黄太史四香"的专题里再予详解。

香方中有一句"重汤慢火煮半日"，这个"重汤"是不是有些耳熟呢？在"花蕊夫人衙香"里也曾提到过这种隔水蒸煮的方法。不妨回顾"花蕊夫人衙香"古方，其中写道，"除脑麝外同捣末，入炭皮末、朴硝各一钱，生蜜拌匀，入磁盒，重汤煮十数沸"，可见"重汤煮"这种制法会让香品中的水分增大，所用蜜也是"生蜜"即未经炼制的蜂蜜，含水量通常在20%以上。为了化解过于潮湿的不利因素，"炭皮末"再次出现，同时被加入的还有朴硝，二者都有明显的防潮除湿作用。

但是在日本，以炭入香就变得十分寻常了，甚至可以说"炭"是日本炼香工艺的核心所在。日本所谓的"炼香"即唐代传过去的"合香"技法，合出的香品被称为"熏物"。"炼香"与"香道"一样，虽然源于中国，但日本人都在原有的基础上做了一些改变，让它们更加符合日本的国情和民族的喜好。

大约有三点改变，第一是蜂蜜的使用，日本炼香很少用炼蜜，通常以生蜜入香，相对中国合香，香品中的水分仅在这一步就增大了很多；第二是日本炼香很少对香料进行反复炮制，基本都是直接入香，其原因是炮制会造成香料的损耗，这对于资源匮乏的日本来说是无法接受的；但原始香料中的不良气性总是要消除的，于是有了第三点，日本人找到了自己的"炮制"方法——在香品中加入梅醋。

每年的春末夏初，都是采摘青梅的时节，我也会酿一大罐梅醋，用来制作"青梅煮酒"香丸，这种制法就借鉴了日本炼香。青梅洗净晾干，置入罐中，一层青梅一层海盐，层层堆叠。为什么要用海盐？因为海盐更加纯净，没有食用盐中的碘、磷酸钙等成分。最后用一块青石压住，为了让青梅更快出汁，同时避免上层青梅暴露在空气中发生霉变。如此静置三天左右，青梅的颜色由青转黄，一罐略显浑浊的梅醋就腌制完毕了。

生闻的话，有一股纯正的梅香，让人口舌生津，但若是品尝，咸、苦、酸的三味交融恐怕常人难以接受，所以日本烹饪里如果用到梅醋则不会再加醋和盐了，做出的料理也别具一番天然的风味。

梅醋被加入香品中是一项可贵的发明，青梅的香气也得以呈现，但弊端在于梅醋的主要成分是水，相当于把水加入了香品之中，这就极大地增加了香品发霉的概率，于是炭粉再次登场。

以上三点就是日本炼香中炭被大量加入的原因了。在日本京都，通过与香铺掌柜的交谈我也得知，炭还可以让香品具有更加均匀的导热性，从而增强香气之间的融合性，也算是炭的另一重妙用。

传统日本炼香中比较有名的就是平安时代六种熏物了。

用青梅与海盐腌制梅醋

平安时代开始于 8 世纪末，正是遣唐使们学习大唐文化的高峰期，彼时的日本贵族已经掌握了大量关于中国香文化的知识和技能，他们对于合香充满了极大的兴趣。六种熏物的主材是六种香料，沉香、丁香、甲香、熏陆、白檀、麝香，此六香在鉴真和尚带去日本的物资里全部可以找到。以此六香为基础，再分别添加一味其他材料进去就成了六熏物。比如加入一味甘松，被称为"荷叶"；加入一味零陵香，被称为"侍从"；加入一味乳香，被称为"黑方"等，分别对应不同的季节或不同的用香场景。但如果将六熏物的配方与中国的传世香方做一个对比，就会发现日本名香所用到的香料种类很少，这依然是物资匮乏的缘故，所以很多人会说，日本炼香闻起来味道都差不多。

因此炼香文化在日本武士阶层兴起之后开始衰落，取而代之的是以沉香为主的单方香料的品闻，我想其中的原因除了统治阶层更加向往纯净的香气之外，还有对日本炼香缺乏香气变化的不满。

# 17. 香灰的制作与养护

王世襄先生有部文集名曰《锦灰堆》，开篇就对"锦灰堆"三字做了释义：

> 元钱舜举作小横卷，画名"锦灰堆"，所图乃蟹钳、虾尾、鸡翎、蚌壳、笋箨、莲房等物，皆食余剥剩，无用当弃者。

元人钱舜举作了幅画，画的是一次宴饮之后餐桌上剩的残渣，本是些该丢弃的废弃之物，可作者偏偏就喜欢这种零乱和破碎，于是把它们画下，取名曰"锦灰堆"。

不承想，这一奇特的画风竟被后世所追捧，自成一派，还出现了多位擅长画"锦灰堆"的大师。所画内容也从餐桌扩展到了书房里，譬如废旧的画稿、残破的折扇、缺了角的拓片、被虫蛀的书籍、揉皱的信札、秃了头的毛笔等皆成主角，看起来就像是一位大文豪或大画家刚刚完成大作之后的现场写实。

如此难登大雅之堂的画作何以能受到人们的喜爱呢？我想有两个原因，一是新奇，平日里看惯了规范整齐、高高在上的艺术，忽然看到这种肆意而为、颇接地气的作品，自然会觉得耳目一新；二是古人对于残物有着一种别样的情感，他们会从这些残留之中看到时光的流逝、生命的凋零，甚至能勾起对人情冷暖、聚散离别等复杂的记忆。而残物的终极都是什么呢？当然就是灰了，如果将时间无限延长，绝大部分事物的结局都将化为尘埃。这就是古人对于灰的一种理解，所以才有"蜡炬成灰泪始干""一寸相思一寸灰"等散发着淡淡哀愁的千古名句。

我们今天说到"灰"，通常先想到脏，远远躲开或赶紧清理，缺少了古人对于灰的情感，而如果能带着古人的情感来听下面的故事，我想定会有番别样的体会。

香灰之中的确有"锦灰"一说，《香乘》中的"香灰十二法"，其中就有这样一条：

> 头青、朱红、黑煤、土黄各等分，杂于纸中装炉，名锦灰。

这种香灰用到了四种矿物颜料，蓝、红、黑、黄，混合后就是彩色的锦灰了。这是香灰中很特别的一款，按照文人的审美通常是难以接受此般花哨的，我想它多半都含有祭祀的功能，就像社稷坛的五色土一样。

"香灰十二法"为我们揭示了古人制作香灰的主要方法，其中几则颇具代表性。第一法如此说：

　　细叶杉木枝烧灰，用火一二块养之经宿，罗过装炉。

　　原料是杉木，杉木是古人最常用的烧灰材料，原因有三，一是易燃，杉木质地疏松又富含杉木油，不但烧得快，且烧得透彻，容易得到纯净的灰；二是节约，烧得快首先节约了时间，其次杉木在我国分布极广，又属速生树种，产量巨大，其价格低廉也就节约了材料成本；第三是杉木灰不仅可以做香灰用，在中医领域也常用到，比如以清油调膏用来治疗烧伤等。但选材上不用大块杉木，而用细小的杉木枝，这样出灰才足够效率，灰的品质也会因燃烧充分而变得更好。烧成灰后不能直接使用，它还需要一个用火去养的过程。具体的步骤是把灰放进容器里，再将烧红的香炭埋进灰中，利用炭火的温度来持续地进行烘烤，这个过程被称之为"养"。

　　"养"这个字在香学领域可作两解，一为养护、修复的意思，比如经常佩戴的香木手串，由于长期摩擦、氧化，香木表面会产生一层包浆，包浆虽然好看，但也会阻挡香气的散发，需要将它放进一个半密封的容器中养上几天，香气就可以恢复了，这个过程被称为"养香"；二为培养、养成的意思，比如用炭火养灰。之前的灰，是杉木在猛火焚烧之下迅速形成的，它的气性过燥，无法贴合即将徐徐而来的温度和香气，需要进行调校，就像一个未经世事的孩子，初生牛犊、血气方刚，要经过一番养成才能使它心性成熟。如果从科学的角度来看，在长达一夜的养成过程中，生灰中尚未完全消融的杂质、残留的水分以及尚未散尽的木质气味等都会被彻底去除。

　　灰养好了，第二天把熟灰进行细筛，进一步滤去杂质。如此这般，杉木香灰才算最终完成。

　　第二法如此说：

　　未化石灰槌碎罗过，锅内炒令红，候冷又研又罗，一再为之，作香炉灰洁白可爱，日夜常以火一块养之，仍须用盖，若尘埃则黑矣。

　　原料变成了石灰。中国人使用石灰的历史可以追溯到商周时期，古人先挖一窑，下层放柴，上层放青石。"青石"是个统称，泛指碳酸钙含量很高的石头，因颜色泛白发青而得名。在上千度高温持续数日的煅烧之下，碳酸钙被分解成了二氧化碳和氧化钙，氧化钙就是石灰了。所以"石灰"之名十分贴切，它的确就是烧石头剩下的灰。石灰烧成之后是块状的，即所谓的"未化石灰"，需要把它锤碎过筛，只留细粉。

　　古人又将细粉再次放入锅内翻炒，炒至发红，再次研磨过筛。这一过程从今天的化学角度来看是没有作用的，因为氧化钙无论如何加热都不会再次发生变化，其性质很稳定，古人大约是误认为反复煅烧会让石灰更加纯净。

至此香灰制成，古人形容它"洁白可爱"，体现出对于香灰好坏的两个评价标准，一是"洁"，洁净的、干净的，没有杂质和异味；二是"白"，白色的，越纯粹就越好。为了保持这种状态，古人会小心地呵护它，经常用炭火去养它，不用的时候要把炉盖盖上，如果尘埃落进去了，颜色就不白了。由此可见石灰在古代是十分难得的，古人对这种高度"洁白"的香灰也尤为珍惜。

但用石灰来做香灰也有缺点，即太过酷烈。青石煅烧成的石灰实际上是生石灰，生石灰遇水就会发生剧烈的化学反应，产生大量的热，最终形成熟石灰。因此如果这种香灰不慎入眼或被吸入，将会造成一定的伤害。

第三法是我个人常用的：

> 每秋间，采松须曝干，烧灰用养香饼。

时间是秋季，材料是松针。采下松针将其晒干，再找一个容器，在容器内点燃焚烧。松针里含有松油，干燥后极易烧透。在得到的白灰中放入点燃的香饼养上一夜，松针香灰就制成了。这种香灰最大的优势就是成本低廉、来源广泛，我通常每年秋季准备上几罐就足够来年使用了。

第四法为周嘉胄先生的补充，他如此说：

> 炉灰松则养火久，实则退，今惟用千张纸灰最妙，炉中昼夜火不绝，灰
> 每月一易佳，他无需也。

炉灰如果足够松散，炭火的持久力就越好，如果太紧实，炭火就容易灭。这里提到了一种制灰原料名为"千张纸"，可作两解，一解是字面意思，一千张纸，在古代烧纸成灰是一种十分奢侈的制灰方法。但刻意强调"千张"似乎并无必要，因此有了第二解。南方有种乔木，名为"木蝴蝶"，果实成熟后就像一个个大豆角悬挂在树上，取下来剥开，里面有种子。种子十分奇特，中心圆形，周围有一圈薄如蝉翼的"翅膀"，看起来像是一只蝴蝶，翅膀就被称为"千张纸"，也叫"白玉纸"。用千张纸烧灰，在《云南通志》中有过记载，"焚为灰，可治心气痛"，可见这是源于中医上的用法。如果抛开疗效不谈，这种灰用于焚香也的确很好，极其细腻松散，这得益于原料的极致轻薄。只是木蝴蝶成本较高，制一炉灰需要数百元的成本，太过奢侈了。

"灰每月一易"即香灰要每月一换。这一点可能出乎很多人的意料，好不容易做的香灰每月都换，这也太浪费了吧！对于这个问题，先来讲一个小故事。

木蝴蝶，边缘极薄，半透明，状若蝴蝶，中心有种子，种子含有油脂

曾有个朋友打香篆，总是遇到点不燃或中途易灭的情况，而后开始找原因，从怀疑香粉到怀疑手法再到怀疑篆模，但找了一圈也没发现问题，最后来找我，因为香粉是我制作的。结果我当面打了一篆，非常顺利地"香印成灰"了。他不信邪，又拉着我去看他打篆，而他刚把香炉拿出来我就发现不对了，那炉里的香灰黑白掺杂，极不均匀，甚至有些起球了，受潮严重。我问他这炉香灰是什么时候换的？他一脸茫然，还反问了我一句："不是说一生只用一炉灰么？"虽然不知道他是从哪里听来这么一句"名言"，但用这种香灰就相当

于在水面上点火，谁能点得着呢？

于是给他换了一炉新灰，又让他重新试了一次。当然他的手法也有一些问题，拿着香匙反反复复地平整香灰，不断下压，感觉不把这炉灰压成一块石头就不算完。这就有些太过了，压灰的要点不只是压平，而且要在保持香灰松散的前提下尽量压平，如果都压成铁板一块了，那跟放在桌子、地上打香篆又有什么区别呢？普通香粉还勉强能燃，如果遇到一些高油性的香粉，下面的香灰太过紧实，完全没有空气流入的话，则无法保持香火不灭了。

终于这位朋友获得了成功，对他来

南宋杨价墓出土的蕉叶形金香匙，贵州省博物馆藏

说最大的收获就是知道了香灰也是一种易耗品，定时更换很有必要。

在《遵生八笺》中也有这样一段记载：

> 炉灰终日焚之则灵，若十日不用则灰润。如遇
> 梅月，则灰湿而灭火，先须以别炭入炉暖灰一二次，
> 方入香炭墼，则火在灰中不灭，可久。

这里充分说明了香灰的娇气程度，只要十天不焚香，香灰就湿润了，如遇梅雨季节则根本要不了十日，一两天灰里的炭火就无法持久了。还是老办法，用炭火除掉灰里的湿气，只是这位古人还不舍得直接用香炭，先用普通的炭来反复除湿，最后再入香炭。

古人处理香灰会用到两样工具，一是香箸，它除了夹炭、

夹香料的作用以外，还可以用来搅拌香灰，让香灰足够松散；二是香匕，《香乘》中云："平灰置火则必用圆者，取香抄末则必用锐者。"说明古代香匕有两种，一种是圆形的，用来平整香灰，一种是尖锐的，用来铲起香料，二者作用不同。

另有一类香具称为"香匙"，形状类似于汤匙而得名，它融合了两种香匕的作用，背面凸起的弧度可以用来平整香灰，正面的凹陷则用来铲起香料，这类器物在宋代墓葬中有大量出土。

香箸、香匙不仅用于处理香灰，也是古人整个焚香过程中所用到的主要工具，比如"炉瓶三事"中的"瓶"，瓶中所插只有这两种工具。而今天所谓的香道用具七件套、八件套等，其实是日本香道对于中国香具的改革了，它需要更多的工具来满足更加精细化、复杂化的操作流程。


# 18. 香灰的打卷与颜色


在中国香文化中，香灰除了指洁白的炉灰，也指香品燃烧后留下的灰烬，为了以示区别，下文把前者称为炉灰，后者称为香灰。

香灰到底有没有用？我认为是没用的，应该及时清理，以免污染炉灰。但近些年有一种观点的出现，似乎又让香灰有了那么一点参考价值，这个观点就是通过观察香灰是否打卷，可以判断一款线香的品质好坏。

"香灰打卷"，顾名思义是指线香燃烧之后的灰烬并不散落，而是自然形成一圈圈卷曲的状态。首先我的确见过一些高油性材料制成的线香，香灰呈现出打卷的效果，比如奇楠线香。奇楠"削之自卷，咀之柔韧"的特性即使被制成线香也会继续保持，由于极大黏性和油性的存在，它的香灰是有可能打卷的。然而这世上天然的高油性线香又能有多少呢？答案不言自明。

于是这种打卷的现象就被有心人发现了，并逐渐推广成了一种判断香品好坏的标准，同时还发明了一种能够通过人为的方式让香灰打卷的方法，不是加入奇楠，而是加入某种黏合成分，因此香灰打卷是可以被人为做出来的。

如果按照我的逻辑，是不是用高油性的材料制作线香就一定会具备"香灰打卷"的特征呢？并非如此，除了材料的含油性以外，打卷与否还受到很多因素的影响。

第一，单方线香更容易打卷。由于单一香材的质地均匀，对应的香灰也质地均匀，打卷的概率要大一些。而合香则很难，因为每一种材料的燃烧性状都是不同的，最终成灰的状态也就不同，当五花八门的香灰混杂在一起时，还谈什么打卷呢？

第二，所用香粉越细就越容易打卷。打卷的线香表面基本都是光滑的，这说明香粉筛得很细。在很多大型的香品加工厂里，香料经过专业设备的破碎、筛粉，的确可以达到几百目的细致程度，但这一点对于古人来说却难比登天。古人在香方中的描述，很多都是"锉为粗粉""共为粗末"，并非古人不想做细，而是很难做到。我想这也是线香出现时间较晚的一个原因。但即使是今天的大型工厂，树脂类香料依然很难磨细，比如乳香、安息香之类，因为在破碎的过程中一定会产生热量，热量会让树脂融化，树脂不但不会成粉，反而会凝成一团胶状，届时再清理机器会是件相当头疼的事情。由于树脂材料很难被打成细粉，只能以粗末状态存在，加之其燃烧后的状态也与木质类不同，自然会导致香灰不够均匀，甚至有颗粒感的存在，这种香灰就不可能打卷。

第三，线香的直径越细就越容易打卷。这话看起来是在讲粗细，实际上是在讲制香时所用到的压力。在线香的制作过程中，香泥会被放进一个圆筒里，反复锤打压实，再通过挤压将香泥从小孔中挤出来，香泥就变成一根根的线形了。但这个小孔越小，所需要的压力就越大，如果是手工挤压的话，基本上小于 1.5 毫米的都很难被挤出来，我手制的古法线香直径基本都在 2 毫米以上，比市面上大部分香品都要粗，这并非是说细的香不好，只是我一个文弱书生实在是挤不动啊。

因此很细的香是需要机器来加工的，只有机器才可以提供巨大的压力，把一大团香泥挤出细如毫发的线香来。而高压之下的线香质地会更加紧实，今天甚至出现了可以不用黏粉，直接依靠压力"成条如线"的线香，果然是"有压力才有动力"，线香也被压出了新的品种。这种高压线香的香灰当然更容易打卷。

以上三点即我对"香灰打卷"的理解了，它可以作为一种现象，却不能作为一个标准，我们要善于观察现象，但不要执迷于现象，现象背后皆有真理。

此外香灰的颜色也让很多人耿耿于怀，哪种颜色好？哪种颜色不好？众说纷纭。

香灰的颜色依然与香料的特性有关，比如同为单方沉香线香，不同的沉香产地、不同的沉香品种，其香灰颜色都会出现不同的深浅变化，更不要说是性状完全不同的材料了。除了香料本身的特性，额外添加的色彩也会让香灰的颜色变得更深，甚至变成黑色。可能很多人心里开始打鼓了，添加了颜色的线香？那不就是化学香么！非也非也。

很多年前，我第一次见到彩色线香是在日本京都的老香铺里，当时我也很诧异，线香竟然能被做出如此缤纷的色彩！而我心中也产生了和大多数人同样的疑问，这些颜色究竟安不安全？所幸同行的伙伴能说些蹩脚的日语，向香铺掌柜一番询问之后方才恍然大悟，回国之后我又做了些深入的研究，才慢慢走进了这个关于色彩的古老世界。

古人的世界缺少色彩，对于缤纷的颜色，古人是充满了好感的，而不似今天的我们，

黔南苗族妇女正在采收板蓝根

看到鲜艳的颜色首先想到的是安不安全。古人绞尽脑汁，从各种事物中获取这些颜色，彼时他们并没有掌握化学，颜色的来源主要有两种，一是矿物，二是植物。

矿物颜料早在炼丹的时代就被发现，比如五石散就是五种颜色各异的矿石粉，但当人们渐渐发现部分矿物有毒之后，矿物颜料便只被用于绘画了，而日常生活中的颜色主要来自植物。

比如板蓝根，可谓"神药"，一遇流行病便被哄抢一空，可你知道"板蓝根"为什么会有一个"蓝"字么？起初我也不知道答案，直到有一年我去了黔南苗寨，在那里看到了苗族古老的染布工艺，整个寨子里都挂满了蓝色布料，在风中猎猎起舞，我如同走进了一座巨大的染坊，有一种十分梦幻的感觉，而苗族染色所用到的材料就是板蓝根。

提取蓝色的方法是将板蓝根的叶子浸泡发酵，我也曾尝试发酵了一次，虽然气味有些难以接受，但颜色却让人欣喜，纯粹的、干净的、不含任何杂质的蓝色，就像天空掉进了染缸里。这种被称为"靛蓝"的物质，也是人类最早掌握的一种色彩了，所以才有了那句古话，"青出于蓝而胜于蓝"。这种蓝不仅天然漂亮，还不易掉色，染色之后立马可以用水冲洗，晾干后用上多年依然色彩如新。

除了蓝色，栀子的果实和姜黄都是制作黄色染料的重要材料。再如红色，除了红蓝花之类的植物可以提取以外，还有一种叫作"红曲米"的食物，是由红曲霉菌寄生在粳米上所形成的红色，它可以制作各色美食，也可以作为红色染料。而当人类拥有了红、黄、蓝三原色，万千缤纷便不在话下了。

因此颜色并没有我们想象中的那么可怕，它们除了可以是化工厂里的工业染料之外，也可以是来自大自然的恩赐。它们可以作为食用色素来让食物变得更加诱人，也可以作为天然染料来让服饰变得返璞归真，同样的，它们也可以让香品变得多姿多彩。

京都香铺的掌柜告诉我，香的颜色都是来自食用色素的，这种色素在点燃时没有任何异味，存放时间再久也不会掉色，它能让香品外观亮丽又百无一害，何乐而不为呢？

被颜色改变的还有香灰，香灰的确变黑了，但此时再面对黑色的香灰，恐惧是否已得以消除了呢？很多时候我们都是在自己吓唬自己，只有足够的认知才能帮助我们拨云见日。

# 19. 中国香的熏闻方式

中国香的熏闻之法可以分为手法和心法。

先来说说心法。在金庸先生的武侠小说里，内力深厚的顶级高手们都掌握着一套武功心法，《九阳真经》上来就讲心法："他强由他强，清风拂山冈。他横任他横，明月照大江。"而一味练招式拳脚的，即使苦练几十年也就是个外强中干的水平。虽然是小说里的杜撰，但在日常生活中心法的确存在，它是前提、是精髓，更是一种领悟，在很大程度上它都影响了技能水平的高低。熏香的心法只有一个字——慢！

木心先生在《从前慢》中写道："从前的日色变得慢，车，马，邮件都慢，一生只够爱一个人。"抛开文学上的引申不谈，说的就是古人的慢生活，这种缓慢的生活节奏在工业革命的成果传达到中国之前，数千年间几乎从未改变过。中国香就是在这种慢生活中孕育成长的，因此它天生就具有"慢"的属性，不论是熏焚还是品闻，都需要在不急不躁、舒缓安逸的状态下去完成，如果一定要强迫它去迎合快节奏的生活，结果恐怕不尽如人意。因此我把熏香心法称之为"慢心法"。

慢心法有三个前提，宽裕的时间、足够的精力和稳定的情绪，三者缺一不可。如果达成了这三点，实际上你就已经慢下来了，从琐碎繁忙中得以抽离，从焦躁慌乱中得以平复，呼吸吐纳变得顺畅，手上的动作也会变得平稳，此时便可以开始熏香了，但接下来慢心法依然需要全程保持，并与手法合而为一。下面我们先以线香来举例说明。

线香的用法最简单，既不需要炭，也不需要灰，甚至连香炉都不需要，因此很多人认为线香的用法不值一提，点燃之后随便一插就好了。但这个世界上最简单的事，往往也是最难的事，对于线香用法的误解主要源于对"烟气"和"香气"的理解。

有一次我路过一家香店，规模还挺大，老远就看到大堂中央摆着张大桌子，围坐了好几位香客，像是在做一场香会雅集。走近一看，众人果然在品香，但品香的方式却让我十分吃惊，每个人都拿着一根点燃的线香，放在鼻子下面，刚刚冒出一股烟，瞬间就被鼻子吸进去了，一口接一口，如同吸烟一样。可就算是吸烟也还要吐烟呢！这可倒好，也不见吐出来，烟不知去哪儿了，而香客们却个个一脸的陶醉。

如此品香不呛人么？鼻子不会感到刺痛么？这着实让我费解。可后来我逐渐了解到，用这种方式品闻线香的大有人在。这个群体都有一个共识，即香气是存在于烟里的，要想闻到香气就要把烟吸进鼻子。事实真是如此么？不妨回顾一下前文关于线香的内容。

在线香未被发明之前，它的前身是印篆香粉，为了让它"成条如线"，又往香粉里加入了黏粉，黏粉通常是榆木粉、楠木粉之类，它们都是没有香气的，点燃黏粉就一定会带来木质燃烧的烟气。因此从材料搭配的角度来说，线香的香气比印篆香粉更加不纯，这也导致在线香被发明之后很长的时间里，它都是作为计时用香的。一直到后来，随着线香用材的高端化，制作工艺的精细化，包括日本对于单方线香的大力推广，才让它逐渐回到了品闻类香品的范畴里。但自始至终有一点是没有改变的，线香的烟气只有大小之分，却不可能被消除殆尽，即使是脱离黏粉的高压线香，点燃后香料本身的烟气也无法避免。因此我对于线香用法的总结就是，"避其烟气，品其香气"，这句话意味着烟气与香气是两码事情，虽然它们看似同时升腾而出，但我们依然可以做到将它们尽量分开。

从点燃一根线香开始，首先需要用到明火，我们以古人最常用的烛火为例。如果仔细观察，烛火不是一团混沌的，而是层次分明的，每一层的颜色和温度也都不一样。简单来讲从内到外可以分为三层，分别叫焰心、内焰和外焰。焰心是蓝色的，主要来自蜡融化时形成的一种可燃性气体，也叫蜡烛蒸气，焰心的温度最低；接下来是内焰，温度比焰心高很多，但由于蜡的燃烧还不充分，温度居中；温度最高的是外焰，由于充分地接触空气，燃烧得也最彻底。

如果用外焰来点香的话，一来焦煳的烟味会明显加重，二来线香很容易被燃起一大截，造成不必要的浪费。因此只要用最微弱、温和的焰心把香点起来，再用手轻轻扇灭明火就可以了。

接下来是更容易犯错的一步，很多人一看到烟冒出来，立马就忍不住了，凑过去就要闻，像是生怕这股子烟跑掉了一样。这时就需要慢心法发挥作用了，要让自己保持慢的状态，稳坐如山。明火刚被熄灭时的这股烟，可以说是最浓、最呛的一股烟，会对鼻腔产生刺激，严重影响后续的香气体验，需要坚决回避。正确的做法是把香拿远一点，轻轻地挥动几下，等到烟气变得平缓，再把香插进香座里。

最后是品闻，依然是心法先行，坐定、淡然，以一种非常平和的心态把线香摆放到离自己至少一米开外的地方去。可能有人会觉得吃惊，一米开外？那还能闻到什么啊？的确，在开始的一段时间里，香气是不明显的，要比把鼻子凑过去吸烟的感受平淡很多，但我不认为那些混杂着烟气的香味值得吸入。

这段嗅觉上的真空期实则宝贵，让我们有时间去仔细观察烟的美感，看它如何升腾，如何变幻，如何承载起这数千年来古人对于各种神灵的想象。而如果是一款品质上乘的线香，青烟从一米开外腾空而来，最后到达面前的时候，并不会完全散去，它会变成一缕缕看得见又似乎看不见的丝，极细极轻。此时我们不需要任何肢体上的动作，只要轻轻呼吸，就能捕获纯净、自然、浓淡适中的香气，这才是真正脱离了烟的香气。倘若再有些悟性，也许就会得出与香严童子同样的感悟了，"我观此气，非木、非空、非烟、非火，去无所著，来无所从"。

是的，香气是无形的，它并不存在于烟里。

这就是品闻线香的正确姿势，待香气弥散开来，香气的范围是很大的，在这个范围里我们可以去做想做的事情，读书也好喝茶也罢，哪怕是睡觉也会因为香气的加持而格外香甜。

与线香相比，传统香丸的熏闻过程更加漫长。按照常规线香的长度计算，一根大约能燃一个小时，也就是说如果拥有一个小时忙里偷闲的时光，便足够放松下来享受一炷线香了。但对于香丸来说，这个时间远远不够，可能还没闻到什么香气就要匆匆结束了，这会让人很失望，也会让炉中的香丸很失望，所以在熏闻一款香丸之前，对于时间的预判很重要。

熏香开始，我们燃起一枚香炭，埋入搅拌松散的香灰里，"徐徐以灰覆之"，"以手试火气紧慢"。"徐徐"，缓慢又不失条理，这便是慢心法的体现。待温度适中，放上一

品闻线香的合适距离

片云母或银叶，置香丸于其上。何为"温度适中"？即温热又不烫手，可以自如地在火气上方翻转手心，而非伸手过去立马就被烫得缩回来。如过烫则多覆香灰，通过调节炭火与空气的接触来控制温度。

接下来香丸开始接受热量，热量一定是由外及内的，这里不妨回顾一下香丸的构造。内部是偏湿润的香泥，以炼蜜黏合着各种香料，其中又有一些相对分离的物质，大多是龙脑香、麝香之类的易挥发材料，而在香泥之外是用于裹衣的材料，比如花瓣、果皮或某些草本，因此最先散发出香气的是裹衣层。但由于裹衣层很薄，它的作用主要是为了防止香丸间的黏结，又或是赋予颜色上的某些寓意，因此这部分的香气是十分清幽且短暂的，

以桂花裹衣的"青梅煮酒"香丸

需要用心才能体会。

这个过程可能会持续几分钟，有很多人在这一步就已经放弃了，他们会说，"这香根本没有味道"，然后愤然离去。这就是对慢心法一无所知的群体，我想还是香水更适合他们。

香丸内部的温度也开始上升，易挥发的香气总是率先登场，比如龙脑香的清凉感，比如茉莉、玫瑰、腊梅等极具辨识度的花香气，比如橙皮、佛

手柑之类的柑橘香气等，它们与裹衣层的淡香融合在一起便构成了初香，也可称之为香气的前调。初香之后是本香，也叫中调，中调是持久且多变的，一款好香的中调往往可以持续几个小时，其中又有不同的香气层次。最后是尾香，也叫后调，香气又再次变得容易辨别了，因为历经数小时热熏还能保持香气存留的材料很少，大多以富含油脂的木质香料为主，比如檀香就是稳定而持久的尾香之一。

　　因此千万别小瞧了一枚小小的香丸，它可以带来长达几个小时的香气盛宴，诸多气韵会陆续登场，又陆续消退，你则像是一名观众，安静地观看着这场大戏从徐徐拉开到唯美落幕，而散场后的余香绕梁，更是能勾起你的百般回味。

第三章

道法清香

香自来　烟火　人间

# 20. 道香之"清"的涵义

周嘉冑先生在《香乘》中对香品进行了归类，有"宫掖诸香""佛藏诸香""凝合花香""熏佩之香""涂敷之香"等，清晰地划分出了这些香气的属性和应用场景。

然而还有一类重要的香品，周嘉冑先生却没有系统地进行搜集和归纳，而是把它们散布在了香气世界的各个角落。我想，这大概正是由于它们的体量太大，与中国文化融合得太深，以至于它们的身影无处不在。

如果一定要对它们进行归类，我会起一个响亮的名字——道法清香！这个"道"即中国的本土宗教道教。"道法清香"与"佛藏诸香"一起构成了中国香的两大宗教用香。

宗教是什么？在我看来宗教也是一种文化。人类了解自己的历史主要有三种途径，一是史官们的记录，二是考古发现，三就是宗教经典。西方学者曾高度评价玄奘法师："中世纪印度次大陆的历史一片黑暗，玄奘是唯一的光芒。"这是因为人们通过佛经翻译和《大唐西域记》的记载填补了很多对于这片大陆的认知空白。对于欧洲来说更是如此，拉开文艺复兴序幕的几乎全是基督教徒，而这些伟大艺术家们的传世作品也大多都以宗教题材为主，放眼望去，整个欧洲的历史也都印刻在了宗教经典之中。除了历史，宗教文化所蕴含的其他内容更是博大至极，政治、艺术、民俗、医学、哲学、天文学、地理学、航海学、生物学、化学……可谓海纳百川、包容万象，而香文化也在其中闪烁着耀眼的光彩。

因此了解宗教文化对于普通人来说是一种广泛的学习，对于我们香学爱好者来说，也是一条探索香文化不可多得的途径。

当我们对《香乘》中所记载的道家香方进行整理时，会发现有一个"清"字反复出现在香名之中，比如"清真香""清妙香""清神香""清远香""清镇香"等，已然成了道家用香的代名词，很显然"清"对于诠释道家思想和道家香气的精髓极为重要。

《说文解字》中对于"清"的解释是，"清，朖（通'朗'）也，澄水之貌"，意为清澈透明的水，而水于道家而言，意义又是非比寻常的。"水善利万物而不争，处众人之所恶，故几于道。"老子认为水无处不在，它滋养了万物，是一切生命、一切智慧的源泉，因此水的状态最接近于道。"道生一，一生二，二生三，三生万物"，万物的源头是道，道就是水。水又是甘于平凡的，哪怕是在被众人忽略的角落里流淌，哪怕是存在于污秽横流的低谷，水都没有任何的不安与焦躁，因为水没有私欲，便不会去争名夺利，这就是道家的"不争"，"天之道，不争而善胜"，同时水的品性也符合老子所倡导的"无为"，没有人去操纵水的流淌，但世界依然生机勃勃、繁衍不息，这就是无为而治，但又并非是无所作为。

因此"水"是道家思想的精髓，它代表着至高至善的品德，它是万物生长的源泉，它也代表着"不争"与"无为"的境界，而水就是"清"，"清"就是道。

再看"清"的第二重含义，即身心的清洁、干净。早在上古时期，人们在进行祭祀或举行重大典礼之前，首先要把自己打理干净，沐浴更衣、净手焚香，以示对神灵的敬畏。但仅是金玉其外还不够，败絮其中也不能容忍，因此不能喝酒、不能吃荤，不能与妻妾同房，甚至不能胡思乱想，要通过戒掉自己的欲望、克制自己的情欲，来让身体内外都保持清洁、干净，这样才有资格来与神灵、天地进行对话，这就是所谓的"斋戒"。

斋戒里有一条是不能吃荤，但在古代并不一定是指不能吃肉。"荤"最初是指吃了以后会产生辛烈气味的植物，比如蒜、葱、韭菜、芫荽之类，这类植物吃了之后容易让人气浊，气浊则神昏，同时导致火气旺盛，这些都有悖于"清"的要求，故而禁食。后来"荤"与"腥"连用才指向了肉类。因此对应到香气当中，道家用香之也需要回避辛烈、燥热、浑浊的气味，"清"香是最基本的要求。

随着南北朝时期宗教的蓬勃发展，斋戒又开始演变，成为了道家、佛家每天都要遵循的规则，被称为"清规戒律"，至此"清"的意义再次被引申，从单纯的清洁变成了一种规矩，目的是要让修行的人保持行为上的规范和身心上的洁净。

"清"的第三重含义是清静。清静又分两种，一种是环境的清静，这对于修道者来说十分重要，所以大师们常常要闭关修炼，一连几个月都不能见人；另一种是内心的清静，按照道家的说法就是要做到"寡欲"和"无为"，比如辟谷，它除了对身体内部有清洁作用之外，更深层的意义则在于实现内心的清静。

"清"的最后一层含义是清贫，在"篱落香"的部分已有详述。

道家之"清"除了以上四点意义，还代表着修道之人所向往的完美世界，与佛教的"西方极乐世界"一样，道教称它为"太清"。

《楚辞》中有名篇《九叹·远游》曰"譬若王侨之乘云兮，载赤霄而凌太清"。"王侨"是传说中的仙人；"赤霄"是十大名剑之一，相传赤帝刘邦正是手持此剑，怒斩白蛇揭竿而起；而"太清"则是天上的仙界，亦是修道之人所向往的终极。

但仅仅构建了太清世界的框架还不够，还得往里填充内容，一如佛教的西天有大雷音寺，有三世诸佛、四大菩萨、十八罗汉等，太清世界也需要进一步完善。于是乎，一位对于道教至关重要的人物出现了，他就是陶弘景。

456年，南北朝时代，虽然彼时战火不绝、尸横遍野，但文化领域却是一片生机，比如玄学的昌盛至极，比如佛学的初现端倪，而就在这一年，陶弘景出生了。

陶弘景天赋异禀，四岁能写字，九岁就遍览了儒家经典，十岁迷上了葛仙翁的《神仙传》，在心底种下了一颗道教的种子。十五岁时已能写出精彩绝伦的文章了，有一段文字如此写道："坐磐石，望平原。日负嶂以共隐，月披云而出山。风下松而含曲，泉漱石而生文。草藿藿以拂露，鹿飙飙而来群。扪虚萝以入谷，傍洪潭而比清。"简单几句就把当天暮色升腾的山中景象尽数描绘了出来，充满了仙气飘飘之感。这段文字源于少年陶弘景的《寻山志》，"寻山"即寻仙。

可如此才子却仕途不顺，又或是命运对他另有安排，三十六岁时他便辞官而去，归隐山林。此山林位于今天江苏省句容市，名为句曲山，相传汉代有三位茅姓兄弟在此成仙，又被称为茅山，因此陶弘景就成了第一位茅山道士，也是道教上清派茅山宗的开山祖师。

陶弘景的隐居生活与魏晋名士们并不相同，他没有醉卧于山林，也没有躬耕于田野，反而要比他当官的时候忙多了，且不说其他，仅是所著的道教经典就有七八十部之多，囊括天文地理、医药养生等博大精深的内容。此外他还尤其精于本草，整理了《神农本草经》和《名医别录》，又把这两部医药经典合二为一，结合自己所学，著成了新的《本草经集注》。包括《香乘》中也常有摘自陶弘景著作的记载，都是源于他对于这世上各色本草的独到见解。

隐居后的陶弘景还有些鬼谷子的影子，《华阳陶隐居内传》有云："知时运之变，俯察人心，悯涂炭之苦。"虽为隐士，却心系民间疾苦。萧衍即位后屡次请陶弘景出山，可陶弘景就是不从，无奈之下萧衍只能派人给他送炼丹的材料，给他在山中修建道观、法坛，顺便向他请教国事，《华阳陶隐居内传》记载他有"山中宰相"之称。

萧、陶二人如此要好，与陶弘景的宗教观也有很大联系。南朝后期是举国崇佛的，佛道之争自然不可避免。但陶弘景不但不排斥佛教，还曾去湖北郧县的阿育王塔受戒，因此他又成为了第一个佛道兼修的道教宗师，还提出了很多佛道共通的理论。比如今天的道教也讲轮回报应、地狱托生，这些融会贯通之中都有陶弘景的功劳。在《香乘》卷十六"鹊尾香炉"一则中记载"陶弘景有金鹊尾香炉"。如果不了解他的这段人生，就无法理解为什么一个茅山道士会拿着一柄佛教的行炉，而现在答案揭晓，因为陶弘景是一位佛道兼修的大师。

陶弘景著有《真灵位业图》，把太清世界进一步分成了七层，七层中最上面的三层，从下往上分别是太清境界、上清境界和玉清境界，此为"三清"。"三清"中又有三位居于正中的神仙——道德天尊、灵宝天尊、元始天尊，谓为"三清圣像"，后世袅袅的道家香火所供奉的大多都是这三位神仙。

让我们总结一下"清"对于道教意义，它是清澈的水，它是清洁的物，它是守清规的人，它代表着空间上的安宁，也代表着内心深处的清静，同时还代表着清贫寡欲的修行，而最终这些道家思想的核心和精髓又重新凝聚、幻化，成为了道教所膜拜的"三清圣像"和道家所向往的"三清境界"。

这便是"道法清香"中诸多"清"字的由来了。

# 21. 丁晋公奇闻录与清真香

在《香乘》第十五卷"法和众妙香"里，第一个出现的香方名为"丁晋公清真香"。"清"指道家之清，"真"指真人神仙，这是一个典型的道香用名。清真香有很多，仅《香乘》中就有四则，其他道藏典籍中还有更多的记载。但在诸多清真香里，被冠以制香者姓名的却寥寥无几，这位"丁晋公"究竟何许人也？会不会也是一位道家大师呢？

丁晋公，本名丁谓，北宋乾兴元年（1022）被封为晋国公，故称丁晋公。公位列五爵之首，足见其地位。丁谓能当大官，主要有两个原因，首先是他的才能兼备，从小就是个过目不忘、出口成章的神童，长大以后更是天文地理、琴棋书画无所不通，为官之后也是运筹帷幄、雷厉风行，办事效率很高。有一年皇宫失火，大殿被烧成了废墟，丁谓主持重建，但面临三个棘手的问题，一是这么一大堆倾塌的废料怎么运出皇宫？二是新的建筑材料怎么运进来？三是建筑所需大量的泥土要去哪里挖？由于皇宫离汴河很远，全靠人力搬运难比登天。丁谓想出了好办法，他就地挖了一条沟渠，用挖出来的土砌墙，又用沟渠把汴河水引进皇宫，用船把新木料运进来了，最后大殿建完，再用倾塌的废料填进沟渠，恢复成了平地。如此一来事半功倍，工程很快就完成了，于是有了一个成语叫"一举三得"，说的就是丁谓。

除了有才，丁谓的仕途亨通还得益于他的阿谀诌媚。话说有一次丁谓与寇准一起吃饭，当年寇准比丁谓官大了好几个级别，结果丁谓看见有汤汁流到了寇准的胡须上，赶紧跑过去给寇准擦嘴，可寇准偏偏是个刚直不阿的性子，不但不领情，反而呵斥道："皇上让你当重臣，是让你为国家做事的，不是来给我擦胡须的。"这下丁谓算是热脸贴了冷屁股，可以想见当时的场面有多么尴尬，后来这事传了出去，便留下了一个

"溜须拍马"的成语。据说这次事件也让丁谓对寇准怀恨在心,后来找准机会进了谗言,把寇准赶出京师,并一步步逼得寇准客死他乡,一代忠臣名相就此殒命。所以丁谓在历史中的名声很差,即使他才高八斗,也无法掩盖谄媚惑主、陷害忠良的斑斑劣迹,丁谓的脸上永远留着"奸臣权相"的烙印。

如此说来丁谓既不是什么清心寡欲的道士,也不是什么作风端正的大师,那他为何要来做一款清真香呢?世间之事往往就是如此奇妙,丁晋公的清真香还真就与他的"溜须拍马"颇有关联。

宋朝皇帝普遍推崇道教,但并非由赵匡胤立国开始,而是起始于宋朝的第三位皇帝宋真宗。说起宋真宗,他一生之中有两件事情让我印象深刻,第一件是他写过一首劝诫天下学子勤奋读书的《劝学诗》,"黄金屋"和"颜如玉"就是出自宋真宗之手;第二件是"澶渊之盟"。那一年辽军大举南侵,宋朝则保持了一贯的作风,在战与和的问题上犹豫不决,并随时准备南逃。幸好寇准坚决主战,并强烈要求宋真宗御驾亲征,最后宋、辽在澶州达成了和解,从而结束了战乱,也开启了大宋之后一百多年的太平盛世。

可是江湖中频频传言,如果听寇准的,防守反击,一举收复燕云十六州的话,那这盛世方能得以长久云云。这些话就传到了宋真宗耳朵里,让宋真宗恼羞成怒。于是奸臣们开始出主意,为了证明皇上是受命于天的千古帝王,必须来一场封禅大典,去泰山祭天,向上天报告皇上的丰功伟绩。历史上自有皇帝开始,举行过泰山封禅的一共只有秦始皇、汉武帝、光武帝、唐高宗、武则天、唐玄宗六位,而第七位也是最后一位就是宋真宗。和前六位皇帝的伟绩相比,不得不说这次封禅太过牵强。

牵强不要紧,奸臣们有的是主意,让皇上假称自己做了个梦,梦见了一位神仙告知某月某日上天会降天书给自己,需在大殿前建好道场法坛迎接天书降临。结果到了那一天,还真有一封天书从天而降了,上面写着:"赵受命,兴于宋,付与恒。居其器,守于正。世七百,九九定。"这可是天降祥瑞啊!必须去泰山作报告,好好感谢一下上天的肯定与恩赐!于是"天书"开路,一众人马浩浩荡荡地前往泰山封禅去了,仅是这一行就耗资八百万贯。在今天看来这出戏十分拙劣,可在当年人人都信,不但人人都信,就连宋真宗自己也信了。

泰山回来以后,宋真宗便沉迷在假想的梦境中不能自拔,开始大兴土木修建道观神像,在全国开始了一场轰轰烈烈的造神运动。且不说其他,仅是京城里的道观就一个比一个奢华,耗资之巨令人咋舌,其中又数建在皇城西北的玉清昭应宫为最。这座玉清昭应宫就是由丁谓主持修建的,在他的统筹规划之下,原本十五年的修建计划,仅八年就全部完成了,且没有任何的缩水,规模之庞大历史少有。

面对如此沉迷于道教的君王,丁谓除了施展才华修建道观以外,当然也会在各种场合极尽奉承，我们不妨做一番猜测，也许就在宋真宗去往玉清昭应宫的时候，丁谓不失时机地献上了一款精心制作的道家香品，便是这"丁晋公清真香"。

但不论丁谓在历史中的口碑有多坏，当我们从香文化的角度去对他进行评判时，他依然是堪称宗师级别的人物，这一点毋庸置疑。丁谓晚年被流放海南崖州时，曾撰写了一篇《天香传》，讲述历代用香的历史，包括宋真宗一朝道香供奉"永昼达夕，宝香不绝"的盛况。更为难得的是，丁谓在文中对于海南沉香进行了全面的剖析，从沉香的产区分布，到商贾的贸易往来，再到不同品级沉香的香气区别等等，以十分严谨的学术态度，为后世提供了关于海南沉香珍贵的一手资料。

尤其是其中关于沉香分类方法的记述，成为了时至今日都在被广泛使用的基础法则，比如在他提出的"四名十二状"（"四名"即沉水、栈香、黄熟香、生结香，"十二状"中则包含虫漏、鸡骨、牛目、茅叶、鹧鸪斑等常见的沉香形态）中，构建出了一套完整的沉香辨识体系。这便是丁谓的香学贡献，不可磨灭。

历史上的丁晋公就是这样一个让人又爱又恨的人。我想周嘉胄先生也应该与我有同样的感慨，他在《香乘》中收录了一则关于丁晋公临终时的记载，名为"沉香煎汤"：

> 丁晋公临终前半月已不食，但焚香危坐，默诵佛经。以沉香煎汤，时时呷少许，神识不乱，正衣冠，奄然化去。

这则记载如若属实，起码可以说明两点，一是丁谓虽然修了那么多的皇家道观，但他自己并不只崇道教，因为临终前他都还在念诵佛经，而那些他精心制作的道香，很可能只是为了投宋真宗之所好而已；二是虽然丁谓臭名昭著，但后世的爱香之人还是对他动了恻隐之心，让他在香气中安然离世，也算是善终了。

这就是丁晋公的一生，与道教有关，也与香气有关，虽然他的名声不好，但他的制香水准依然高超，而这款"丁晋公清真香"之所以能被放在"清"香之首，说明它是极具代表性的。

首先这则香方本身就与众不同，它是一首歌谣：

> 四两玄参二两松，麝香半分蜜合同，圆如弹子金炉爇，还似千花喷晓风。

单看配方，材料只有三种，玄参、甘松、麝香，分别是四两、二两和半分。除去微量的麝香不谈，这款香从材料上来看似乎并不符合丁晋公的社会地位，也不符合玉清昭应宫气派的皇家道场，因为玄参和甘松，这是太过司空见惯的本土廉价材料了，最起码也得用上降真香啊！

然而正是这两种普通得不能再普通的材料，恰恰体现了道家之"清"中的清贫，哪怕再恢宏的皇家道观，哪怕是位高权重的修道之人，都不会嫌弃它们的贫寒，玄参和甘松就代表了道家用香中最为质朴的存在。

宋代龙泉窑八卦纹三足炉，充满了浓郁的道教风格，四川宋瓷博物馆藏

## 22."玄之又玄"的玄参

前文曾提及关于玄参的三点基础知识。一是玄参不是人参，它与众多以"参"为名的植物一样，性状上与人参有很大区别；二是玄参的功效主清凉散火、清热解毒、清肺止咳等，专攻热毒之症，总结起来也是一个"清"字，这让道家之"清"又多了一重中医层面上的意义；第三是玄参之名的由来，"玄"代表黑色，用玄参制成的香品乌黑纯粹，暗合了"铁面御史"赵抃的大公无私。但黑色仅仅是从视觉角度去进行理解的，实际上玄参之"玄"在道家文化中还有更多的意义。

《说文解字》对于"玄"的解释是"幽远也，黑而有赤色者为玄"，显然"玄"并不是指纯粹的黑色，而是黑中泛红的颜色。细想一下，这种颜色就是紫色。"紫"最早出现在甲骨文中，下半部分是一个"丝"，说明它是指一种丝帛，因此《说

文解字》对"紫"的释义是"帛，青赤色也"，段玉裁注："青当作黑"。"青赤"即紫色。早期的紫色就是用红、黑两种矿物颜料调出来的，彼时人们还没有学会从紫草中直接提炼紫色，也没有学会用红蓝两色来调和，这才是"黑赤为紫"最本源上的意义。

但我想说的是，在对中国文化进行理解时，更应该去注重内心的感受，要让自己感性一点、浪漫一点，思维才会变得更加开阔，才能透过表象看到更深层次的东西，这一点对于我们品读香文化也是十分重要的。比如紫色，其实我们不应直接往调色盘的方向去思考，而是要对这种黑中泛红、红中有黑的颜色去展开联想。我们会发现这是一种说不清到底是红还是黑的颜色，既然说不清，就越发让人捉摸不透，如同天上的神仙一样，因为神秘才让人敬畏。所以紫色因为我们的联想又多了一层感性上的意义，它是神秘的，也是高贵的，这种感受就是《说文解字》中对于"玄"字解释的前三个字，"幽远也"。

再引申一步，"玄"色对于道教来说意味着什么呢？这里先来讲一个小故事。

话说西周的时候，有一个叫尹喜的人，此人自幼熟读三皇之书，通晓易经八卦，能在俯仰之间洞彻山河走向、日月斗转。这种人自然不会留恋凡尘，便在终南山结草为庐，又因他善于观星，这间草屋也被称为"观星楼"。尹喜大名远扬，让周王也十分仰慕，拜他为大夫。有一天尹喜坐观天象，忽觉天象有异，只见东方天际冉冉升起一片紫色的云气，在空中翻腾变幻，尽显祥瑞。尹喜掐指一算，知道必有圣人要从东方而来，于是请命周王，赴任函谷关令。自此尹喜就每日站在函谷关的城楼上眺望着东方。等啊等，终于等到圣人出现，这位骑着青牛的老先生，不是旁人，正是老子。尹喜将老子迎入馆舍，好生招待，并拜老子为师，一如当年黄帝问道广成子一样，"敢问至道之精"。

二人的师徒缘分就此结下，老子也为得了这么一个悟性极高的徒弟而欣喜，于是便在函谷关前一边传道，一边洋洋洒洒写下了五千字的《道德经》。授书之后，老子骑青牛出关西去，去哪了呢？谁也不知道，有人说是去开化蛮荒的西域去了，也有人说他飞升太清境界去了。总之老子把毕生所学传给了尹喜，尹喜也辞官归山，回观星楼悟道去了。最后尹喜也得道成仙，被称为"文始真人"，在道教中地位极高，常伴老子左右。

这就是引自道教典籍《历世真仙体道通鉴》中的一段记载，如果凝练成一个成语，便是"紫气东来"。紫色在道家文化中的重要性不言而喻了，不仅代表祥瑞，更代表仙人下凡、圣人出世时所出现的天象之色。包括顶级的道家大师在登坛作法时，都要身着紫衣，紫衣既是一种身份的象征也是一种庄重的体现。这种着装方式又沿用到了官场上，在很多朝代，能穿紫衣的都是大官，而身着青衣的一般都是小吏。甚至降真香能被作为道教第一用香，我想与它本身的深紫色也多少有些关联。除了代表祥瑞和高贵以外，紫色也代表了"道"的颜色。在阴阳五行中，黑色指北方，代表水，乃至阴之所在；红色指南方，代表火，乃至阳之所在。当黑红融合之时，就有了阴阳调和、水火相济，换句话说，只有黑红融合才有这世间的万物生长、生生不息。

让我们闭上眼睛展开想象，最初的世界，混沌未开，迷迷蒙蒙，会不会就是一团深紫色的云气呢？它升腾着、变化着，既看不透，也摸不着，但又似乎充满了无比巨大的能量，而这种高深莫测的幽远感，就被称为玄机！

时至魏晋，道家学说又演化出了一种新的思潮，把《老子》《庄子》《周易》统称为"三玄"，并用老子那句著名的"玄之又玄，众妙之门"来为这门学说命名，这就是玄学。

至此，我想对于为什么玄参能够作为主角，频频出现在道家香方之中的这个问题，已经有了充分的解释，因为玄参有它独特的象征意义，远远不是一味材料或一种香气那样简单，这就是香文化的深层乐趣。

再看玄参的性状。玄参最早出现在《神农本草经》中，由于这部著作并非一人所著，也没有确切的成书时间，因此不能确定中国人最早使用玄参是在什么时候。但玄参被用于制香却是有明确记载的，这归功于那位对《神农本草经》有着深入研究的道家大师——陶弘景。

陶弘景归隐之后，除了修道、学佛、著书、炼丹之外，还有一件日常的工作——采药制香，而玄参就是那片山野里的寻常本草。在陶弘景的《本草经集注》中，他如此描述玄参："今出近道，处处有。茎似人参而长大。根甚黑，亦微香，道家时用，亦以合香。"处处都有，不是什么名贵材料的玄参，道家常用它来合香。这是一个时间坐标，把用玄参制香的最早时间暂定在了南北朝。

再以今天的眼光审视一下陶弘景当年的论述。玄参是玄参科玄参属的草本植物，在我国大部分地区都有分布，其中又以浙玄参，也就是浙江的玄参最为有名，对于这一点，多指药效上的差别，在香气上并没有太大不同。

玄参有着粗大的根部，这是它的主要价值所在。根部并不是天生黑色，新鲜的玄参根切开来是白色的。只是由于玄参中富含一种名为环烯醚萜苷的成分，在炮制时易被水解，生成苷元。苷元化学性质活泼，进一步聚合后显现出黑色。除玄参外，地黄在炮制后也会出现这种色变。因此陶弘景所言"根甚黑"，指玄参根经炮制加工后的颜色。

香气方面，陶弘景说"气微香"，即有一点点香，这是一个比较模糊的形容，所以我来说说个人对于玄参香气的真实感受。如果让我按香气的美妙程度罗列出一百种香料的话，玄参都不在其中。为什么呢？因为仅从香气"好闻与否"的角度来看，玄参充其量能归在药香之中，远远谈不上美妙。

是否还记得对于"炮制"一词的解释？中药炮制就是要去除毒性而增强药性，香料炮制则是要去除杂味而增大香气。因此对于这种天生香气就不够出众的材料，必须要进行炮制。

首先是对玄参原材料的选择，很多人为了图省事，直接购买打成细粉的玄参用来合

玄参煮软后切片

香，此为大忌。因为这些粉末来自未经炮制的玄参，直接去闻会有一股很浓烈的酸味，不是青梅的酸爽，而是一种腐朽的酸气。

因此选材时，要选完整干燥的玄参，一棵棵像纺锤一样，以饱满、粗大的品相为佳。接着用水洗净，再入沸水中烹煮，随着水温上升，气味似乎有了一些变化，空气中除了药味，同时还弥漫着一些甜甜的味道。不用煮太久，玄参膨胀起来变得柔软即可，沥干水分，用刀切片，手感像是在切一根腌黄瓜，看起来很绵软，其实很脆。随着切口越来越多，甜味又开始转变，趋向于一种焦糖的味道。同时由于玄参中的酸味

切片

还没有被去除，酸甜混合之后非常接近于乌梅的味道。"青梅熏黑为乌梅"，乌梅味道就是这种烟熏后略带焦味的酸甜气。

炮制到这个环节，气味还是不错的，甚至让人口舌生津，有些想吃的冲动，如果勇敢地去品尝一片，口感还不错，嚼起来脆脆的、甜甜的，入口的香气也与鼻子所闻不同，并没有很重的药味。

玄参切片后装入密封的容器，用米酒浸泡一夜。酒，又登场了，酒到底起了什么作用呢？古书上没有明确的记载，但我给这一过程起了个名字，叫作"解香"。譬如中国人有泡酒的习俗，青梅、桑葚、山楂、

制作"赵清献公香"时，可将泡好的玄参片与檀香共同炒干

杨梅等水果能泡酒；人参、虫草、石斛、枸杞等药材能泡酒；甚至虎鞭、鹿茸、蝎子、蜈蚣等动物也能泡酒。但人们从来不是为了吃泡了酒的材料，而是为了喝泡出来的酒，这是因为好东西都被泡出来了，药效已经留在酒里了，用专业术语来讲即材料中的某些成分已被溶解在了乙醇里。同样，用酒浸泡香料也是这个原理。

以玄参为例，玄参之所以发甜，是因为所含的糖类过多，仅是水煮就能让满室都飘散焦糖气，如果直接入香的话，当然会对其他香气形成压制和干扰，这便违背了"和合众香"的基本法则。再加上玄参中不太友善的酸腐气，不去除的话也会影响最终的香气呈现。如何去掉这些焦糖气、酸气以及其他杂味呢？最好的方法就是将它们溶解在酒里，然后把酒倒掉。只是浸泡的时间要适度，不同的材料有不同的时长，比如去除某些檀香燥气往往需要浸泡三日以上，而玄参只需要一宿。

酒浸之后沥干，可以在阳光下暴晒，无须担心香气挥发，因为玄参中的挥发油含量极少，香气主要是通过环烯醚萜类和糖类散发出来的。如果没有阳光，也可以用文火翻炒至脆为度。最后磨成粉末，等候入香。

至此，玄参的炮制才算完成，此时再去观察，玄参粉末已经不是纯黑色了，而是

黑中泛红的暗紫色。再去闻它，酸气荡然无存，焦糖气和药味也柔和了许多，这种气味就不会再有侵略性了。若热熏玄参，会有隐隐的花香飘散而出，如果明火点燃，烟火气也很小，不焦不呛，这一点要优于绝大多数的草本材料。再回头看看陶弘景所说的"气微香"，的确十分贴切。

然而孤掌难鸣、独木难支，只一味玄参还是过于单薄了，这时就要有请玄参的好搭档甘松闪亮登场。


# 23. 甘松之"臭"与苦尽甘来


我曾用"臭味相投"来形容甘松与蜘蛛香的搭配，虽然这种"臭"对于合香而言不是一件好事，它会对其他的香气造成干扰，也会把很多人拒之门外。但这种"臭"却并非一无是处，尤其是在道家香品的范畴里。

甘松的"臭"辨识度很高，源于以下几个方面。首先臭味的源头是甘松挥发油中的一些成分，比如缬草酮（*Valeranone*），它的气味带有浓郁的苦涩感，闻起来像是发霉的木头，这种成分在其他香料中并不多见，一旦出现就会十分明显。

其次是缬草酮这类物质的分子结构通常很小，挥发速度很快，从而导致扩散性很强。苏东坡有诗云"不妆艳已绝，无风香自远"，很适合来表达这种特性，不需要风的助力就能够飘散很远。我每次炮制完甘松，如果不密封起来的话，整个房间包括外面的院子里都会留下它的味道。

再者是这种"臭"不惧高温，前文曾说百分之八九十的香料都是不能用明火直接燃烧的，生闻时很香，烧着了就只剩下烟，但甘松却不在其列。有甘松成分的线香，点燃之后依然会率先散发出甘松的气味，它并没有因为高温而消失。因此不论是点燃还是隔火，甘松这种先入为主的"臭"都会存在。

以上这三点就是甘松拥有超高辨识度的原因所在，而对于道家用香来说，恰恰这种特性又赋予了甘松别样的使命。

在香学领域，香气的辨识度高通常会带来两个直接的后果，一是易于捕捉，只要鼻子没有问题，很快就能闻到；二是能让闻到的人在短时间内做出对于香气喜好的判断，而不需要反复品闻。以我多年来的观察，人们对于甘松香气的态度大约分为两种，一是非常不喜欢，大老远就捂鼻皱眉地避开，可谓是"闻风而逃"；另一种则是非常喜欢，爱不忍释，可以陶醉其中。而处于两种极端之间的却很少，很少有人持有模棱两可的中庸态度。所以甘松的香气更像是一道门槛，喜欢的人进来，不喜欢的人远离，是一种自愿而果断的选择，没有一丝一毫的拖泥带水。

于是这道门槛也成了道家在香气上所设置的一道门槛。尽管各大宗教都是以博大的胸怀去拥抱每一个愿意走入法门的修行者，但也并非所有的人都能迈得进去。比如灵隐寺墙壁上的四个大字"咫尺西天"，再如孔庙墙壁上常常出现的"万仞宫墙"，实际上都是在说这道门槛，它并不是指物理上的一道障碍，它的存在是无形的，它的高度也是无尽的，对于很多人来说它将永远不可跨越，但对于有些人来说，跨越就在一念之间。

道家也是如此做的，门里门外，两个世界，你若是慧根不足或是尘缘未了，便与洞天福地、三清境界都暂时无缘了，还需要回到红尘里再去历练一番。而甘松作为道家用香的主角，就是在营造这道香气的门槛，这种味道让你很难理解，可一旦理解了，你就入门了。

对于入门之后的修行，甘松继续发挥着它的作用。由于烯类物质分子很小，导致香气传播得又快又远，但同时也产生了另一个结果即持续性较短，这与所有易挥发的香气是一样的，它不会长久存在。当"臭"味消散之后，甘松之"甘"就显露了出来，这种"甘"远远超出甘甜所能表达的内容，它会在一瞬间让你觉得前面的辛苦和煎熬都是值得的。这种先苦而后甘的嗅觉历练，是否也与道家所设定的修行之路如出一辙呢？好比登山，人人都知道无限风光在险峰，可面对一路的荆棘、扶摇百级的石阶，望而却步和半途而返的大有人在。因此能熬过艰苦，能忍受清贫，能爱上孤独，这既是品闻道法清香的法门，也是道家修行的必经之路。

再来剖析一下甘松与玄参这对组合。

以目前收集到的资料来看，最先将甘松与玄参组合起来入香的人依然是陶弘景，但他并非是一位纯粹的制香师，他的制香术是建立在对《神农本草经》《名医别录》等医家学说的深度研究之上。因此他用甘松来搭配玄参，首先是基于药理上的用意。

《香乘》中有一则题为"香愈弱疾"的记载：

> 玄参一斤，甘松六两，为末；炼蜜一斤，和匀入瓶封闭。地中埋窨十日取出，更用炭末六两、炼蜜六两同和入瓶，更窨五日。取出烧之，常令闻香，弱疾自愈。又曰：初入瓶中封固煮一伏时，破瓶取捣入蜜，别以瓶盛埋地中窨过用，亦可熏衣。

这是一款药香，"弱疾"并非指瘦弱、羸弱，在中医领域"弱"代表着一大类空虚、不足的病症，比如"肾虚精弱""精虚血弱""体虚气弱"等。为何玄参搭配甘松的香气能治"弱疾"呢？我认为主要有以下几点考量。一是玄参的香气偏暖偏甜，甘松的香气偏凉偏苦，两者融合便是一种协调互补，这也是医道兼修的陶弘景最为擅长的阴阳调和；二是它们的香气都有一个共同作用——理气解郁。按中医来讲，气不顺、凝滞受阻会让人感到闷、胀等不适，即所谓的"郁闷"。而"理气"就是要把气理顺，气顺了，呼吸畅通了，心情自然也好了，即所谓的"开郁化滞"；三是从内服的药理上讲，甘松、玄参都归脾胃经，内服对于调理脾胃、缓解腹胀、增进食欲都是有益的，对应到香气上，类似的功效依然存在，只是效力会有所差别而已。以上三点就是玄参、甘松的香气组合在药理上的一些作用了。

再从道家文化的角度来看，甘松与玄参的组合也是有意义的，不论是唾手可得的"清贫"材料，还是苦尽甘来的"清苦"香韵，又或是营造出来的既"清净"又"清高"的香气氛围，无一不在彰显道家之清的这个"清"字。

如果从制香的角度来讲，我认为此组合最妙之处是对于甘、苦两种香气的调和。

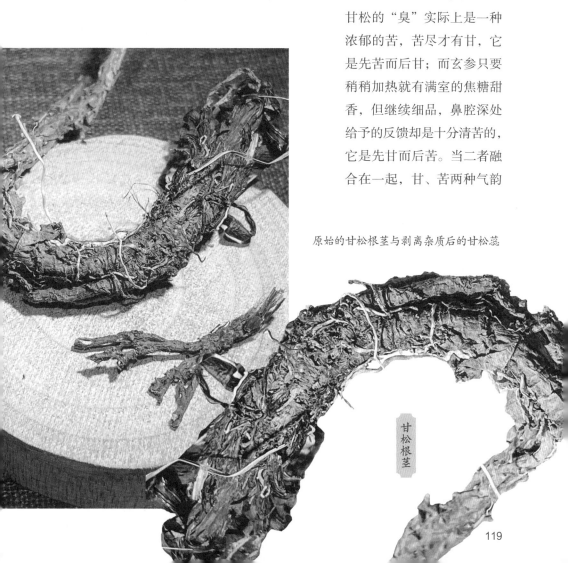

甘松的"臭"实际上是一种浓郁的苦，苦尽才有甘，它是先苦而后甘；而玄参只要稍稍加热就有满室的焦糖甜香，但继续细品，鼻腔深处给予的反馈却是十分清苦的，它是先甘而后苦。当二者融合在一起，甘、苦两种气韵

原始的甘松根茎与剥离杂质后的甘松蕊

甘松根茎

永远会同时存在、彼此协调，既不会太清苦，也不会太甜腻。如果把二者分开，用任何一味单独来入香，香气都是很难让人接受的。

尽管甘松之"臭"在种种层面上都有它积极的意义，但回归到制香本身，还是要秉承去除杂味、增强香气的炮制理念，尽量削弱甘松的不良气味。

甘松的取用部位是它的根部，深褐色的主根看起来比较粗壮，很容易辨识，于是很多人从药店买回来直接就磨成粉了，然而这一切都是个假象。根的外皮是松软的鳞片状，很像松树皮，当我们把这层皮剥开之后，会发现里面还有更多的皮，层层叠叠、空虚腐朽，根本就不是实质性的根系，而在皮与皮之间的缝隙里，是大量的泥土沙石。这些杂质散发着浓郁的腐臭味，十分沉闷，令人不悦。

这时需要用一把小刷子，一边剥皮一边清除里面的沙土，如果找只盘子来承接一下，最终一棵甘松里的藏污纳垢会多到令人吃惊。沙土处理干净后，又有新的发现，原来看似粗壮的根部并不是一条主根，而是由多条根须纠葛缠绕所组成的。这些根须有粗有细，长短不一，但无一例外的是它们之间依然裹挟着大量杂质。

一直清理到最后，真正的根才会出现，它的表面是黄色的，断面则是雪白的，对于制香师而言，这才是可以入香的甘松，在古方中它也被称为"甘松蕊"。这个叫法十分贴切，因为与旁边一大盘刷下来的杂质相比，剩下这些极细的须根真的如同花蕊一般娇柔。这个时候你一定要去闻闻那些废弃之物，再与洁净的甘松蕊进行一次对比，就知道什么叫腐臭，什么叫清苦之香了。

至此，便完成对甘松的炮制了，也尽最大努力减弱了甘松的不良气味。虽然在部分香方中会出现将甘松用酒浸泡再焙干的做法，但按照我的经验，不建议这样处理，虽然乙醇能将部分物质溶解，但其他香气也会受到很大损失，利弊权衡之下有些得不偿失。

## 番外篇：汴河怀古，被泥沙埋葬的东京汴梁

另有一款极具代表性的道家香品，名为"汴梁太乙宫清远香"，只是这款香的背后不再是关于一个人的故事了，而是关于一座古老的城市。

汴梁，北宋的都城，古称东京，又叫汴京，即今天的开封。如此多的名号让人听得云里雾里，但同时也说明了这座城市的沧桑，在每个名号里所沉淀的都是一段厚重的历史。

"开封"之名并不年轻，早在距今两千七百多年前的春秋时代，郑庄公为了争霸中原，在边境上修筑了一座新城，准备对周边小国实施打击。厉兵秣马之际，郑庄公取"启拓封疆"之意给这座新城起了个吉利的名字——启封。"启"即是"开","启封"等同于"开封"。当然正式被称为开封是汉代的事情了,据说是为了避汉景帝刘启的名讳。

春秋之后的战国时代,魏惠王把都城迁到了这里,称其为"大梁城",这是开封第一次作为国都,也是汴梁之"梁"的由来。魏惠王搬了新家有些不太适应,因为东边有齐,西边有秦,皆十分强悍,自己被夹在中间很难受,于是便寻求向南发展。可当年的南方还是蛮荒之地,南北交通也不顺畅,好在南方有一个天然的优势即水路纵横,只要进入了南方水系就可以四通八达了。于是魏惠王索性挖了一条运河,把黄河水引入大梁城,又向南汇入淮河,这下北方的船就能顺流而下进入江淮地区了。

这条极具创意的运河名叫"鸿沟",楚汉之争时刘邦与项羽达成协议,鸿沟以东归楚,鸿沟以西归汉,所以鸿沟又叫"楚河汉界"。只可惜战乱之中鸿沟疏于管理,又几经黄河泛滥,到了西汉末年就被泥沙掩埋了。鸿沟虽然消失,南北之间的重要通道却不能消失,因此鸿沟曾经的一条支流重新担起了重任,这便是"汴渠"。

到了大业元年(605),隋炀帝一声令下,大运河的一期工程便浩浩荡荡地开始了,目标是对原有的汴渠进行大规模的修缮、扩建、延长。隋炀帝动用数百万人,仅仅用了几个月就将这条全长650公里,途经河南、安徽、江苏三省的大运河给挖通了。只是在他眼里只看到了奔流的黄河水,却没有看到水中裹挟着的血泪,这也为他的灭亡敲响了丧钟。

这条让黄淮之间得以大船纵横的运河,也被称为"通济渠"。历史上用了十六个字来形容它:"枢纽天下,临制四海,舳舻相会,赡给公私。"这是一个很高的评价,甚至一度让世人对隋炀帝的态度都有了转变。唐人皮日休在诗中写道:"尽道隋亡为此河,至今千里赖通波。若无龙舟水殿事,与禹论功不较多。"这首诗题为《汴河怀古》,说明在唐代人们已将"通济渠"改称为"汴河"了,而汴河不仅贯通了南北,同时也让古城开封成为了中原地区重要的大城市之一。

开封在唐代被正式命名为"汴州",之后的五代十国,这里又成为了后梁、后晋、后汉、后周四朝的都城。而它的辉煌还在延续,并在宋代达到了巅峰,成为了北宋乃至当时全世界排名第一的大都市,不论是人口、经济,还是科技、人文,皆无能出其右者,它就是东京汴梁。

赵匡胤的眼光是毒辣的,他明明可以定都长安、洛阳,那些都是有基础、底子厚,易守难攻的千年古都,他也可以选南京、杭州,那里水路便利、物产富饶。可他都不选,偏偏就选了这开封城!

最主要的原因还是因为汴河,因为汴河实在是太方便了。每年通过汴河来往的船只一度超过上万艘,南北间的货物贸易乃至中原与海外的贸易都因它而畅通无阻。赵匡胤坐镇中原,兼顾东西,又通过汴河连通了世界。因此《清明上河图》里的那条河,可不是什么内河、护城河、排水沟之类，它就是汴河，如果没有它，汴梁也就失去了活力和灵魂。

再后来宋室南迁，这里又成了金的都城，被称为"汴京"。总体看来，开封从战国的大梁城到金代的汴京，且不算中间那些小朝代的话，它也是扎扎实实的六朝古都，而这样一座充满了丰厚历史文化底蕴的城市，自然也会让人对它产生无限的遐想。

比如我，第一次听说开封还是上小学的时候，那时每天放学回家必须要做的一件事就是看电视剧《包青天》，里面有句歌词人人会唱，"开封有个包青天，铁面无私辨忠奸"。当年我就觉得，开封府这地方好生厉害，狗头铡下斩江洋大盗，龙头铡上斩皇亲国戚，满满的正义感！后来长大了一点，看到了《清明上河图》，才知道这开封府就是图中所画的东京汴梁，原来它除了威严的一面之外，另一面竟是如此地接踵摩肩、车水马龙，满满的人间

烟火气。可当我读了《东京梦华录》之后，才知道这图上画的不过是汴梁的九牛一毛，文字里的汴梁已经细致到了连街头小贩的盘子里装的是什么点心、酒楼菜单上写的是什么菜名、香药铺里的药哪种能治咳嗽哪种能治腹痛、相国寺门口的地摊上卖的到底是僧帽还是道冠、池塘里游的是鸭子还是大雁等令人难以想象的细微之处。从那时起，我就对开封充满了好感和向往，终于等到上了大学，攒了点生活费就去了。

结果到了开封，这座六朝古都的模样跟想象中有些不同。其实开封很美，城市里水系众多，汴河、西湖、东湖、包公湖等，碧波荡漾、杨柳依依，一派江南风范。还有规模宏大的清明上河园、熙熙攘攘的北宋御街，皆是飞檐斗拱、游人如织。可我就是觉得这座城市缺乏古意，表面上看着很古老，却老得没有韵味，从里到外都透着一种崭新的感觉。古建筑大多是新修的，没有经历岁月的洗礼，显得不够沧桑。我记得唯有皇城门口的

开封龙亭石狮，北宋皇宫遗物

一对石狮子是当年北宋的遗迹，其他除了皇宫中轴线上的一些残存之外，两侧的宫殿群都已消失不见。

这一度让我不解，这可是曾经的世界第一大都市啊，就连长安、洛阳那些汉唐时期的遗迹都多少能够保留下来，为何北宋的一切会消失得如此彻底呢？一直到我走进了开封博物馆，这个疑问才得以解开，原来这座古城还有更为神奇的一面。

博物馆里有个讲述古都变迁的专区，墙上印着一句醒目的歌谣，"开封城，城摞城，地下埋有几座城"。我一头雾水，赶紧去看旁边的介绍，在大量的图片、文字、文物的冲击之下我才恍然大悟，原来这地下的六座古都是一层一层地叠起来的，从地下三米一直叠到地下十二米，它们层次分明、先后有序。打个比方，假设这些被埋的古城没有被压扁的话，我们安装一台电梯，从负一层到负六层，当我们从每一层出去的时候都会看见一个不同时代的开封。最底下是魏国的大梁城，负五层是唐代的汴州城，负四层是北宋的汴梁城，然后是金代的汴京城和明清的开封城。

为何它们都被埋了呢？还埋得如此整齐划一？找来找去，埋葬这无数故国家园的罪魁祸首竟然是黄河，这些城池全都因为黄河的泛滥被葬于泥沙。

黄河古称"浊水"，自古就有"一石水，六斗泥"之称，含沙量巨大。由于上游河道窄、流速快，泥沙并不会沉积下来，可是到了中下游，河道宽、流速慢，泥沙也就开始沉积，逐渐抬高了河床，当河床高到一定程度，水就漫过了堤坝，这就是所谓的"黄河泛滥"。被黄河水所淹没的地区称为"黄泛区"，开封城就位于正宗的黄泛区里。

为何明知道是黄泛区，还要屡埋屡建呢？就不能换个地方么？我想大约有两个原因。一是古人高估了自己的治水能力，总觉得自己比前朝厉害，只要疏通河道、分流河水、加筑堤坝就能拦住洪水，但却始终缺乏对于泥沙的有效治理，导致河床越抬越高，堤坝也越修越高，最终超过负荷发生溃坝，因此黄河泛滥的时间也没人能够预料；第二个原因是舍不得离开，除了汴河的便利，还有黄泛区的独特优势，即洪水过后的淤泥能让土地变得十分肥沃，农耕可以收获巨大的利益。据记载，历史上黄河泛滥了一千五百多次。

开封城每一次都重建在一片新的泥沙之上，那里无比平坦，就像是从未被开发过的处女地，而曾经的王朝旧都，则安然地躺在脚下。所幸的是开封很倔强，也很坚强，它一次次地被毁，又一次次地重生，最近的一次是在明崇祯十五年（1642）。因此今天的开封是崭新的，同时也是古老的，如同一位鹤发童颜的老人，在向我们诉说着一段少有人知的传奇。

## 24. 太乙宫与柏树文化

汴梁不止一座太乙宫，古籍中记载共有四座：东太乙宫、西太乙宫、中太乙宫和北太乙宫。东太乙宫位于汴梁东南的苏村，西太乙宫位于汴梁西南的八角镇，中太乙宫在汴梁的朱雀门外，而北太乙宫则建在宋徽宗的潜邸（端王府）后，它们都属于皇家道观，不是谁都可以来上香供奉的。

既然是皇家道观，想必修建得恢宏浩大，只可惜它们都消失在了历史的尘埃里，文献中也少有描述，因此我们很难去想象它们的模样。但无独有偶，有一位诗人曾两次来到西太乙宫，并留下了关于这座道观的一些印记，他就是王安石。

那一年的王安石十六岁，随父亲来到汴梁游历，途经西太乙宫。他的父亲王益也是为官之人，最高做到江宁通判，应是得到许可进入道观参观，而西太乙宫就给王安石留下了深刻的印象。年少的王安石已才气逼人，在京城以文会友结识了后来同为唐宋八大家的曾巩，曾巩又把他推荐给了欧阳修，欧阳修大赞其文，这也为他的出仕打下了基础，所以王安石有一位好父亲，只可惜父亲英年早逝。

时光如梭，一转眼三十二年就过去了，王安石外出公办，无意中又一次途经西太乙宫。只见景色依旧，却已物是人非，当年那个意气风发的父亲早已撒手人寰，而自己也已经四十八岁了，青春不在，两鬓斑白，仕途也因为推行新法而障碍重重。他一声长叹，感慨万千，在这种心境下，提笔在宫墙上写下了两首六言绝句，名为《题西太一宫壁二首》：

> 柳叶鸣蜩绿暗，荷花落日红酣。三十六陂春水，白头想见江南。
> 三十年前此地，父兄持我东西。今日重来白首，欲寻陈迹都迷。

第一首描写了西太乙宫外围的一些景色。那是一年盛夏，柳叶浓密得呈暗绿色，看不见树上的知了，只能听见它们不停地鸣叫。一旁的池水里盛开了很多荷花，正值夕阳西下，花儿在余晖中被映得更加红润了，如同喝醉了一般。这片池塘叫"三十六陂"，"陂"通常指人工塘，可以很小也可以很大，比如"天下第一塘"——安徽寿县的安丰塘就大到一望无际，安丰塘即"古芍陂"，相传有三十六个入水口。而诗中的"三十六"应为泛指，又或是与道教文化有关，因为"三十六天罡"就是守护天宫的神将，"三十六陂春水"也守护着西太乙宫。

可明明是夏季，为何要说是"春水"呢？答案在最后一句，原来他想起了江南的家乡，碧波荡漾的池水勾起了他的乡愁。王安石出生在江西，又多次在江南任职，那里集中了他最为意气风发的岁月，所以他对于江南的感情特别深厚，在流传的作品中也多次提及江南和春水，比如那句著名的"春风又绿江南岸，明月何时照我还"。他继而触景生情，开始回忆起三十二年前他与父亲游历西太乙宫的那段往事。

通过这两首诗，我们了解了西太乙宫外围的绝色美景，但如果继续往里走，宫门之内又会是何种模样呢？线索就在"汴梁太乙宫清远香"的古方之中：

> 柏铃一斤，茅香四两，甘松半两，沥青二两。右为细末，以肥枣半斤，
> 蒸熟研如泥，拌和令匀，丸如芡实大爇之，或炼蜜和剂亦可。

君香为"柏铃"，也就是柏子，成熟的柏子裂开后就像小铃铛一样。柏子香在香文化中也是一个很重要的门类，值得探讨一番，我们可以从柏树开始说起。

提起柏树，我们会想起"松柏延年""苍松翠柏""松柏之志"等这些关于柏的词语，它最明显的特征就是四季常青，不畏严寒风雪，自古以来也被赋予了很多美好的品格和寓意。但其实除了常青以外，"柏"还有着更多的内涵。

比如长寿，一棵柏树能活多少岁？这个数字可能会超出很多人的想象。目前能找到最古老的一棵柏树，在陕西省黄陵轩辕庙，相传是轩辕黄帝亲手种下的，有五千年以上的树龄。仅次于它的是河南登封嵩阳书院的将军柏，相传汉武帝游嵩山看见了三棵参天古柏，俨然三位威武将军，故而赐名，据测算也有四千年以上的树龄。因此柏树的寿命可谓是树中之最了，就连松树也不能与之匹敌，目前能找到的古松最多也就三千来岁。这种长生不死的特性，在中华文化中被引申出了太多内容，尤其是在以追求长生为终极目标的道家文化里，柏不再是普通的树木，它浑身上下都具有各种非凡的功效。

吃喝方面，《列仙传》记载："赤松子好食柏实，齿落更生，行及奔马。"赤松子是一位爱吃柏子的上古神仙。又有《汉官仪》中的记载："正旦饮柏叶酒上寿。""正旦"即大年初一，这一天要喝用柏叶泡的酒，以求像柏树一样长寿，而这并非是封建迷信，柏叶酒的确具有健体养生的功效。《本草纲目》有云，"治风痹历节作痛"，即柏叶酒可以缓解风湿等肢体酸痛的症状。

柏树的长生还让古人认为它具有某种足以对抗死亡、驱鬼辟邪的神力。相传上古时代有一种野兽名叫魍魉，专干掘坟食尸的事，但它唯独惧怕老虎与柏树，所以古人就在坟前摆上石虎、种上柏树，如此一来魍魉就不敢靠近了，这一习俗流传至今。在汉代，还有一种最高等级的葬仪，只有王一级才可以使用，名为"黄肠题凑"。"黄肠"即柏树心，最为坚实致密的部位，"题"指头，"凑"指聚集，因此"黄肠题凑"就是用无数根柏树心，头朝内，一根根紧密地摆放起来，最终搭建出一道无比坚固，可以防盗、防潮、防蛀还能散发清香的柏木围墙，把王的棺椁牢牢锁定在里面，古人

认为如此就能让沉睡的王像柏树一样获得永生。

此外，柏还象征着清正廉明和浩然正气。苏东坡一生中所遭遇最为惊险的事情便是那桩"乌台诗案"，"乌台"即有很多乌鸦的御史台，这倒不是因为御史台能吸引乌鸦，而是相传自汉代开始，御史台都是遍植柏树的，柏树参天茂密，乌鸦十分喜欢在上面栖息。为什么御史台要种柏树呢？因为这里是最需要清正廉明的地方，如果连御史台都同流合污了，朝纲法纪也就荡然无存了！而柏树就是这浩然正气的象征，同时它清洌的香气也暗合了这一点。

在明代魏校的《六书精蕴》中记载："万木皆向阳，而柏独西指。柏，阴木也。盖阴木而有贞德者，故字从白。白者，西方也。"这句话解释了"柏"字中"白"的由来，其他树木都是向阳生长的，只有柏是朝西的，西方则对应白色。虽不知"西指"之说有无根据，但可以佐证柏树在古人心中的形象，它是特立独行、独善其身的，是浊世中的一股清流，也是御史台的御史们所需要具备的品格。

由此推测，"汴梁太乙宫清远香"之所以会用如此多的柏子为君，应是暗合了太乙宫的环境氛围。想见当年，殿宇之间古柏参天，满树的柏铃在"三十六陂春水"的凉风中微微摇晃，而柏子成熟的季节又恰逢夏季，阳光照射下的柏子散发出阵阵清香，悠远而空灵。这很可能就是那年王安石的切身感受，也是这款古香的创作灵感和想要表达的意境。

# 25. 从山野僧房走进书香门第的柏子香

柏树从植物学的角度来讲，属于裸子植物门松杉纲柏科，柏科下面又分为很多属，比如侧柏属、圆柏属、崖柏属、柏木属、扁柏属、刺柏属等。大部分的柏都会结出果实，但却大小不一、形态有别，并非所有的柏子都可以入香。

日常生活中最常见的有三种柏，它们分别是侧柏、柏木和圆柏。侧柏和柏木十分相似，较为明显的区别在于它们的叶片，侧柏是挺直朝上长的，而柏木则是下垂的，所以远远看去侧柏要显得富有朝气，像年轻人头发很茂盛的样子，柏木则有些须眉皓然、英雄暮年的样子。此外是它们的果实，侧柏的大一些，柏木的小一些，但外形都是不规则的球形，上面带有几根短短的尖刺。圆柏相对来说更容易辨识，因为它的果实是规则的圆球形，没有尖刺。前二者香气浓郁更适合入香，而圆柏子则香气略显不足。

制香中会用到很多来自柏树的材料，比如柏枝、柏叶、柏木，它们皆有香气，但用得最多的还是柏子，这是为什么呢？如果摘下一颗新鲜的柏子，直接在手中捏破，这个问题就已经有答案了，因为这股味道实在是太大了。捏破之前你可能还会猜想它是一位散发着清香的小家碧玉，捏破之后你就会觉得它然是一位纵横驰骋的将军了，香气直冲天灵盖，颇有醍醐灌顶之感。因此在制香领域，如果想要拥有大范围的香气效果，柏子是个不错的选择。

柏子中的挥发油含量远远超过枝叶，挥发油中又以柏木醇为主，也叫雪松醇或柏木脑，这是一种在今天被广泛使用的香气。有很多消毒剂、清洁剂都会用柏木醇来进行增香，因为这种香气能够让人产生清洁、卫生、舒爽的感觉，跟消毒杀菌的主题十分契合。在香水工业中，通常用到柏木醇的香水都会偏向于东方气质，因为在西方人的眼中，这种香气会让人产生幽远、禅意、素净、清苦之类颇具东方色彩的感受。从这两点来看，我们又可以总结出一条柏子被大量用于道香中的用意了，因为它的香气特征非常符合道家之"清"。

既然柏子如此契合道家文化，又是遍及大江南北的寻常材料，为什么在宋以前很少有关于柏子香的记载呢？为什么柏子香没有伴随着道教的兴盛立即开始流行呢？我认为大约有两个原因。

一是柏的属性在中国人古老的观念中更偏向于阴。比如柏被种在陵园里用于驱赶鬼怪，比如汉代皇家用柏木来做"黄肠题凑"等，多少会让人觉得柏有些不吉

经过炮制依然饱含油脂的
池杉子

利，阴气太重。除了仙风道骨、食柏升仙的修行者以外，在大部分早期中国人的思想里，柏是被排除在日常用香之外的，所以我们既没有在辛追夫人（一说"避夫人"）的香炉中发现柏，也没有在"汉建宁宫中香"多达十四味的材料中看到柏的存在。

二是柏子太过寒酸。在隋唐时期，中国人的思想已经很开放了，很多传统观念都一一被打破，更不要说是关于柏的这一点点鬼神论了，但柏子香却依然没有大范围地出现，其根本原因不是人们不敢用它，而是不屑于用它。宋以前的香品基本都是富丽堂皇的，沉檀龙麝应有尽有，用香之人也非富即贵，彼时的香文化还尚未走出贵族阶层，柏子也还没有资格被称为香料。

但是随着香文化不断向民间延伸，随着宗教香火日益鼎盛，到了唐末，在一个特殊的群体中开始出现了烧柏子的现象。晚唐诗人唐彦谦有一首《题证道寺》写道："弯环青径斜，自是野僧家。满涧洗岩液，插天排石牙。炉寒余柏子，架静落藤花。"他走过弯弯曲曲的山路，淌过潺潺流淌的清泉，终于来到了茂林深处的一座寺院，他看见寺里有一尊香炉，虽然炉里香火已冷，但在香灰之中却余留了还没完全烧尽的柏子，很显然，这是一炉柏子香。

烧柏子的人是谁呢？诗人特别用了一个词叫"野僧"，顾名思义是在山野中修行的僧人。这位野僧就隐居在这座香火一点儿也不鼎盛的证道寺，烧着一点儿也不入流的柏子香。我想，这大约就是柏子香诞生时的景象了。

到了北宋，柏子香依然在"野僧"这个群体里流行，苏辙有一首《游钟山》，其中写道："老僧一身泉上住，十年扫尽人间迹。客到惟烧柏子香，晨饥坐待山前粥。"主人翁依然是一位野僧，独自在山泉之畔住了数十年，浑身上下已经一扫人间烟尘了。他见到苏辙来访，便用一碗清粥和一炉柏子香作为招待，这便是野僧的待客之道。虽然从表面上看，苏辙是在描写这位老僧的隐居生活，实际上却是在表达他自己的一种向往。他宁愿与这位老僧互换身份，每日以清粥、柏香为伴，也不愿加入那些朝堂之争和红尘纷扰了。而这又不仅仅是苏辙一个人的想法，宋代绝大多数的文人雅士都是如此想的，这是一种来自知识分子阶层内心深处的普遍追求。在这种背景下，柏子香开始从"野僧家"走向了"书香门第"，它不再是偏安一隅的小众香气了。

诗中苏辙还专门强调了"客到"一词，说明在彼时文人的心目中，柏子香并不是什么贫寒的、见不得人的廉价之物，它已经是可以登上大雅之堂的待客之香了，不但能体现出主人的品味不同于世俗，也能凸显主人有气节、有风度、有追求的高尚人格，相比之下"沉檀龙麝"反而俗气了，所以柏子香的地位从宋代开始一跃千丈，跨越了阶级。前文曾说，宋代香文化最明显的特征就是用香阶层的平民化和所用香料的平价化，而最能代表这两点变化的正是柏子香。

近来正值三伏盛夏，也是柏子成熟的季节，我每天都能收到朋友们发来的柏子照片，大多在问树上的柏子是不是熟了，能否入香了？关于这个问题，我们要弄清楚两点，柏子彻底成熟时它会自动裂开，一旦裂开，果肉里的水分、油分、香气都会大量挥发并迅速干燥，这就属于熟过头了。因此古人对于入香的柏子有六个字的要求，"带青色、未开破"，必须是完整的青柏子。

二是每年八到十月都是柏子成熟的季节，但我国幅员辽阔，南北温度不同，柏子成熟的时间并不确定，"未开破"的青柏子看起来也都差不多，但通过鼻子和手感还可以帮助我们进一步选择。尝试捏开一枚柏子轻嗅，如果感到青涩气很重，果肉水分很大，说明柏子的油脂还有待于进一步凝聚，可以等等再来采摘。如果柏子内部香气较为纯粹了，青涩感弱，汁液粘手，便是可以采摘了。

当然以上只是从香气的浓郁程度和持久程度上来回答这个问题，其实对于挑选柏子来说，我倒认为可以随意随性一点，不必有太多的拘泥，青涩的柏子、成熟的柏子、不同品种的柏子都是各有风味的，因为柏子香最大的特色就是它的随手采撷、自由奔放。

前段时间晚饭后散步，我在嘉陵江边采到了一些池杉的果子，我闻了闻很是喜欢，便按照柏子的炮制方法尝试制作了一些"汴梁太乙宫清远香"，结果香气与用柏子入香各有所长，也别具一番特色。香文化的延伸性是无穷的，要敢于去发现新的香气，才能让中国香既有传承又有未来。

今天去中药市场买柏子多半是买不到的，却能轻易地买到柏子仁。柏子仁即柏子去掉果皮果肉后剩下的种子，不同品种的柏子所含仁的数量也不相同。柏子仁是一味常见药材，它富含油脂，有养心安神、润肠通便的功用，一粒一粒像芝麻一样。但柏子仁的入香效果却并不乐观，尤其是药用柏子仁，它是成熟的柏子在秋冬季节完全干燥之后进行采收的，余留的香气已经很弱了，油脂虽然多，但挥发油成分却很少，香气弱、油性大导致柏子仁极易出现沉闷、油腻的味道，毫无青柏子的清冽香气。

古人使用青柏子大约有两种方式：一是直接丢一把青柏子到炭火里去，这是最为豪迈的方式，也是最让文人雅士们心怡的方式，比如苏东坡的"铜炉焚柏子"，他是醉卧在山野之间，随手摘下一把就丢进了炉中，一边饮酒高歌，一边听柏子发出"啪啪"的爆裂声，像是在给自己打节拍一样，同时烟雾升腾起来，香气开始弥散，继而又被山风吹向远方，整个过程充满了自然天性和无拘无束。但这种方式只适合野外，因为直接燃烧必然导致烟大，室内是不合适的；二是将青柏子碾碎用于隔火熏香，没有烟火气，适合室内品闻。

虽然如此熏香极尽洒脱豪放，也有其弱点，比如香气过于单一、过于青涩、烟火气大、不易保存等。于是智慧的祖先们又要对青柏子动手了，一系列的炮制手法在等着它。

# 26. "野香"奇趣与柏子香的制法

诸如青柏子这般不经任何处理就能上炉熏焚的新鲜香品，其实也可以归为一类，如果让我给它们起个名字，干脆就叫"野香"。我也曾有过好几次制作野香的经历，每一次都是因为一时兴起、心血来潮，所以制野香的前提是需要有一个好心情，而且是即兴的，不需要任何准备。其中的一次经历就令我十分难忘。

那是一个阳光灿烂的下午，地点在土耳其东南部的卡帕多基亚高原，这里以嶙峋奇特的地貌和漫天的热气球而闻名于世。我住在一家悬崖边的民宿里，崖边有一个小院子，显然被主人细心地打理过。有整齐的草坪，草坪上有用砂砾岩雕成的凳子和用废旧马车的车轮做成的圆桌，旁边摆放着很多古朴的木雕、陶器和藤编，角落里还有一只吊床，塞满了柔软的枕头，上空则是一棵巨大的胡桃树，投下点点斑驳的光影。院子里还种了很多花儿，有各种颜色的玫瑰，还有薰衣草、雏菊、香雪球、秋海棠、三色堇、蜀葵、酢浆草等，还有好多我也叫不上名来。花儿都开得极盛，朵朵昂头向上、神采飞扬，没有一丝一毫的糟朽，这应该与当地充足的阳光和昼夜温差有关，包括为什么这里能够出产世界上最好的玫瑰，皆来自上天的恩赐与眷顾。

原本我也没想着要制香，只是瘫在藤椅上逗逗猫，看看远处的风景。可越接近傍晚，阳光就越变得奇特，渐渐地完全成为了一种琥珀色，把院子里的一切都镀上了一层金光，不是黄金而是玫瑰金。气温开始下降，山风也开始变凉，把白天被烈日蒸腾出来的花香一股股地送到了我面前，这时猫也跳到了我怀里，极为慵懒地叫了一声。那一瞬间我沉醉了，完全沉浸在了这个金色的世界里，眼前有绚烂，鼻中有香气，怀里还有温暖。良久良久，我坐了起来，我决定要把这番奇妙的感受做成一款香。

仅仅用鲜花是没办法合香的，哪怕是合一款野香，因为花香太浅，飘浮不定，还不如生闻来得直接，因此还需要寻找可以定香的材料。通常我们会认为木质类、树脂类等油性较大、香气持久的材料比较适合定香，但这个院子里显然是没有的。

低头寻找之间，我忽然看见草丛里躺着一枚青色的果子，捡起来一闻，竟然有着淡淡的木质香气，其间还有十分类似于乳香的树脂味道，惊喜之中抬头一看，原来那棵胡桃树上长着很多这样的青胡桃。真可谓是天意使然，忽然间让我对苹果砸在了牛顿头上的那个故事确信无疑。当然我也是后来才知道，青胡桃皮中含有白桦脂醇成分，也称桦木脑，的确具有树脂类的特殊香气。然而惊喜并未结束，我又四下转了转，在围墙外面的悬崖边发现了一棵挂满了柏子的侧柏树。我说"挂满了"，丝毫没有夸张，我也是第一次见到一棵柏树上竟然可以结出这么多的柏子，大串大串地把整棵树都压弯了腰。有了柏子，一切问题迎刃而解。

搜寻到的部分材料与工具　　　　　　　　　　　　　夕阳中的野香

　　很快，材料采集完毕，有各色玫瑰花蕾一大盘，雏菊一小盘，薰衣草少许，青胡桃和柏子若干颗。从调香的角度来看，这款野香将是以玫瑰甜花香混合薰衣草草花香的花果香气为主，以柏子中的柏木醇、胡桃皮中的桦木醇共同打造的木香气为辅，再以雏菊中的月桂烯、乙酸香叶酯等打造出的带有淡淡药香的草本香气为修正，前中后调俱在，有清凉，有温暖，有香甜。如此一分析，这款野香至少从香方上是通过考核的，可以开工了。

　　有了材料，还缺工具，我把房间翻了个遍，最后找到了一把用于开壁炉门的铁扳手、一个石头做的烟灰缸和一只玻璃长颈瓶，看起来很简陋，其实已经足够了。接下来清理玫瑰、雏菊、薰衣草，去梗捣碎，薰衣草一定要少入，否则香气会压制其他花香。柏子与青胡桃皮捣碎后，把所有碎末都装进玻璃瓶中，用餐巾纸塞住瓶口，放到夕阳中晒上一会儿，加速香气的融合。

　　夜半时分，我微醺归来，在沙发上坐下开始品闻。我没带香炉，便随手拿了个烛台，把蜡烛取下放在烛台下面点燃，再把香末撒在烛台上，便是一个简易的隔火熏香设备了。

　　香气幽幽地散发出来，曼妙旖旎且富有层次，香气有轻有重，有疾有缓，就像我被烛光映在墙上的影子一样扑朔迷离。而香气中最可贵的就是那种无比新鲜的感觉，没有丝毫的腐朽气息，也没有任何人为添加的痕迹，像是一位豆蔻年华的少女，完全不加修饰的容颜，水灵灵地充满了青涩感。这种香气是惹人怜惜的，让我的呼吸都不禁变得轻柔起来，不忍去打破它。于是我关了灯，一个人，安静地在烛光中等待香气散尽。

　　赞扬的话只说到这里，否则有些"老王卖瓜，自卖自夸"的嫌疑了，接下来开始讲讲野香的弊端。

第一个弊端恰恰是它的优势，那就是青涩气，但青涩气太重就会带有一定的刺激性，这也是新鲜香料普遍存在的问题。同时由于水分过多，挥发油比例过少，如果材料用量不足的话，往往熏上一会儿就没有香气了，更加谈不上留香。比如烛台中的这款野香，前后持续的时间不到一小时，而且比较遗憾的是玫瑰用量远远不够，如果有纯露或精油加入的话将会更加美妙。

酒浸中的茅香与青柏子

第二个弊端是难以保存。有一个化学名词叫"酶促褐变"，即当植物细胞受到破坏，氧气大量侵入之后，会与细胞内的酚酶类物质产生反应，让植物的颜色变成褐色或黑色。比如苹果切开没一会儿就变成褐色了，香蕉剥开没一会儿就变黑了等，这也是大多数植物共同具备的特征。因此破碎混合后的野香基本无法过夜，第二天就酸了。而要阻止"酶促褐变"的发生，最直接有效的方式就是加热，于是又有了一个词叫作"杀青"。

"杀青"一词源于古人刻竹，后来常被用在制茶的第一道工序里，新鲜茶叶采下之后，不论是炒青、烘青、泡青、蒸青，皆为杀青，目的都是用高温抑制新鲜茶叶的"酶促褐变"，使其保持绿色又能减少水分，以便于下一步的加工。对应到制香中，杀青也成了对新鲜香料进行炮制的重要方式。《香乘》中有一则"柏子香"，为我们揭示了古人杀青新鲜柏子的方法：

> 柏子实不计多少（带青色未开破者），右以沸汤焯过，酒浸，密封七
> 日取出，阴干烧之。

杀青方法是"沸汤焯过"，"焯"不同于"煮"，不需要长时间加热，在沸水里翻滚几下即可。焯水后柏子的颜色会立即发生变化，由淡青色转为黄绿色。接着沥去水分，用酒浸泡，密封七日。这里再次用到了酒，对于柏子来说酒大体有两个作用，一是溶解柏子中过多的柏木醇，柏木醇易溶于乙醇，降低之后柏子的香气会更加清新自然，不会太过浓郁；二是进一步降低了新鲜柏子的青涩感，提高了香气的柔和度，

消除了香气的刺激性。"七日"是个比较长的时间，说明柏子中需要被稀释的成分不在少数。最后取出阴干，即可上炉熏焚。

这就是正宗单方柏子香的制作过程，在新鲜柏子香的基础上增加了古法炮制工艺，使得"野香"诸多弊端得以改善。

此法之外，在《香乘》"禅悦香""三胜香"两则古方中还用到了酒煮的方法，即把新鲜柏子放入酒中，然后连同酒碗一起放入锅中隔水煮。一直煮到酒干，再取出柏子阴干。这种方式节省了七日的浸泡时间，通过高温加速了柏子的炮制过程。

回到"汴梁太乙宫清远香"的主题，准备好了柏子，接下来是茅香，茅香的香气甜美舒适，让人心生暖意，这一特性几乎与柏子的清香凛冽是背道而驰的，但这恰恰又是合香的精彩之处，相生相克之道皆在其中。融合出来的效果就是清中带甜、凉中生暖，让人猜不透摸不着，这才是高级的合香。

第三味材料是甘松，这是道家香品必入的材料，不再赘述，直接来看第四味，名为沥青。这是"沥青"二字在整部《香乘》中唯一一次出现。说起沥青，通常第一时间会想到马路上铺的柏油，太阳一晒就散发出难闻的气味，柏油显然是不能入香的。此"沥青"究竟是什么呢？

沥青分两种，一种是天然的，一种是人工的。天然沥青是石油的转化物，在漫长的时光中自然转变，不含毒素；而人工沥青则是在石油加工、炼油炼焦的过程中生成的副产品，有很大毒性。这两种沥青都具有既不透水、也不溶于水的特性，非常适合做防水材料。早在一千二百年前的两河流域，人们就已经用天然沥青来给建筑做防水了，古埃及人也会把沥青涂抹在木乃伊上用于防腐。直到今天依然如此，谁家屋顶漏水了，修补工人就会到房顶上熬一大锅沥青，重新铺上，只是天然沥青被换成了人工沥青而已。但不论是哪种沥青，都跟香文化扯不上半点关系。

为何沥青会被称为柏油呢？它与柏有何关系？其实二者并无关系，这是一种谬误。柏油是柏树渗出来或焚烧柏枝获得的天然树脂，可以入药。《本草纲目拾遗》中记载：

> 山西柏油，其色黑若紫者，系此油脚也。其气若松香，竹箸挑之，悬丝不断者真。杀壁虱，凡人家床几板壁患此者，以油滴缝内，其虱尽死。

柏油经过沉淀，上层是清油，下层是黑紫色的油，也被称为油脚。油脚闻起来与松香类似，用竹签挑，悬丝不断。这种柏油可以用于杀虱子，尤其是藏在床板缝里的虱子，油滴进去，虱子就死了。《本草别说》中还说了柏油的另一作用："恶疮有虫，久不愈者，以柏枝节烧，沥取油傅之，三五次无不愈，亦治牛马疮。"意为柏油可以治疗疮类疾病，亦有杀虫的作用。

由于黑紫色的柏油与天然沥青在颜色、性状上十分相似，且柏油也可以作防水材料，这就让中国古人犯了糊涂。这种糊涂至少从北宋就开始了，证据就是这则"汴梁太乙宫清远香"，香方中的"沥青"不可能是真的沥青，它一定是指柏油、松香之类。而今天我们依然称沥青路为柏油路，无非是延续了古老的谬误而已。

材料一一备好，最后是香方的制作部分：

> 右为细末，以肥枣半斤，蒸熟研如泥，拌和令匀，丸如芡实大爇之，或炼蜜和剂亦可。

四种材料碾为细末，可以选择的黏合剂有两种，一种是炼蜜，一种是枣泥。枣要选肥大的，蒸熟之后去核、去皮，再研为枣泥。最后捏成香丸，"丸如芡实大"，芡实是一种水生植物的果实，类似莲子大小，也叫鸡头米，可食用，有滋补养生的功效，被称为"水中人参"。

至此，"汴梁太乙宫清远香"制作完成。

现在，让我们结合这款香的香气，再来复原一下当年的用香场景，这一次可以借由《东京梦华录》中对"中太乙宫"的一段描述来穿越时空：

> 自西门东去观桥、宣泰桥，柳阴牙道，约五里许，内有中太一宫、佑神观。
> 近东即迎祥池，夹岸垂杨，菰蒲莲荷，凫雁游泳其间，桥亭台榭，棋布相峙。

中太乙宫的位置大约就在汴梁城的东南角上，属皇城核心区范畴。道观附近有一个迎祥池，池边种着垂杨柳，池里长着荷花，有野鸭畅游其间。可见在周边配套上，中太乙宫与西太乙宫基本是一个规制的，但毕竟在皇城内部，自然又多了些设施，水面上架有很多亭台桥梁。由于汴梁城已经完全打破了传统大城市的"坊市制"，拆除了围墙，跟今天的城市已十分类似，人们活动的自由度很高，因此迎祥池就如同今天的市政公园一样，是对外开放的。

可以展开一番联想，当年身处这绝美风景中的京城百姓，当他们泛舟池上或是漫步柳堤的时候，他们会不会闻到从太乙宫中飘散出来的香气呢？想来基于柏子和甘松的特性，这香气扩散极广又容易辨识，恐怕是人人得以闻之了，"清远香"之"远"也许正是此意。但由于甘松的"臭"，不喜欢的人扭头就走了，而喜欢的人又进一步闻见了茅香和枣泥发出的甘甜和暖意，香气渐渐开始变得诱人起来，同时神秘感倍增，让人想去追寻香气的源头。而源头就是太乙宫，只可惜当年的太乙宫并非谁都能进去。

但在这段记载的最后还有一句话如此写道："唯每岁清明日放万姓烧香游观一日。"原来这太乙宫并不是完全封闭的，在每年的清明节这一天它是开放的，百姓们可以进去游览。当好奇的众生纷纷迈入太乙宫的宫门，当他们终于见到香炉中这款心怡的香品时，在道法清香的熏陶之中，在三清圣像的注视之下，会否有人心生向往呢？又会否有人选择皈依三宝呢？

道法之门，因香而开，只待有缘人。

第四章

# 香气养生

香自来

烟火

人间

## 27. 晦斋香谱与五方真气香

常常会有人问，什么香适合喝茶？什么香适合读书？什么香适合用在卧房里增进睡眠？四季用香有没有讲究？不同的体质在用香上有没有需要注意的地方等。如果归纳一下，这些问题都是在问香气的效果、适合人群和应用场景。

的确这是一个被古人忽略了的问题，因为在大部分传世香方中，古人对于使用方法的介绍通常只有四个字，"爇如常法"，却并未告诉我们应该在哪里"爇"，什么时候"爇"，适合什么样的人去"爇"。但在《香乘》卷二十三收录的《晦斋香谱》中，却记录了一则独特的香方，对于上述问题做出了十分详尽的说明，这在香学典籍中极为少见。也许这就是古人留下的一把密钥，如果能读懂它，便能找到破解之法。本章节我们就从这则古方出发，深入探讨中国香的"用香之道"。

这则香方名为"五方真气香"，先来了解一下它的出处——《晦斋香谱》。此谱十分独特，不同于其他，比如《陈氏香谱》是陈敬编纂，《洪氏香谱》是洪刍编纂，都能找到其编纂者。但此谱除了"晦斋"二字为其斋号以外，无人知道作者姓甚名谁。而在香谱的序言之中，作者却给我们提供了远比姓名更加重要的信息：

> 余今春季偶于湖海获名香新谱一册，中多错乱，首尾不续。

"湖海"是一种泛指，译作"江湖"更容易理解，即无法说清它的来源。这是一本"新谱"，并不是古代流传下来的古方。但其中有很多错乱之处，首尾也不够完整，言下之意要么是残本，要么是未经整理的草稿。因此晦斋主人承担了接下来的修复、整理工作。

> 读书之暇，对谱修合，一一试之，择其美者，随笔录之，集成一帙，
> 名之曰：《晦斋香谱》，以传好事者之备用也。景泰壬申立春月晦斋述。

闲暇之余，对照谱上的香方一一来做测试。这个过程叫作"证香"，不是去翻书

查资料，也不是凭空推测猜想，而是实打实地遵照香谱来复原香品。通过证香就会发现，有的香方是停留在空中的，根本无法落地，也就是说得好听，其实做不出来；有的香方能做出来，但香气却让人难以接受，属于臆想方，并没有经过实际的测试。诸如此类糟粕都会在证香中被筛去，最终留下的才是精华。晦斋主人将精华一一记录，集成一册，取名曰《晦斋香谱》。

成谱时间是"景泰壬申立春月"即大明景泰三年（1452）的春天。因此香谱中的大部分香方可以视为是明代的，这一点十分难得，与绝大部分来自唐宋时期的古方相比，可谓是不可多得的"新鲜"内容。尤其是其中的线香香方，在之前的众多香谱中少有记载，这也佐证了线香的流行是从明代开始的。

晦斋主人还在序言中对于不同香气的应用场景表达了自己的观点：

> 焚香者要谙味之清浊，辨香之轻重，达则为香，迥则为馨。真洁者可
> 达穹苍，混杂者堪供赏玩。

用香之人要学会辨别香气的特征，是清还是浊，是轻还是重，香气的扩散范围是近还是远，这是最基本的。"真洁者"，即纯粹干净的香气是可以直达苍穹的，适合修禅悟道、入定静思，而"混杂者"，即混合了多种味道的香气则适合赏玩之用，既可助兴又富有乐趣。

> 琴台书几最宜柏子沉檀，酒宴花亭不禁龙涎栈乳。

琴台、书几，这两样家具都是出现在雅室之内的，香炉置于其上，炉中适合熏焚柏子香、沉香或檀香。如果走出安静的雅室，在热闹的酒宴之上或花亭之中，便可以用龙涎香、栈香、乳香之类了。

这就是神秘的晦斋主人为我们做出的解答，也表明了他的用香之道，八个字概括即"因地制宜、因时而异"。我想这也是他会耗费如此心血来修编这本江湖杂谱的原因所在，而谱中的代表作"五方真气香"就与他的用香理念不谋而合。

"五方真气"，听起来又像是一款道家用香，的确它与道家文化有很深的渊源，但它的应用却更加广泛了，涵盖了各种日常生活中的场景，画堂书馆、酒榭花亭皆可熏焚。这并非是它可以一香多用，而是因为它是五款香的合集，分别名为"东阁藏春香""南极庆寿香""西斋雅意香""北苑名芳香"和"四时清味香"，五香各自用料不同、制法不同、颜色不同，香气也不同。最为难得的是，每款香方中皆有注释，把香气的属性、用香的时节、用香的场景全都交代了一遍。

"东阁藏春香"的第一句："东方青气属木，主春季，宜华筵焚之，有百花气味。"字面上看起来很好理解，春天用的，在酒宴上用最为合适，有百花香气，应景又助兴。但如果问你，这种香气与"东方"有什么关系？东方的"青气"是指什么？它为什么是属木的？又为什么可以代表春天？这些问题的答案，已经远远超出了香方上文字的范畴。而我们解读古方，简单地去翻译古文是没有意义的，古文背后所蕴含的道理才是我们应该去追寻的。

首先要理解何为"五方"。简单来讲就是"东南西北中"五个方位，但在香方里，与"中"对应的却不是"中央"，而是"四时"，这需要我们从更高的格局上来进行理解。古人在仰望星空时发现，东南西北四方的星空并不是固定的，每天都在发生位移，日子久了，发现整个星空都在旋转之中。再进一步观察，古人又发现其中有一颗星竟然没有旋转，一直在那里岿然不动，而其他所有星星都在围绕着它旋转。人们恍然大悟，原来星空是有中心的，这个中心就是北极星。

当然从今天科学的角度来讲，旋转的并不是星空，而是由地球的自转和公转导致，而北极星刚好位于北半球地轴的延长线上，所以它的位置相对来说是稳定的，肉眼无法发现它的位移，这就是为什么人们会利用北极星来辨别方向的原因。但北极星并不是某个固定的星球，它只是一个代号，比如今天我们看到的北极星叫作"勾陈一"，如再过一万二千年，北极星就会变成织女星了。因此"北极"代表北方的天极，而不是一颗星星。

星空中心的发现意义非凡，引发了古人无尽的遐想，比如中心与皇权的关系。北极星所在的范围被古人称为"紫微垣"，"垣"是古人划分天空区域的单位，"紫微垣"就代表天帝的居所，即天的中心所在，又被称为"中宫"或"紫微宫"。

天帝如此，人间也要效仿，《吕氏春秋》记载："古之王者，择天下之中而立国，择国之中立宫。"人间的皇宫被认为是天下的中心，名字也要跟天上保持一致，比如洛阳的紫微宫、北京的紫禁城，皆源于紫微垣之说。至此，"中央"这一方位便有了皇权的意义。

回到星空之中，古人又发现，紫微垣中另有七颗明亮的星星在围绕北极星旋转，并且组成了一个十分显眼的图案，像一把舀酒的勺子，古代称之为"酒斗"，故名"北斗七星"。由于斗在旋转，斗柄就像是钟表上的指针一样。古人通过进一步观察，发现斗柄指向不同的方位时，人间的季节就会发生相应的变化，在先秦时期的典籍《鹖冠子》当中，一位隐居深山夜夜观星的楚人如此总结道："斗柄指东，天下皆春；斗柄指南，天下皆夏；斗柄指西，天下皆秋；斗柄指北，天下皆冬。"

原来，北斗七星的指向又与人间的四季有着密不可分的联系，四方与四季一一对应。还剩一个"中央"怎么办呢？于是人们开始为四季寻找一个中心。由此形成了很多种说法，其中一种是在春夏和秋冬之间直接加上一个季节，叫作"长夏"或"季夏"。但也有人认为这种说法太过牵强，是为了对应"五方"而强加的第五个季节，从平衡的角度来讲也不合理，春夏和秋冬之间有了平衡点，但春与夏、秋与冬之间却没有平衡点。因此又有了另一种说法，叫作"四季月"。四季月即每个季度的最后一个月，也就是三、六、九、十二这四个月，把它们分散在四季之中，让每两个季节之间都有了过渡与平衡，"四时清味香"便是由此而来。

## 28. 五行学说与东阁藏春香

从星空中的五方到人间的五季，解释了香方中东阁藏春香"主春季"，南极庆寿香"主夏季"，西斋雅意香"主秋季"，北苑名芳香"主冬季"，四时清味香"主四季月"这五句话。接下来香方中另有五句，分别是"东方青气属木""南方赤气属火""西方素气属金""北方黑气属水""中央黄气属土"，又涉及古老的五行学说。

五行是怎么来的？通常认为这是中国古人对于世界构成的理解，世界就是由"木火土金水"五种物质构成的。环顾周围的一切，的确大部分事物如果往源头追溯都可以被纳入这五种物质的范围内，但这个答案还是低估了祖先们的格局。

让我们把时间调回到人类的轴心时代，在古希腊先后出现了柏拉图和亚里士多德两位智者。柏拉图提出世界是由四种元素构成的，分别是地、水、风、火，看起来和中国的五行有些类似，但其中却多了一个"风"。风是什么样子的呢？看不见摸不着，但它又真实存在。"风"由"air"翻译过来，因此也可以称其为"气"。

紧接着亚里士多德又在老师的学说上有了进一步的升级，将四元素拓展成了五元素，增加的新元素名为"以太"。简单来讲，以太就是穿梭在天空之上的一种能量，这种能量和风一样，看不见摸不着，但它也真实存在。以今天的观点来看，很多能量都能被归为以太，比如磁场、电磁波、辐射、无线网络等，它们都可以穿梭在无限的空间里。为什么亚里士多德的理论能够超越老师柏拉图呢？因为他抬起了头，把目光投向了天空。

天空？是否有些似曾相识呢？是的，我们的祖先其实老早就把目光投向天空了，中国文化的基础理论就是由星空、宇宙而开始的！既然如此，祖先们对于世界构成的认知又怎么会被局限在具象的事物里呢？

在轴心时代的东方，类似于"以太"的能量早已被发现，比如道家的"先天一炁"，所谓"炁"就是一道能量，甚至可以认为是宇宙大爆炸所迸发出的能量。又如《金刚经》有云，"南西北方，上下四维，虚空不可思量"，"虚空"大到无边无际，虽然没有本体，却有着能够包容宇宙万象的能量，也可以被感知。

因此五行即世界的构成这种说法略显狭隘，并不符合中国古人的格局。我更倾向于"五季说"，春天草木新生，就用"木"来与之相配；夏天炎热高温，就用"火"来与之相配；秋天谷物成熟，就用"金"来与之相配；冬天不论冰雪皆由水而来又终化为水，就用"水"来与之相配；最后这四季万物的生长都离不开土，就用"土"与四时相配。这种由五方到五季，再由五季到五行的推理似乎更加合乎逻辑。若如此，在"五行"诞生之初，它并没有太多的意义，仅仅代表了五种自然现象而已。

五行之后，又有五色与之对应。而这两者之间，我倒不认为有什么必然的因果关系。五色很容易理解，比如红、黄、蓝是三原色，可以组合变化出万千色彩，对应到古文就是赤色、黄色、青色。除此三色以外，还有黑色与白色，一个可以吸收光芒，一个可以反射光芒，也是阴阳两仪的代表色。因此五色放在一起就是青、赤、黄、白、黑，分别对应木、火、土、金、水。

类似这样的对应在中国文化中还有很多很多，天上的五星——金星、木星、水星、火星、土星；镇守五方的神兽——青龙、朱雀、黄龙、白虎、玄武；对应到五官——目、舌、口、鼻、耳，其中舌头可以品五味——酸、苦、甘、辛、咸；耳朵可以听五音——宫、商、角、徵、羽。还有我们后面要讲的五脏、五气等。

理解了五方、五季、五行、五色的关系，"东方青气属木，主春季"，"南方赤气属火，主夏季"，"西方素气属金，主秋季"，"北方黑气属水，主冬季"，"中央黄气属土，主四季月"，香方中这五句话的含义也已明了。

接下来逐个解析香方，进一步探讨每一款香中所蕴含的玄机，先看"东阁藏春香"：

> 东方青气属木，主春季，宜华筵焚之，有百花气味。沉速香二两、檀香五钱、乳香丁香甘松各一钱、玄参一两、麝香一分。右为末，炼蜜和剂作饼子，用青柏香末为衣焚之。

"东阁"，似乎有一种未出阁的少女之意，尤其是与"藏春"二字连用。但这款香中的"东阁"却是指款待宾客的场所，类似于今天的宴会厅。白居易诗云"东阁有旨酒，中堂有管弦"，"东阁"是可以畅饮美酒的地方；又如王安石诗云"自古落成须善颂，扫除东阁望公来"，"东阁"是可以款待好友的地方。"藏春"意为藏着春天的气息，与"东阁"连用，表示此香在筵席上熏焚，香气如同百花齐放、春色盎然，这便是"宜华筵焚之，有百花气味"的意思。因此"东阁藏春"四字已点明了香气的应用场景。

如何来实现"百花气味"呢？前文曾说，大部分的花朵都无法直接入香，入香只会

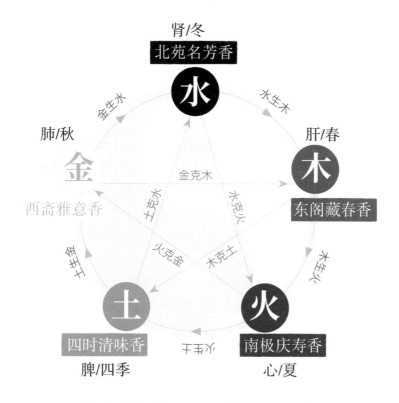

"五方真气香"与五色、五行、五季、五脏的对应关系图

导致烟火气的增加，而中国古人又不通西方的蒸馏萃取之法，因此要想打造出百花香气，通常会用到具有花香蜜意的沉香。比如惠安系中柬埔寨的菩萨沉香,星洲系中的西马沉香、文莱沉香之类，皆属于花香味较为突出的品种，有的像幽兰，有的像茉莉，细品又远比单一的花香更加富有层次、耐人寻味，因此用"百花"来形容毫不为过。包括李煜把沉香浸泡到蔷薇水中，他为何不用檀香呢？也是因为沉香与花香更加匹配。故而此香以沉香为君，其他香料皆为辅佐，起到调和、增强、修正、定香等作用，此处不再赘述。

值得思考的问题是，为什么百花香气适合筵席上用呢？我认为大约有三个原因：

第一，这种百花香气在春天使用十分应景，筵席上使用可以增强气氛，有助兴之用。

第二，这种清幽的花香气不会影响到味觉，这里简单说一下嗅觉与味觉的关系。曾经有人做过实验，捏住鼻子去喝可乐、雪碧和芬达，喝起来都是一个味道，无法分辨。这是因为味觉在大部分的时候不是独立存在的，它需要嗅觉的辅助才能准确地将信息反馈给大脑，否则就会出现偏差，所以饮食所带来的感受同时来自口鼻。你也可以做一个实验，吃饭的时候点燃一炉浓郁的香气，结果你会发现既不能准确地闻到香气，也不能准确地品尝出饭菜的味道，嗅觉和味觉开始互相干扰，两者都受到了影响。因此如果需要在筵席上用香助兴，这种香气一定要足够清幽，比如香方中的沉香特别说明了是"沉速香"，即香气较浅、持续时间较短的黄熟香。可以想见，在觥筹交错、微醺迷离之间，偶然闻到那么一缕清清淡淡、似有似无的花香气，的确是一件令人神清气爽、颇感惊喜的事情。

第三要讲到养生了，首先需要引入"五脏"即肝、心、脾、肺、肾，分别对应木、火、水、金、土。其中春天的"木"对应肝脏，中医上称"肝属木"。此二者会产生联系，主要因为木性与肝性十分相似，比如木扎根于土地，把土地中的养分充分吸收，再向上传输到枝条、叶片，这才有了开枝散叶的蓬勃生命力。对应到肝性上，即为"升发之气"，当春季气候转暖、阳气回升时，肝胆阳气也要引领脏腑之气蓬勃向上，这样才能顺应时节，有充足的气血来抵御疾病。如果肝出现了问题，往往脸色会变得灰暗，如同树木失去了生机。此外肝主疏泄，可以平衡五脏之气，调节气血运转，也类似于木性，有疏导、通达的含义。因此从养生的角度来说，春天是最需要养肝的时节。

回到东阁藏春香，为何要在酒宴上熏香呢？养生功能显然指向了对肝脏的保护，因为酒醉伤肝。肝脏是人体重要的解毒器官，一切毒性物质都会在肝脏中被削弱、化解，酒精也在其中。因此归纳起来第三点原因就是这种香气可以解酒。

从调香的角度来看，东阁藏春香虽然模拟的是百花香气，但实际上还是属于草木香型，其中又可以进一步分为沉檀的木香与甘松、丁香的药草香，木香可以帮助我们理气、舒缓，药草香可以帮助我们排毒、解郁，两者结合，香气自然有了通畅、醒酒的效果。

通过以上三点，便可以解释东阁藏春香适合用在筵席上的原因了，它可以助兴，它不影响饮食，它可以解酒护肝。

制法中出现了一个为香饼裹衣的步骤，用到了青柏香末。青柏，可以有两种解释，青色的柏子和青色的柏叶，但重点只有一个，青色，为了让这款香品的颜色符合东方之青气。我个人建议用柏叶，因为柏子一旦阴干或炮制后颜色会变黄，也就失去了裹衣的意义。裹衣层也是有香气的，但因为很薄，香气较浅。如果喜欢柏香的话，可以用西藏刺柏叶磨成碎末裹衣，香气会比较明显。

绿装翠裹，再经窖藏，东阁藏春香就可以上炉品闻了。虽然古人把它的适用场景定位在筵席之上，但我们并不用拘泥于此，在休憩之余养肝护肝，在宴饮之后解酒醒神，皆有益于身心。

## 29. 夏季养生与南极庆寿香

五方真气香中第二款，名为"南极庆寿香"：

> 南方赤气属火，主夏季，宜寿筵焚之。此是南极真人瑶池庆寿香。沉香、檀香、乳香、金砂降各五钱，安息香、玄参各一钱，大黄五分、丁香一字、官桂一字、麝香三字、枣肉三个（煮去皮核），右为细末，加上枣肉以炼蜜和剂托出，用上等黄丹为衣焚之。

第一句依然在讲香气的属性，涉及五行、五季、五色与五脏，并告诉我们它所适用的场景是在寿筵之上，可以理解为一场祝寿活动。此香与祝寿有什么关系呢？答案在第二句"此是南极真人瑶池庆寿香"。因此首先要弄清楚，谁是南极真人？他与寿筵有什么关系？他在瑶池为谁庆寿？这三个问题。

今天讲到南极，通常会想到地球南端那个苍茫的世界，有企鹅和万年不化的冰雪。但对于中国古人来说，这个南极并不存在。因此南极是指南方的天极，由于中国在北半球，南极大约位于星空以南靠近地平线的位置。南极诸星并不容易见到，会受到各种因素的干扰，比如纬度、地形、遮挡物、月光、灯光等，但恰恰是这种难得一见的特性，受到了古代星象学家的特别关注。

在南极就有这么一颗星，司马迁在《史记·天官书》中如此记载："狼比地有大星，曰南极老人。老人见，治安；不见，兵起。常以秋分时候之于南郊。""狼"即天狼星，南方星空中一颗非常明亮的星星，在它之南还有一颗"大"星，"大"即明亮之意，叫作"南极老人星"。这颗星在占星学中有着非比寻常的意义，如果它出现了，则预示国泰民安，如果它没有出现，则预示兵乱四起。每年秋分时节，钦天监、司天台的观星大师们都会死死地盯着南方天极，随时将观测情况向皇帝汇报。观星的位置也必须要在"南郊"才能看到。

对应到现代天文学中，"南极老人星"通常指船底座 α 星，它的确就在天狼星以南，靠近地平线的位置，亮度仅次于天狼星，出现时间很短暂，南方常见。

秦始皇统一天下之后，特别在咸阳设了祠堂来供奉它。因为如果没有战乱就意味着天下太平，人民才能安居乐业，不论于国家还是人民而言都有长寿之意，故而这座祠堂被称为"寿星祠"，"南极老人星"也自此被称为"寿星"。

渐渐地，寿星开始被拟人化了，它不再是一颗星星，而是成为了一位神仙。寿星的形象来源于汉明帝所举办的一场祭祀老人星的盛典，那一天受邀参加典礼的，是全国年满七十岁的老人。典礼由汉明帝亲自主持，带领着天下最为长寿的老人一起，向老人星供奉祭品、焚香祈福。典礼结束后汉明帝还要向老人们赠送礼品，其中最珍贵的是一柄桃木手杖，手杖顶端雕刻着一只斑鸠，也称"鸠杖"，相传斑鸠是不死之鸟。鸠杖不只是用来辅助走路的，它更代表着一种只有长寿的老人才能拥有的特权。在 1981 年甘肃出土的一批汉简上，记载了东汉时期一名男子殴打了一位持有鸠杖的老人，立即被斩首于市。另有一位官员，断案时因证据不足擅自扣押了持鸠杖的老人，结果也被革职斩首。虽然种种极刑听起来十分残酷，但实为中国古人尊老美德的体现。时至清代，"千叟宴"在康乾两朝一共举办了四次之多。

寿星的形象自此开始流传，硕大光亮的脑袋充满了智慧，除了一手持杖代表着受人尊敬的地位，另一只手里还要捧上一个寿桃，因为桃自古以来也是长寿的象征，桃花色代表着最为健康的容颜，吃桃也有助于健康长寿。相传每年三月三是西王母的诞辰，西王母要在昆仑丘之瑶池举行盛大的生日派对，邀请各路神仙前来品尝蟠桃，故而又叫"蟠桃会"。既然是庆寿宴，有一位神仙便非请不可，他不是孙悟空，而是寿星，让寿星捧着寿桃前来祝寿，多么应景、吉祥啊。

因此香方中的"南极真人"就是寿星了，只是这种叫法直到明代小说《封神演义》问世之后才开始普及，对应到明代的《晦斋香谱》，也再次佐证了香方的年代。在西王母的寿辰上，寿星还带来了一份特殊的寿礼，便是这款"南极庆寿香"。

"南方赤气属火，主夏季"，南方对应夏季，夏季骄阳似火，故而与火对应，火是红色的，又对应五色中的赤色，显然这款香是适合夏季用的，而夏季养生重在养阳，此"阳"即阳气。

前文提及春季是阳气萌发、向上升腾的季节，我们用主疏泄、主通达的香气来为阳气打通道路，让它升发得更加顺畅。但是到了夏季，阳气达到了极盛，是不是就应该予以控制了呢？是不是应该用至阴至寒的香气把阳气再压下来呢？实际上并非如此，因为所谓的"阳气极盛"是指体外的阳气，可以理解为大自然中的阳气或是体表的阳气，而不是体内的阳气。

《素问集注》中如此记载，"春夏之时，阳盛于外而虚于内，故圣人春夏养阳"。外界的阳气极盛，体内却是阳气虚弱的，再加上夏季贪凉现象普遍，吹冷风、食冷饮、泡冷水，更容易让寒气乘虚而入，导致脾胃虚寒、伤风感冒等病症。这也是很多人不理解"冬吃萝卜夏吃姜"的原因，大热天还吃姜？不是因为傻，正是为了驱寒固阳。

因此养阳好比是在给电池充电，春夏充电，秋冬使用，若电没充满或把电量提前消耗掉了，后果就是停电。对应到香气上，夏季用香也重在稳固体内的阳气，而不是一味地清热散火。

此外夏季养生还需要特别注意的有三点，一是不能阳气太过，过则上火，上火会导致情绪易怒、便秘生疮等症状，譬如"夏吃姜"也并非人人适用，需要根据不同体质分别对待；二是不能贪凉，譬如绿豆汤是清凉消暑的佳品，但冰镇的绿豆汤则过犹不及，凉上加凉导致阳气受损。这两点说明养生一定是基于平衡的，偏向任何一方都要及时修正，养生也没有固定的大道理，因为每个人所适用的方法也都不一样；三是莫忘除湿，夏季雨水多，湿气大，湿气需要排泄，最好的方式就是出汗，但往往因为贪凉让汗液无法得到充分排泄，最后导致湿气淤积，而"湿性粘滞重浊，易伤阳气"，最终让阳气受损。总之夏季养生的重点是稳固阳气，让人体具备抵御下半年秋凉冬寒的资本。

在中国的传统文化中，阳气还有另外一重含义即活人的生气。阳气在命就在，阳气足命就长，所以才有了"阴间阳间""阳寿未尽"等说法。因此南极真人用"南极庆寿香"如此充满阳气、养阳固阳的香品来作为寿礼，想必是经过一番思量的。

最后对应到五脏，《素问》中将其归纳为"心为阳中之太阳……南方赤色，入通于心"，可见夏季养心，心主阳气，"南极庆寿香"有助于长寿显然与养心也有很大的关系。

南极庆寿香的用材与东阁藏春香相比，沉香的比例大幅下降，取而代之的是另三款香料——檀香、乳香、金砂降。檀香最大的功用就是"温中理气"，当体内寒气凝滞、心腹冷痛的时候，檀香可以起到很好的驱寒升阳作用，在中医领域它会经常与干姜、高良姜、桂皮等一起使用，以达到更好的养阳效果。但檀香本性燥热，如果不经炮制直接入香的话会导致各种上火症状，所以檀香用得好了是良药，用得不好就是毒药，炮制虽然繁琐，但必不可少。

"乳香五钱"是一个比较大的用量，很少能在古方中见到乳香达到与沉檀同样的比例，原因何在呢？《本草纲目》中关于乳香如此说："乳香香窜，能入心经，活血定痛，故为痈疽疮疡、心腹痛要药。""香窜"展开来其实是四个字——芳香走窜。在中医领域，有一类药物就是属于走窜类的，这类药物通常具有两个特点，一是它们的药性十分活跃，走而不守、善动不居，以致药效可达五脏六腑、可通七窍八脉；二是它们普遍具有浓郁的芳香，药效可以通过芳香传遍全身。

如果把这种香气形象化，如同是快速穿梭在体内的一道气，而气过之处，淤塞皆通，具有显著的通达作用。而中医认为"不通则痛"，疼痛的症状大多是因为气血经脉的凝滞不通所造成，所以走窜类药物同时又具有很好的止痛作用。比如在香料中，麝香、龙脑、乳香、没药、苏合香、川芎、细辛、桂皮、香附子、白芷等走窜类药物，它们也会被医家用于不同的疼痛病症。其中乳香被公认为是止心痛的良药，原因即李时珍所说的"入心经，活血定痛"，它的香气可以活血，血凝而不通，才至心腹绞痛。因此乳香的超规格运用，也暗合了南极庆寿香夏季养心的功用。

　　"金砂降"又名"金沙降"，但此金沙并非金属物质，而是指降真香中所含的黄酮类化合物，这类物质常常以黄色的固体结晶存在，并可以连成片状，民间俗称"黄药膜"。当黄药膜包裹在降真香外部时，如同给降真香披上一层金甲，俗称"黄金甲"；当黄药膜出现在降真香内部时，截面则会呈现出层叠状的黄色线条。在光线下晃动，这些黄色结晶发出闪耀的金光，故而被古人称为"金沙"。金沙降十分稀有，其香气的爆发力、穿透力包括药用价值均高于普通的降真香。

　　我个人认为降真香在南极庆寿香的配方中是最具代表性的存在，也是香气最大的特色所在。得益于两点，一是从直接的嗅觉感受上来讲，降真香的香气是一种温暖的药香，让人心生暖意、倍感愉悦，有一种驱散阴霾、云开雾散的感觉，这一点是其他香料很难做到的；二是作为道教第一用香，降真香香气的升腾能力堪称第一，否则它何以能飞上云霄"感引鹤降"呢？这一点也与阳气上升的属性一致，是向上的、旺盛的、有力的。因此南极庆寿香夏季养阳的功效也因降真香再次被体现得淋漓尽致。

"金沙降"横截面，金黄色部分即为黄药膜夹层

接下来是安息香、玄参各一钱，初熏时，二者是同样的温甜香气，再次对"暖香"基调做了进一步加持。但渐渐地，玄参的清苦感会显露出来，从而让整体香气开始出现转折。

继而一味极其苦寒的材料"大黄"登场了，它与之前的材料属性截然相反。大黄是一味古老的中药，最突出的功效就是清热泻火，且药效十分猛烈，又被称为"药中将军"，如同将军一样的烈性子。大黄在泻药中最为常见，通常用水煎服即可，有消除便秘、涤荡肠胃之用。但正因寒气太重，大黄的使用禁忌也很多，身体虚寒的人除非是热结过重，通常都不建议使用，即使要用，也会用人参、干姜、红枣之类的温补药材来与之配合，才能实现阴阳平衡，减少寒气的伤害。反过来，在南极庆寿香中也是如此，不要小看这区区五分的大黄，虽然用量极少，但却能够平衡檀香、降真香、安息香，包括后面的桂皮、枣泥等材料所带来的升阳之气，这样才不至于出现上火的现象。

大黄的出现给了我们一个很好的启示，即在香料的炮制和搭配中，我们不仅要考量材料之间互相增强的作用，同时也要考虑材料之间的相互克制，这也是五行中"相生相克"的体现。不要总认为"相生"就是好的，"相克"就是不好的，二者一定是相辅相成的，无论是制香、制药这样的细小手工，还是大到齐家治国、宇宙运行，"平衡"都是一个永恒的主题。

最后的丁香、桂皮也都是阳气十足、温中散寒的材料。麝香则可以通达九窍，堪称香窜能力最强的动物类香料，同时也起到了定香持久的作用。枣肉更不必多说，无论是吃还是闻，都属温补佳品。

值得注意的是香方中用到了"字"这一单位。古人计算重量无法做到很精确，就像他们最小的时间单位是刻，而没有秒的概念一样。重量单位在"分"之后，很难用秤去称出来。但在抓药的时候，某些药物就是用量极少的，低于"分"，于是老中医们就发明了一个不是太严谨的计量单位——字。"字"不是纸上写的字，而是铜钱上铸的字。假设这则香方出现在宣德年间，所用铜钱就铸有"宣德通宝"四字。用这枚铜钱取材，"一字"就是材料覆盖了一个字，"三字"就是覆盖了三个字。所以"字"更倾向于一个体积单位，密度大的材料可能一字就够了，密度小的可能需要三字。因此在这则香方中，丁香、官桂、麝香三味材料制作时不必再去换算了，可以按照自己对于香气的理解来调整用量，如果能因此让这款古香出现更加多变的气韵，也未尝不是一件好事。

"右为细末，加上枣肉以炼蜜和剂托出，用上等黄丹为衣焚之。"用于裹衣的材料是黄丹，目的是要让香丸呈现出赤色，以此对应五色。

如此这般，橙红色的南极庆寿香就制好了，把它与青绿色的东阁藏春香放在一起，一红一绿十分养眼。

上炉熏焚，香气也颇为独特，枣泥、安息香甜美温暖的味道会首先被捕获，接着是恢宏大气的降真香香气，穿插着桂皮、丁香所散发出的药草辛香。正当暖意要达到高潮时，乳香的清冽破空而来，其间还能品出一丝丝的苦涩感，那是大黄独有的味道。这一瞬间，甜腻感得到了化解，波澜起伏的香气又开始归于平静了，最终在沉香与檀香的基调里，香气变得缓慢而柔和，似乎让时光也变得无限漫长了。细品下来，仔细想想，你难道不觉得，这香气也像极了人的一生么？

而如此多变的香气，也让我们对"长寿"二字又有了一些新的理解。生命的长度总是有限的，但生命的宽度却可以无限，香气可以帮助我们到达更加辽阔的地方，那里有真正的长寿之法，即使皮囊终将腐朽，心却可以永生。我想，这大概就是"养心"

裹青柏香末为衣的为"东阁藏春香"，橙红色者为"南极庆寿香"

的终极含义了。

# 30. 书房文化与西斋雅意香

"西斋"代表书房。

对于古代文人来说，书房不仅仅是个读书的地方，还是寄托了他们一切的情怀和一生的梦想之地，有了书房才能寒窗苦读、出人头地，有了书房才能足不出户、博览天下，得意时书房里有黄金屋、颜如玉，失意时书房又变成了唯一的归隐之所，打开门就是江湖，关起门就是深山。因此书房于文人而言是不可或缺的，它太重要了。而自宋开始，文人才是使用中国香的主要阶层，在近一千多年的历史中，熏焚中国香最多的场合，除了寺庙、道观之外，毫无疑问就是书房了。

古人总是要给自己的书房取个好听的名字，比如某某斋、某某堂、某某馆、某某轩、某某居等，这些名字都被统称为斋号。但斋号不是乱取的，更不是怎么好听就怎么取，它一定是有意义的。"聊斋"是蒲松龄的斋号，"聊"就是聊天，直译过来就是用来聊天的书房，但如果仅是这样的话，这个斋号也是够无聊的了。而实际上那部满足了中国人对于鬼怪世界种种好奇的《聊斋志异》，还真就是被蒲松龄给"聊"出来了。相传在蒲松龄的老家，山东淄博蒲家庄的东门之外有一口泉眼，周围垂柳环绕，故名"柳泉"。蒲松龄在柳泉旁支起了间茶水铺，用泉水煮茶，免费招待南来北往的路人。路人喝茶，他就跟人聊天，听各种无奇不有、荒诞精绝的鬼怪故事。聊得多了，就把《聊斋志异》给聊了出来，因此"聊"是蒲松龄创作素材的来源，他的书房叫作"聊斋"着实贴切。

晚清刘鹗的"抱残守缺斋"，"抱残守缺"原本是个贬义词，思想保守、故步自封的意思，但在刘鹗眼中，这所谓的"残缺"却代表着他一生之中最大的爱好——收藏古董，尤其喜欢金石、碑帖之类的高古文物，这些文物大多残缺不全，其中就包括了多达五千片的甲骨。也正因如此，他才写出了《铁运藏龟》，第一次将殷墟甲骨文著录成书，公之于众。这便是"抱残守缺"于他的意义所在。

纪晓岚的斋号是"阅微草堂"。"阅微"就是书读得很仔细，代表着一种严谨的治学态度。而这的确是纪晓岚的风格，所以他才能成为《四库全书》的总纂官，才能洋洋洒洒写出近四十万字的《阅微草堂笔记》，皆与他"阅微"的秉性不无关系。

因此一个个看似简单的斋号，其实隐藏了很多内容，它可能是在讲功能，喝茶、聊天、品香；也可能在讲斋主的喜好，痴迷于收藏的、醉心于诗书的；也可能在讲斋主的志向、品性、人生格言等。而西斋雅意香的"西斋"，也可以理解成一个斋号。

不知有没有人问过你这样一个问题，一年四季你最喜欢哪个季节？或许每个人心中都有自己的答案。我曾被问过很多次，但印象中每一次的回答都不太一样。很小的时候喜欢春天，因为书本里翻来覆去地说着"一年之计在于春"，儿歌里也一直充满期待地唱着"春天在哪里"，那些年月里街头巷尾最常见的也是"改革春风吹满地"之类的口号标语，似乎不喜欢春天是不对的，不喜欢春天那就是个不求上进的人。

后来长大了些，开始有了独立思考，发现自己并不喜欢春天。那时候上学苦，天还没亮就要蹬着自行车出发了，丝毫没有感到春天的温暖，尽是春寒料峭了。再加上春眠不觉晓，上课时还经常被老师的粉笔头砸醒。于是我开始喜欢夏天，因为夏天才是一个可以毫无顾忌的季节，短袖裤衩就能出门，水里地上任我驰骋。对于我这种喜欢自由的人来说，无疑是一种天性的释放。我对夏天的喜爱持续了很久很久，久到让我十分确信这辈子都不会再喜欢其他的季节了。

可等我到了三十多岁，我发现我又变了，我开始喜欢上了那个似乎一直都没有什么存在感的秋天。但至于为什么，我却无法说得清楚，因为这种喜欢竟然与舒适与否无关，而是一种说不清道不明的情感，倒还真应了那句"情不知所起，一往而深"了。

前几天一觉醒来，感到气温陡降，翻箱倒柜把厚衣服找了出来。衣服在衣柜里安放了一年，此时捧在手里的感觉竟然十分奇妙，像是刚刚出了窖藏的香品一样。我不由得把脸贴上去闻了闻，真的好香啊！可这是什么香味呢？洗衣粉？还是樟脑丸？都不是，而是一种非常感性的香气，就像我对秋天的喜爱一样，说不清道不明。

我换了身厚衣服，走到书房里拉开了窗帘，窗外是一片森林公园，只见秋雨潇潇、如发如丝，随风荡漾的时候犹如云气翻腾，世界已变得一片迷蒙，毫无夏日骄阳似火的感觉。树叶一夜之间落了很多，虽然颜色还未变黄，但树冠已明显稀疏了，远处的山间有一座亭子，以往这个时候总有一群老人家在那里吹拉弹唱、练功打拳，可是那天他们却都没有出现。这山间空寂啊，既无人影也无鸟语，秋雨似乎洗去了平日里所有的浮躁和喧嚣，让一切都沉淀了下来。尽管寒意萧瑟，但却静谧非凡。我忽然有些意识到，为什么到了中年我会开始喜欢秋天了。

我并没有沉浸在悲秋之中，而是暖暖地坐下来，沏了壶暖暖的茶，点了炉暖暖的香，随手拿了一个抱枕抱在怀里，准备开始阅读一本新书。在氤氲的香气里，书房的落地玻璃很快起了一层水雾，外面就只能看见一片墨绿色的影子了。这一刻我又忽然感觉到，我所身处的这个小小的空间与外面大大的世界形成了一种巨大的反差，而正是这种反差给我带来了一种无比的安全感，一如身上的厚衣服将我紧紧地包裹住一样。我再次低头闻了闻，是的，此刻我的内心感受像极了这种味道，它是温暖的，也是幸福的。

这就是那个入秋的早晨，我的所思所想，可能你会问，这与西斋雅意香有何关系？

其实，这就是我对"西斋"二字的理解，它不是指西边的书房，而是秋天里的书房，但它又不是一个具象的存在，而是这个季节和这个空间所共同带给我的一种感受。

西斋雅意香香方如下：

> 西方素气主秋，宜书斋经阁内焚之。有亲灯火，阅简编，消酒襟怀之趣云。玄参（酒浸洗四钱）、檀香五钱、大黄一钱、丁香三钱、甘松二钱、麝香少许。右为末，炼蜜和剂作饼子，以煅过寒水石为衣焚之。

第一句"西方素气主秋"省略了几个字，完整应是"西方素气属金，主秋季"。依然是五方、五行、五季、五色的关系。"素"在古代是指一种织物，用不经染色的丝绸制成，代表白色，与西方对应。但在这里用"素"要比"白"更加准确，一是"素"表达了一种褪去炎夏进入清秋的意思，如同"素面朝天"一样褪去粉黛；二是"素气"要比"白气"多了一重冷峻萧瑟之感，这正是秋季最主要的特征，也叫"肃杀之气"。且不说天地间的草木凋零了，就连人间的生死刑罚也与秋相关。比如"秋后问斩"一说源于古人认为人间的司法也要顺应天意，春夏万物生长、生机勃勃，是不能犯杀伐的，只有等到肃杀之气降临后才能行刑。因此早在汉代董仲舒就提出了"庆为春，赏为夏，罚为秋，刑为冬"，且一直被沿用到了清朝，足见古人对于自然规律的敬畏之心；三是"素"还有一种朴素、高洁的含义，也很符合中国的书房文化和文人雅士们的处世态度。

第二句"宜书斋经阁内焚之"，指明了书房是这款香的使用场景。在古人的眼中，他们又是如何理解"秋"与"斋"的关系呢？这里需要引入另一个古老的关系理论——春生夏长秋收冬藏。这句话一听就是来自农耕民族的生产经验，但它又不仅仅与农耕有关。比如秋天气温的陡降，植物的骤然凋零，人们从奔放张扬开始变得缩手缩脚等这些现象，又可以视为是一种收缩。如果将"收缩"对应到书房上，首先收缩的是空间。之前的东阁和寿筵都是开放的大空间，是可以容纳很多人共同宴饮庆祝的场所，但到了书房，空间却骤然被缩小了，不论房子有多大，书房永远是玲珑小巧的。

乾隆爷有一间书房名为"三希堂"，所谓"三希"指"士希贤，贤希圣，圣希天"三种希望，是一种自我勉励。另有一解是这里收藏了三件稀世珍宝，分别是王羲之的《快雪时晴帖》、王献之的《中秋帖》和王珣的《伯远帖》，除此之外还藏有近千件的名家墨迹，皆是乾隆爷的心爱之物。皇帝的书房想来应该气派非凡吧，可实际上三希堂一共只有4.8平方米。小归小，设计得却很好，把整面墙做成了一扇大窗子，用整块玻璃实现了充分的采光，火炕靠着窗子，炕上铺着软软的坐垫和靠背，书案则直接放在炕上，案上摆着文房四宝，窗台上摆着素雅珍玩。整体看上去并不显得局促压抑，反而充满了浓浓的书卷气和温馨感。

为什么要故意把书房弄得这么小呢？可以从挂在乾隆爷背后的一副对联中找到答案，上联是"怀抱观古今"，下联是"深心托豪素"。"豪素"就是毛笔与纸张，表面上看是在讲三希堂所藏的书法墨宝，可以从中纵观古今之意。但从"怀抱"与"深心"、"古今"与"豪素"的对比，又体现了一种以小见大的意味，小小书房更像是一个知识与文化的凝聚体，纵然咫尺之间，却能包容万象、横跨千年。

郑板桥也曾用过这句话，"深心托豪素，努力爱春华"，而在他的书房里还另有一副对联，"室雅何须大，花香不在多"，再一次印证了古代文人对于书房空间的要求。类似的例子还有很多，陆游曾经新设了一间书房，作《新开小室》一首："并檐开小室，仅可容一几。"

总之书房的空间是被古人刻意收缩了的，这与主人的财富、地位都没有关系，却唯独与主人的品味有关系，因为居方寸而观天下，唯笔墨而写春秋，才是文人才华、文人价值的真正体现。

除了收缩了空间，书房也收缩了野心和欲望，无论你是何种身份，何种地位，无论你在外面是劳碌奔波也好，声色犬马也罢，一旦回到了书房，你就与外界隔绝了，功名利禄被一一过滤，你又遇见了那个曾经纯粹真实的自己。这种现象体现在书房中，便是这里绝不应该出现黄金白银、名酒名烟之类光彩夺目的世俗之物，而是应该以"陋"为美。刘禹锡曾作《陋室铭》，道出了陋室的玄机，好友白居易也曾作《庐山草堂记》，写自己的草堂：

> 木斫而已，不加丹；墙圬而已，不加白。砌阶用石，幂窗用纸，竹帘纻帏，率称是焉。堂中设木榻四，素屏二，漆琴一张，儒、道、佛书各两三卷。

就是如此简单的格局和陈设，却让白居易发出了"终老于斯"的感慨。可见在他心中，大唐的璀璨夺目已有些令他厌倦了，而这天然素雅的小小草堂才是他的心之所向。

再结合东阁藏春香和南极庆寿香来看，从宽敞的厅堂到狭小的书房，从热闹的聚会到平静的独处，这本身就是一个移步换景的过程，而放之于人生，也只有在阅尽繁华之后，才能懂得简单的美好。我为什么到了三十多岁的年纪，才忽然发现自己喜欢上了秋天呢？原因约在于此。

最后从养生的角度来看，春夏两季阳气生发，外界阳气旺盛，体内却容易虚寒，要以养阳为主。但进入秋天，阴阳开始转变，外界阳气衰减、阴气渐强，体内容易火旺燥热，因此养阳也要开始向滋阴侧重。这种变化就体现在了西斋雅意香的配方中，与南极庆寿香相比发生了很大的变化。比如玄参、大黄两味材料在南极庆寿香中的作用是为了克制阳气，避免火旺之症，用量极微，属于辅佐的角色。但在西斋雅意香之中，滋阴清热的玄参和凉血泻火的大黄用量大幅提升，已经成了主角，而主升阳之气的檀香反倒成了配角，这种角色的转变就是当年创造五方真气香的前辈对于秋季养生的理解了。

至此，不妨回顾一下三款香的用香场景，我们会发现这些场景之间是有着密切联系的，象征着我们日常生活中的每一天，从苏醒到繁忙再到休憩，也完全印合了"春生夏长秋收冬藏"这条古老的自然规律，而其中的"秋收"显然是最为关键的过渡环节，它衔接了日与夜、阳与阴、生长与收获、觉醒与睡眠，让反差极大的两种状态之间，实现了平稳的转换。

因此"秋收"所对应的书房也就成了一天之中酝酿睡眠的重要场所，此刻的书房不再是你奋笔疾书、寒窗苦读的书房了，也不再是你呼朋唤友、谈笑有鸿儒的书房了，它是黑暗中一盏温馨的灯，是寒夜里一炉温暖的香，它在帮你收敛心性、平复情绪，帮你舒缓压力、放松身体，一个高质量的睡眠从这里就已经开始了，而不是等躺在床上辗转反侧的时候再去匆忙应对。

# 31. 古方改造与安神的香气

在中国香的种种功效中，最受青睐的当属安神效果，但想让香气具有明显的安神作用却并非易事。西斋雅意香能为我们提供哪些制香的灵感？它又存在哪些方面的不足呢？

回顾香方，"玄参四钱、檀香五钱、大黄一钱、丁香三钱、甘松二钱、麝香少许"，一共六种材料，可见当年那位前辈主要是以药理特性为基础，通过增大苦寒型材料的比例来达到滋阴的效果，同时辅以升阳的材料来实现阴阳的平衡。这种配伍的思路在古法合香中并不少见，可以把它归为一类，即以中医理论为核心的合香方法。因此我们也可以推测出，五方真气香的创作者大约是类似于陶弘景般的人物，一定是在熟读了《黄帝内经》《神农本草经》等医家著作之后，才把诸多心得体会凝合在了香品之中。

但这种合香方法却并非是完美的，它也容易产生一种不好的结果即重药性而轻香气。前文曾多次提及，虽然药香同源，但制香不等于制药，服用的效果好并不代表香气的效果好。如过分受到药理、药性的制约，香方的选材就会被束缚，从而导致香气不尽如人意。我也曾跟别人开玩笑说，一个好中医不见得就能制成好香，因为只懂药理却不通气韵，就像一个好木匠不一定就能斫得好琴一样，因为只精工艺却不通音律。

西斋雅意香就是这类"重药性而轻香气"的代表之一。

六种材料中，只有檀香一味有明显的舒缓作用，它的香气可以让人快速放松下来，佛家也主张用它来进入禅定的状态。为什么檀香会有这样的作用呢？主要是源于檀香挥发油中一种被归为倍半萜醇的成分。要理解倍半萜醇，先要来说说与它相对的单萜醇。单萜醇的分子极小，比倍半萜醇要小得多，所以挥发速度也快得多，比如龙脑、薄荷之类极清凉的香气，包括香茅醇、橙花醇、芳樟醇等都属于单萜醇的范畴。单萜醇主要存在于草本、花朵之中，它的香气容易被人感知，效果也非常直接，直来直去、毫不婉转，但同时也让它具有了一定的刺激性，这类香气用于提神醒脑是合适的，但用于安神助眠却需要回避。

相对来说倍半萜醇的分子就大得多，挥发速度也变得缓和，同时分子结构更为复杂，让香气也更加富于变化。因此这种香气效果是慢慢呈现出来的，需要一定的时间通过呼吸渗透到体内，继而影响神经系统、荷尔蒙系统、内分泌系统等，最终起到让情绪平静、全身放松的效果。檀香醇就是倍半萜醇的代表之一，它在檀香挥发油中的比例非常高。

但无论是什么檀香，哪怕是醇化了几十年的印度老山檀，在入香的时候还是需要进行一系列的炮制，只不过是炮制的程度有轻有重而已，这是因为檀香天生性燥，燥性不除的话，久闻让人上火。可无论怎样炮制，燥性都不能被完全去除，只能说最大程度地减弱，且这一过程的成本极高。因此要在安神类香方中使用檀香的话就要控制它的用量。

但在西斋雅意香古方中，檀香的比例高达30%以上，即使檀香醇的镇定舒缓效果非常好，过量也会导致相反的结果。我认为檀香至少需要降低一半以上，15%已经足够了。但是檀香醇的减少势必导致安神功效的削弱，因此还需要加入其他无燥性的倍半萜醇来弥补这一损失。在富含倍半萜醇的香料之中，还有一个杰出的代表——藿香。

广藿香醇的化学结构比檀香醇更加复杂，香气也更加多变，初闻会觉得是一种清甜的药香气，再细品，又会觉得香气中透着一种温热感，让人感到踏实、沉稳。其中的甜味会让人产生快乐的情绪，与吃甜食的感觉一样，有助于缓解压力。但快乐是不能过头的，过头就会变成兴奋，好在藿香还带有一丝辛香，把甜腻化解成了清甜，这个度拿捏得很好。由于倍半萜醇独具的特性，广藿香醇也是缓慢释放的，温和不刺激，一点一点地随着呼吸深入脏腑。因此我选择加入10%的广藿香叶，与檀香一起完成安神镇定的任务。

如果完全从中医理论出发，藿香的加入是不合理的，因为在医家看来藿香与安神之间并不会产生联系，比如藿香正气水之类，皆为芳香化浊、解暑发表的药物。但从香学的角度来考量，藿香的加入就是正确的，它与檀香的香气十分契合，弥补了檀香醇用量减少的损失，还极大地丰富了香气的层次感，同时它的定香效果也十分卓著。

接下来在安神镇定的基础上，我还要再加入一些能够让注意力变得更加专注的香气。所谓"专注"，表面上看是让人思维集中，但根本上是为了降低脑细胞的活跃程度。在西方，治疗失眠有一种简单而有效的方法——数绵羊，在脑子里想象有无数只绵羊，重复、机械地去数，等到数不清楚了也就渐渐进入梦乡了，这其实是一种降低脑细胞活跃度的方法。如果大脑一直都处于极度兴奋的状态，不经平复就直接入睡的话，即使勉强睡着了，也是一个多梦的低质量睡眠。

什么香气能够提高注意力呢？也有一个代表——迷迭香。日常生活中迷迭香常常出现在餐厅里，且多是西餐，比如煎牛排，讲究的都要把一束迷迭香放进黄油一起煎，因为迷迭香的香气能够很好地化解肉类的油腻和腥气。迷迭香不是中国的本土香料，它原产于地中海区域，但传入中国的时间却非常早，中国古人也对于这种香气喜爱有加。

《香乘》记载：

> 迷迭香出大秦国，可佩服，令人衣香，烧之拒鬼。魏文帝时自西域移植庭中，帝曰："余植迷迭于中庭，喜其扬条吐秀，馥郁芬芳。"

曹丕十分喜欢迷迭香，喜欢其"扬条吐秀，馥郁芬芳"，曹丕的形容很是到位，成熟的迷迭香虽然低矮，但枝条飞扬颇有美感，叶片有些像杉树，开花时花朵从顶端绽放，确有"吐秀"之美。新鲜迷迭香的香气已经很强烈了，稍稍靠近便能闻到，若是在手里揉碎，香气更加郁烈。

此外曹丕还专门写了著名的《迷迭香赋》，也被收录在了《香乘》中。其中一句写道："方暮秋之幽兰兮，丽昆仑之英芝。信繁华之速逝兮，弗见调于严霜。"迷迭香像春天的幽兰一样散发着芬芳，像传说中昆仑雪峰的灵芝花一样美丽动人，世人都说繁华易逝，可这迷迭香就没有在严霜酷寒中枯萎，让人心生敬意。曹丕的描述很准确，迷迭香就是四季常青的，且生命力顽强，可以扦插成活，只需要把成熟迷迭香的枝条折下，去掉尾部的叶片直接插进土里即可生根。由此可见，当年的异域香草曾让这位帝王发出了无限感慨，他多么希望刚刚建立的大魏王朝也能够像迷迭香般万古长青啊！

对于迷迭香的香气，古人除了认为它"据鬼""馥郁芬芳"之外，还可以从"迷迭"二字中得到一些线索。"迷"，迷路、迷宫、迷失、昏迷等，无一不在形容头脑混乱、思维不清；"迭"则是一种更换、蜕变的意思，比如朝代更迭就是改朝换代。当"迷迭"放在一起，恰恰成了"迷"的反义词，形容从昏聩的状态中醒来，混乱的思维开始变

将粗壮的迷迭香枝条采下，去掉尾部的叶片即可扦插而活

得清晰。曹丕说它像幽兰的香气般清幽，这种香气往往是能够破除迷障、集中神志的，所以古人认为它可以驱鬼辟邪。

今天对于迷迭香的科学研究也基本证实了古人的感受，迷迭香的香气的确可以提高专注程度，使注意力趋于集中，从混乱、妄想的思维中脱离出来，同时对于头痛还有很好的缓解作用。因此在这里我用迷迭香来实现睡前排除杂念的效果，从药理上和香气上都是合适的。

迷迭香的用量要根据用香者的需求来进行增减，并不是一成不变的。需要提神醒脑、刻苦读书的人群，迷迭香的用量可以相应增大；不胜酒力，酒后神志混乱需要解酒的人群，迷迭香的用量也可以适量增大。但如果以上两种可能性都不存在，纯粹是为了清理思绪，为睡眠做准备的人群来说，迷迭香就要少量加入了。因为过度的专注不但无助于放松，反而会令人越发兴奋，这里我认为5%的比例为宜。此外迷迭香全株有香气，而叶片要比根茎香气浓郁，可以因人而异进行取舍。

至此，檀香、藿香、迷迭香，分摊掉了原方中檀香30%的份额，现在不论是香气层次还是香气效果都要比原方好得多了。但修改到这里依然不够，还要增加一味与它们属性相克的材料。檀香是温热的，藿香总体上偏甜，迷迭香从药性上来讲也是温热发汗的，再加上玄参的前调是焦糖甜香，四者叠加就会产生一种香气过热、过甜的效果，反而需要一些单萜醇类的清凉香气来中和这一不利因素，我选择的是薄荷。

薄荷也分为很多品种，不是都可以用来熏香的，我建议用绿薄荷，也叫留兰香，这种薄荷所含的薄荷醇较低，香气不会太过抢眼，也不会有太强的刺激性，在它凉凉的气韵之下，甜腻和燥热都会得到化解。薄荷的用量也是极低的，5%为宜。

至此，我用掉了 35% 的份额，15% 给檀香，10% 给广藿香，剩余 10% 平均给到迷迭香和绿薄荷。总结一下，达成了如下效果：第一，檀香的燥性被进一步降低了，而安神功效却被增强了；第二，香气多了一重可以排除杂念的作用；第三，香气的层次更加丰富多变了；第四，均衡了香气中过热和过甜的部分，同时又不具刺激性。

剩余部分中用量最大的是玄参，占比 26%，同时甘松再次出现，占比 13%，依然是"丁晋公清真香"歌谣中"四两玄参二两松"的经典配比。这说明自南北朝陶弘景开创了玄参与甘松的配伍以来，到北宋丁晋公，再到明代的五方真气香，这种搭配亘古未变，在超过一千年的时光里，中国人是认可这一香气组合的。以至于这对搭档大量地出现在各个朝代的各个场景里，从山野草堂到皇家道观再到文人雅士的书房，它们的身影无处不在。而时间久了，闻得多了，这种香气也渐渐成为了一种香气的烙印，从某种程度上来讲，它已不仅仅代表某一类的香品了，而是成了东方气韵的代表之一。

何为东方气韵？即明显区别于西方的香气，好比一张沙发和一把太师椅，扫上一眼就知道哪个是中国的。东方气韵亦是如此，一闻便知，不需要思考。前文曾提及东西方嗅觉上的审美差异，东方气韵一定是内敛的、深邃的、悠长的，往往具有很强的神秘感，就像玄参之名一样充满了玄之又玄的玄机。而檀香亦是东方气韵的典型代表，当玄参与甘松的组合再叠加檀香时，香气可谓是具有了无与伦比的东方色彩，它所带来的静谧感和厚重感都非常适合"西斋"这个场景。

然而搭配没有问题，不代表比例没有问题，经过对于原方的数次复原，我认为甘松 13% 的占比过高，对于书房这样小巧的空间来说，甘松的味道过于浓郁，在熏香开始后很长的时间里都占据了主导地位，而由于缬草酮等不良气味的存在，香气前调也会让很多人难以接受。因此将甘松降至 5% 左右比较合适，降下来的效果非常明显，香气的受众度会明显提升。

但如果调香只是哪个香气不好就减量或直接删掉完事的话，未免也太没有技术含量了。香气之间所产生的一定是一种连锁反应，牵一发而动全身。我们在甘松这里做了减法，就需要在其他地方来做加法，从而减少甘松减量所造成的损失，这个损失我认为是香气中的苦涩感。

通常认为，香气可以归为四大类，温、甜、凉、苦，它们各自对应着不同的香气效果。比如"甜"会让我们感到快乐、兴奋，"凉"会让我们感到清醒、振作，"温"则有忘忧、催情的效果，"苦"则带来了西斋雅意香中最需要的放松、镇定、舒缓的效果，而甘松就是苦香的典型代表。当苦香下降，温甜香气就会失去对手，进而让整体香气开始走向相反的方向，所以接下来要做的是寻找一种同样具有苦香特质，受众度又相对较高的香气增补进来。

苦香，大约可以分为两种，一种是土香，一种是苔香。土香，顾名思义就是泥土的香气，很多人会认为泥土能有什么味道？最多就是土腥气！没错，土香正是这种"土腥气"。土腥气是怎么来的？通常认为是土壤里的微生物不断地新陈代谢，不断地与各种元素进行发酵、融合，最终导致土壤出现了不同的气味。因此越是潮湿的土壤，土腥气就越大，在雨后这些气味也更容易被激发出来，正如《渭城曲》中所写"渭城朝雨浥轻尘，客舍青青柳色新"，如果能穿越回当年那个送别的场景，空气中所弥漫的应该就是雨后新鲜的泥土气味了。

我曾在南方闻到过各种不同的土腥气，有好闻的，也有不好闻的。我也一度认为，土壤本身没有气味，闻到的是各种动植物元素所共同产生的气味。但直到某一年一个偶然的机会，我在大西北一个极少下雨的地方，闻到了来自地底深处古老的黄土气味。为什么说古老呢？因为这些土是伴随着文物一起出土的。就土质而言，干燥、细腻，几乎看不到杂质，气味则更加特别，它没有南方土壤那么复杂的味道，也不是南方土壤缓缓发散出的气味，而是扑鼻而来的、凛冽的、纯粹的香气。当时我十分震惊，便问这是什么味道。同行的专家告诉我，这就是真正的土香，同时也是判定文物真伪的一个重要标准。

再后来，经过对一系列土壤的对比，我发现干燥地区的土香大多比较接近，但随着湿度的增大和所处地区的植被越来越复杂，土香也变得复杂起来，继而有了"土腥"甚至"土臭"等。而回归到最原始的干燥土壤，土香就是一种苦苦的香气，闻到它的时候，你会一瞬间理解梁武帝在南郊祭祀大地时所说的"地与人亲"，何为"亲"？就是这大地的味道让人倍感亲切和踏实。为什么古代即将远行的游子会把一捧故乡的泥土带在身边呢？在种种寓意之外，故土的香气就是家乡的味道啊！

但在合香之中，泥土是不能入香的，而在具有土香气的香料之中，最为杰出的代表就是甘松。它的根部深深扎入大地，裹挟着大量的泥土，且是高原地区十分纯粹的泥土。包括尼泊尔人一直坚定地认为喜马拉雅山麓的穗甘松包含了来自大地的能量，他们所提取出的穗甘松精油几乎具有无所不能的疗愈效果，这份信心与甘松的土香气有关。

然而甘松用量的锐减，导致苦香下降，因此需要请出苦香之中的第二类——苔香。通常认为苔香即各种苔藓的香气，但这一观点从植物学的角度来看并不准确。苔藓是一种植物，既不开花也不结果，以孢子的形式来繁殖，其种类繁多，仅中国就有两千八百多种，但在这数千种苔藓中，却没有可以入香的苔藓。再来看那些可以入香的"苔"，其实它们属于地衣。地衣也算是植物，但又不是纯粹的植物，它是由至少一种真菌和一种藻类植物所组成的复合体，真菌与藻类彼此共生、相濡以沫，从而在微观世界中造就了特殊的香气，这让我们不得不感叹自然界的神奇。

从目前可以入香的地衣来看，大多分属三类，一是树花科树花属，二是梅衣科扁枝衣属，三是松萝科松萝属。这三类地衣通常都依附树木生长，看起来像是长在树上的苔藓，俗称树苔。不同的树又会产生不同的树苔，橡树上的叫橡树苔，这是西方香水中常用的香气成分，它有着独特的雨后森林气息，湿润却又清新无比；松树上的叫松苔，松苔也被中国古人称为"艾纳"，在《墨娥小录香谱》中有"聚香烟法"一则，特别说明艾纳是"大松上青苔衣"，把艾纳加入合香之中则有聚香的效果。

又如南方沿海和海岛上特有的槟榔苔即长在槟榔树上的地衣。《香乘》中有近十则香方都用到了这种材料，古称"郎苔"。其中有一则摘自范成大的《桂海虞衡志》，名为"槟榔苔宜合香"：

> 西南海岛生槟榔木上，如松身之艾纳，单爇不佳，交趾人用以合泥香，则能成温磨之气，功用如甲香。

西南海岛上有槟榔树，槟榔树上有苔，跟松苔很像，但气味有差别。虽然单独熏焚不好闻，可交趾人却能用它制作泥香（一种柔软且不干不散的软香，性状似泥土），散发着"温磨之气"，我认为"温磨"这个词更多是在形容泥土的亲切感。槟榔苔在合香中的用处类似于甲香，它具有能发众香、让香气凝聚的催化效果。由此可见槟榔苔是被中国古人熟知并熟练运用的一种苔香。

苔香的香气有以下几个特征：第一它本身有类似泥土的香气，并且可以与其他香料进行融合，共同打造出雨后泥土混合着草木所散发出的"森林气息"；第二它的基调与土香一样，属于苦香型，"苦"是苔香香气的关键词；第三是这种苦香可以让人产生安全、安心、踏实的感受，也可以理解为具有舒缓、放松、镇定的效果；第四是它在合香之中还有凝聚香气的效果。

为甘松补位的就是苔香了，首推槟榔苔，这种苔香在沿海槟榔林中大量存在，且槟榔树直上直下、表面光滑，采集起来也比较方便，在古方中它的比例在2%左右，可以适度增加至5%。若离海较远，可以选用松苔，但相比榔苔会多了一层松脂香气。以上两种皆无，选用云南树花亦可。如此这般，苔香弥补了甘松减量导致的苦香缺失，又为整体香气增添了变化，吸入肺腑时还能感受到一丝湿润感，冥冥中又与秋季滋阴润燥产生了一些联系。

在主滋阴的西斋雅意香中，大黄的地位得到了明显提高，比例由2%上升到了6%，从中医养生角度很容易理解。但如果从香气的角度来看，大黄的苦与泥土、苔香的苦是完全不同的，这种苦更偏向于味觉上的苦，它的气味属于一种浓郁的药香气，会让人产生味觉上的苦涩感。药香气的辨识度极强，容易对其他香气形成压制，药香气可以有，但不能喧宾夺主，否则就不是在熏香，而是在熏药了。因此6%的大黄比例可

云南树花干品，状如珊瑚

以保持不变，但选材上要尽量挑选药香气清淡的微香型大黄，不必拘泥于大黄品种的优劣和价格的高低。

丁香是古法合香中常用的一味香料，香气特点一是酸，梅子般的酸爽感，二是辛，带有一定的辛辣感。这两点也决定了丁香在合香中的三点基本作用，第一是化解甜腻，有很好的解酒、开胃效果；第二是模拟花香，比如《香乘》中不论是梅花香还是兰花香，都有大量的丁香加入，比例通常都在 20% 以上，甚至不以重量计算，直接是二十枚、三十枚乃至上百枚。事实也的确如此，丁香能够与沉檀之类合出花香的感觉，尤其是梅花、兰花这类具有穿透力的花香气；第三是定香，丁香一旦加入，可以极大地增加香气的持久度，在各种温度下的表现都十分稳定。因此 20% 的丁香在西斋雅意香中是非常传统的配比，没有什么不妥，但同样也没有什么惊喜。

惊喜？香气还需要惊喜么？我觉得太需要了。前文提及日本的平安时代六熏物，皆极尽精工巧做，传承了汉唐香文化的精髓。但它最大的问题就是用材局限，导致每一款香气都十分接近。对于西斋雅意香来说也同样如此，这款代表着秋天，本应充满着浓浓秋意的香品，却由于丁香的大量存在，让它产生了与大部分的梅花香、兰花香近似的香气感受，这岂不是有负于"西斋雅意"的美名？因此我依然要对丁香进行一些修改，做一个小小的创新，赋予这款古香一丝秋天独有的时令花香气。

秋天有哪些时令花香呢？如果让我猛然一想，一是桂花，二是菊花。桂花首先排除，因为它太过香甜，常常还要用龙脑香来为它解腻，加入到这款苦香型的香品中显然是不合适的，所以菊花成了首选。

用菊花来代表秋天想必没人会反对，早在先秦《礼记·月令篇》中就写道"季秋之月，鞠有黄华"，彼时的"菊"还写作"鞠"，本义指穷尽，表示这种黄色的花朵是最后的花儿了，在它之后就是严严寒冬、万物凋零。正是由于菊花的特殊品性，中国古人对它有着特殊的情愫，"梅兰竹菊"四君子中菊花赫然在列。这些历代文人墨客最爱咏唱、歌颂、描画的植物，并不是因为它们有多么好看，而是它们不畏严霜、铮铮傲骨的品性受人尊敬。

除此之外，菊花还有它独特的寓意，那便是隐士风范。隐士，孤傲贫寒，不慕荣华，与野草同生，扎根于田园，再加上陶渊明"采菊东篱"的名句，彻底让菊花成了"花中隐士"的代表。周敦颐在《爱莲说》里写道："予谓菊，花之隐逸者也；牡丹，花之富贵者也；莲，花之君子者也。"三种花，三种不同的性情。从这一点来看，把菊花香气融入西斋雅意香之中也是十分符合情境的。

我写下这篇文章的日子再次发生了巧合，刚好是庚子年的九月初九重阳节，而重阳节也叫"菊花节"，自古以来人们在这一天要做的两件大事就是登高和赏菊。

《周易》里"九"为阳，"六"为阴，故而双九即重阳。如今这个节日似乎不是太重要了，既不放假也没什么活动，可能还没有"双十一"热闹，但重阳节在古代却是一个非常重要的节日，它不仅仅是一个尊老敬老、弘扬孝道的日子，还跟清明节一样是全民祭祖叠加出游踏青的日子，只是在秋季要叫"踏秋"更为恰当了。

在这一天，人们穿过金色的菊花丛，观赏一年中最后的花事，再折下菊花插在头上，配几束茱萸，而后登高望远，感受秋季的天地辽阔，多少远方的游子也在这一天眺望故乡的方向，一舒心中的思念之情。

描写重阳节的古诗词也不在少数，而它们大多都与菊花、登高有关，比如"遥知兄弟登高处，遍插茱萸少一人"，比如"尘世难逢开口笑，菊花须插满头归"。但同时我们又发现，很多时候菊花还会以酒的形式出现。比如"黄花紫菊傍篱落，摘菊泛酒爱新芳"，比如"今日登高樽酒里，不知能有菊花无"。再如"东篱把酒黄昏后，有暗香盈袖。莫道不消魂，帘卷西风，人比黄花瘦"，这暗香盈袖的黄花就是菊花，这杯在重阳节让李清照"销魂"的酒就是菊花酒。还有李白的一首《九月十日即事》，写在重阳节后的第二天，他说："菊花何太苦，遭此两重阳？"（九月十日在唐宋时期也被称为"小重阳"，故谓菊花遭了两次重阳的罪），实际上却是在抒发自己心中的苦闷，因为这可能是他一生中的最后一次重阳节了。因此"苦"有两解，一是菊花的命苦，二是自己的命苦，但我们还可以推测出另外一解，即这菊花酒的味道是苦的。

今天的菊花酒制法往往比较简单，将菊花洗净晒干，泡酒半月就可以饮用了，但在古代，菊花酒大多都是酿造的。不仅是花朵，连同茎叶与粮食一起酿制，时间起码要一年，也就是说今年重阳喝的菊花酒，至少都应该是去年重阳酿造的。因此这酒的味道与泡了半个月的酒完全不在一个程度上，菊花的香气和清苦感要浓郁得多，所以爱酒爱到痴迷的陶渊明采那么多菊花干吗啊？他才不是为了闲情逸致呢，多半都是用来酿酒的。

菊花的清苦十分符合西斋雅意香的要求，从功效上讲，它清热解毒、平肝明目、滋阴疏肺，不失为秋季的养生佳品；从香气上讲，它的清苦香气不是药香型的，与大黄的苦完全不同，香气也没有丁香那么先入为主、先声夺人，而是幽幽弥散的清雅花香，这与之前所做的苦香型铺垫毫不违和；从时令上讲，菊花可以为西斋雅意香提供非常独特的秋天气息，一下子就与梅兰香的酸甜气韵区别开了。同时花香属于前调，它并不会影响到整体香气的基础，依然在我们修正古方的合理范畴内。综上所述，我认为用菊花取代部分丁香是值得尝试的。

菊花并非中国独有，世界上很多国家都有，加上相互之间不断地杂交培植，目前大约有七千多个品种。我们仅看其中的两大分类，一种是甘菊，一种是野菊。

甘菊之"甘"并非指香气甘甜，而是指吃起来的味道甘甜。吃菊花早在屈原"夕餐秋菊之落英"的时代就开始了，往后历朝历代的重阳节也都有吃菊花糕、喝菊花粥等吃菊的传统。既然要吃，甜的一定比苦的好吃，而味道甘甜的菊花通常都是花比较大，香气也很清爽。反之花比较小、香气不好闻的菊花，吃起来也是苦的，所以与甘菊相对的就是苦菊，也叫"野菊"。在《香乘》中用到菊花的香方里，几乎都写明了"甘菊"二字。

但以菊花入香的古方，在漫漫数千年的时光里，却只有区区六则记录在册，对于如此盛名的花朵来说，不得不说是个奇怪的现象。而究其原因只有一个，因为菊花入香的效果并不理想，即使是用甘菊。我也对这个结论进行过无数次的验证，的确很难在合香之中实现新鲜菊花的香气，更加无法实现菊花茶喝到嘴里再反馈到鼻腔中的那股清香，因为这种香气实在是太微弱了，稍一融合或加热就会荡然无存，而用大量菊花入香显然也是不现实的，想必中国古人也是经过了各种尝试之后才忍痛割爱。

虽然中国菊花难以胜任入香的任务，但别忘了菊花是全世界诸多国家所共有的物产，在芸芸的洋菊花里，是否有可以让香气存留的独特品种呢？

# 32. 洋甘菊与寒水石

当我们把目光从东方投向更加广袤的世界时，会发现有一种甘菊的香气是与众不同的，它保留了菊花一贯清苦的基调，但香气中却多了一丝甜美的果香，且易于捕捉、留香持久，完全达到了入香的标准。很多年前，记得我第一次闻到它时，便知道终于有一味材料可以弥补"古香无菊"的遗憾了，它就是洋甘菊。

洋甘菊听起来平淡无奇，外国的甘菊而已，它的样貌也同样平淡无奇，跟路边的小野菊没什么差别。在常见的洋甘菊中有两个主要类别，一是菊科母菊属的德国洋甘菊，二是菊科果香菊属的罗马洋甘菊。二者从外观上看起来十分相似，区别仅是前者花朵偏小、后者花朵偏大，前者花心呈圆锥形、后者呈扁圆形，而从香气的角度上来看二者则大相径庭。

德国和意大利，两国离得不算太远，从柏林到罗马的直线距离一共一千一百多千米，大约相当于从重庆到合肥。按常理来说，如此相近的两个地方所生长出的如此相似的花朵，香气上不会有太大差别，但这两种洋甘菊恰恰是个特例，它们不但有差别，还分别对应了两个民族的不同品性，这一点很有意思。

全世界对德国人的印象几乎是公认的两个字——严谨。"严谨"是个褒义词，它会带来很多好处，比如良好的生活习惯，爱整洁讲卫生；守时守法、有很强的纪律性；工作中勤奋高效、一丝不苟等，所以德国人在很多领域的建树是有目共睹的，我们很容易从关于德国的工业、科技、医疗，包括国家足球队等方面来感知到。但"严谨"同时也让德国人看起来有些沉闷，或许很多时候他们都是沉默寡言、不苟言笑的，尤其是在工作状态中，这种"呆板"就与德国洋甘菊的香气特点十分类似。德国洋甘菊并非不香，虽然相比中国大部分甘菊已经算是加强很多了，但香气中还是缺少了一丝轻盈和灵动，总是让人感到有些沉闷。

相对于德国人来说，意大利人的性格简直就是另一个极端，他们开朗奔放、热情健谈，说话也是口若悬河、滔滔不绝，尤其是意大利语独特的发音，似乎要配合上很多的手势和表情才能充分表达清楚，这就让情绪外露得非常明显，意大利人一说话就能让人感受到他们内心澎湃的活力。此外意大利人大多也没有那么自律，没有很强的时间观念，做事也没有德国人高效，比如两次世界大战中虽然意大利都曾与德国结成了同盟，但两国的作战水平却相差悬殊。生活中亦是如此，意大利人相对来说是比较散漫的。但恰恰是这种散漫，却在无意中造就了意大利人浪漫的性格，从而让我们的世界也变得更加丰富多彩起来。举个最简单的例子，文艺复兴的发源地就在佛罗伦萨。意大利的性格是多彩的、活泼的、灵动飞扬的，这种性格也通过文艺复兴、通过意大利人所创造出的艺术品、时装、奢侈品、哥特式建筑等感染了全世界，而罗马洋甘菊的香气一如这种性格在嗅觉上的呈现。

罗马洋甘菊的香气中除了菊香，还有阵阵果香穿梭其间，这种果香通常被认为是一种近似苹果的香气，甜美可人又酸爽不腻，它来自罗马洋甘菊中所含的大量酯

刚采摘的罗马洋甘菊

类成分。

  酯是酸和醇相结合的产物，比如常见的乙酸芳樟酯，也叫乙酸沉香酯，它就是乙酸和沉香醇结合后所产生的，这种成分会散发出甜美的花香气，从而让人感到快乐、舒心，它在薰衣草、鼠尾草中就大量存在。在酯类中还有比较稀少的一类，名为脂肪酸酯，其中的代表名为欧白芷酸异丁酯，即欧白芷酸和异丁醇相结合的产物。这种奇特的成分除了散发甜美的花香以外，还带有苹果一般的果香气，极具辨识度，它大量存在于罗马洋甘菊之中，是苹果香气的来源。大自然的调香具有任何人力都无法达到的效果，如果我们将菊花与苹果进行混合，无论用什么手段，得到的香气都与罗马洋甘菊有天壤之别。因此果香的存在，让菊香找到了一个平衡点，既不会清淡得无法捕捉，也不会浓郁得沉闷呆板，而是像极了我们开心的时候不由自主哼唱出的小调，轻快、活泼、悠扬。

  现代科学也证明了欧白芷酸异丁酯在放松神经、舒缓压力、消除焦躁情绪等方面的疗愈效果堪称酯类之最。当然这种效果不再是中医上的服用效果，而是存在于挥发油中极易被身体感知并吸收的香气效果。在西方，睡前用罗马洋甘菊精油进行沐浴或熏香，都是常见的安神助眠的方法。虽然德国洋甘菊闻起来不如罗马洋甘菊好闻，安神效果也差了一些，但一如德国人严谨高效的作风，德国洋甘菊在抗菌消炎、治疗过敏、止痛止痒等方面有着强大的功用，二者是各有千秋的。

让我们不拘一格、融贯东西，把洋甘菊加入到西斋雅意香之中，如此一来这款古香既有了时令的菊花香气，又散发出了浓浓的秋意，同时还大大提高了安神镇定的效果，此外独特的花果香韵也让整体香气具备了很高的辨识度，一闻便知，独一无二。只是花类入香通常需要较大的用量，因此我们将20%的丁香降低到5%，仅保持丁香的微酸与定香效果即可，腾出来的份额全部用罗马洋甘菊替代。

进行到这里，可以混合所有的香粉了，再按照香方上的制法，"炼蜜和剂作饼子"。最后一步是裹衣，"以煅过寒水石为衣焚之"。

寒水石是一种矿物质，也是一味古老的药材，始见于《神农本草经》，从中医的角度来看有着各种各样的疗效，但它却完全没有香气，所以寒水石并不是一味香料。

在典籍中，寒水石通常被分为两种，一种叫北寒水石，一种叫南寒水石。北寒水石出产在北方，也称石膏，主要成分是含水硫酸钙，"含水"即含有以晶体状态存在的结晶水。《香乘》中很多用到寒水石的香方都会注明"煅过寒水石"，即经过高温煅烧去除了结晶水的无水硫酸钙。硫酸钙是一种白色的粉末，它依然没有任何气味，如果用在香品里会有些许保持干燥的效果。

而南寒水石则是方解石，一种天然的碳酸钙晶体，敲碎它会形成很多方形的碎片，故而得名。碳酸钙经过煅烧，剩下的就是氧化钙，氧化钙即生石灰，加入香品之中会有一定的杀菌、防霉作用。

经过这番分析，我们会发现这两种寒水石都与"寒水"二字没什么关系，那"寒水石"之名又从何而来？从字面上可以做出两种推测，一种是从寒冷的水里所出产的石头，一种是可以让水变得寒冷的石头。世界上到底有没有这种石头呢？先来看看陶弘景在《本草经集注》中对"凝水石"的解释：

> 凝水石一名寒水石，色如云母，可折者良，盐之精也。生常山山谷，又中水县及邯郸。此处地皆咸卤，故云盐精，而碎之亦似朴硝也。此石末置水中，夏月能为冰者佳。

显然陶弘景的描述与后世南北寒水石的性状皆不同，首先"色如云母"，而且薄到能够轻易折断，是薄脆型的。"盐之精也"，可想而知它的味道也一定是咸的。此石出产于河北邯郸附近盐碱地里，故称"盐精"。在今天的邯郸、廊坊、唐山一带的确有很多盐碱地，足以证明陶弘景所言不虚。如将其捣碎，就像朴硝一样是颗粒状的晶体。关键在最后一句，把粉末放进水里就能够让水降温，即使在夏天也能让水变成冰。

于是新的推测可以开始了，一种透明的晶体，又薄又脆，出自盐碱地，破碎成粉末后再放进水里，水就会降温。此为何物呢？几番搜寻，还真找到了一种符合条件的物质，名为"盐湖硝花"。

从西安出发往东北方向两百多公里，有一个叫运城的地方，这里有一处非常著名的景点——运城盐湖，也叫"中国死海"，是世界三大硫酸钠型的内陆盐湖之一，人漂其上，浮而不沉。每年冬天，只要气温低于−5℃，盐湖上就会开出一朵朵晶莹剔透的花儿，这些花儿的样貌十分美艳，但却并不温柔，因为每一片花瓣都像冰刺一样锋芒毕露，向四面八方伸展开去，这不是盐花，而是硝花。"芒"就是在形容硝花尖锐的状态，所以它又被称为"芒硝"。芒硝即含水硫酸钠，它是从"寒水"里结晶出来的，即原始状态的天然朴硝，这一点完全印证了陶弘景的描述。

芒硝投入水里就会融化，融化是吸收热量的过程，不断地进行融化便可以让水降温，温度下降到冰点，水就会结冰。江湖传言：中国古人很早就掌握了"硝石制冰"的方法。但经过我的实际测试，不论是融化芒硝还是火硝，都只能让水降温，远远达不到冰点。据此可以推测，古人冬天开采冰块，窖藏至夏天再用于降温、冷饮才是获取冰块的主

左为方解石，多为方形，质地坚硬，附有白色粉末；右为朴硝，性脆，形状各异

要方法。但这"寒水"的第二重意思确凿无疑，它可以让水变得寒冷。

含水硫酸钠经过煅烧，结晶水被去除，剩下的就是硫酸钠粉末，由于盐分的存在，入香后对香品的防腐、防霉起到了一定作用，我认为这就是古方中寒水石煅烧入香的原因所在，而如果不经煅烧就入香则等同于朴硝的作用，加热时结晶水融化可增加香品的湿度，促进香气的融合。

只可惜关于"寒水石"的真相，自唐代以后就开始出现了各种各样的分歧，以至于到了明代，已经很少有人知它与芒硝之间的关系了，李时珍也在《本草纲目》中写道："唐、宋诸医不识此石，而以石膏、方解石为注，误矣。"此处我们也借由西斋雅意香的裹衣材料，还寒水石一个真相。

只不过我还有一个特别的建议，在修改后的西斋雅意香中，倒是可以尝试用方解石的粉末裹衣。因为在西斋雅意香之中，寒水石入香的用意主要是取其白色，从颜色上来讲用方解石裹衣并无不妥。但方解石裹衣还有一重意想不到的效果，可以让香丸变得十分坚硬，因为呈方状的碳酸钙碎末本身就是比较坚硬的，此外还能产生一些反光的效果，让一颗颗香丸在光线下闪烁出光芒。坚硬的外表、金属般的光泽，我倒认为又凸显了一重"西方属金"的含义了。

以方解石粉末裹衣的"西斋雅意香"香丸

总结一下新版西斋雅意香的配方，罗马洋甘菊 18%，这是香气的前调，独特的时令香气；檀香 15%，广藿香 10%，迷迭香 5%，绿薄荷 5%，这是对于檀香部分的修正，温而不燥、养心安神；玄参 26%，甘松 5%，苔香 5%，大黄 6%，丁香 5%，这是经典的东方气韵所在，苦而不臭；最后用南寒水石粉末裹衣，让香品呈现出属于西方的白色金属光泽。原方仅有的五种材料就这样被我们洋洋洒洒地扩充到了十余种，尽管材料的品种翻倍了，但香气的基调却没有改变，更加好闻且更富有秋天的韵味了，安神功效也不降反升，这便是我心目当中西斋雅意香该有的样子。

围绕古方改造的话题聊了许久，可能会让人产生一个错觉，似乎是我在教大家如何一步步地来制作西斋雅意香。其实不然，"授人以鱼，不如授人以渔"，我想说的并非是这一款香的制法，而是整个中式合香所要遵循的基本法则，即明人屠隆所说"合香，和其性也"这句话的真正含义。

我们会发现，香气的调和过程其实就是不断地在寻求平衡，这种平衡包括香气上的平衡、阴阳上的平衡、功效上的平衡、冷与热的平衡、清与浊的平衡、甜与苦的平衡等，我们总是把多余的搬走，又要把空缺的补上。只有这样，香气才不会突兀，香性才能融合。

而在这一过程当中，制香者也要与时俱进，用有机化学、芳香学、芳疗学等相关的知识，来对中国古人的配方进行解析和调整，尽管喜爱中国香文化的朋友们大多都是文科生，可能对于这些内容并不感兴趣，但我依然在不厌其烦地讲解诸如"醇""烯""酯"等晦涩的名词，就是因为中国香文化不仅需要复兴和传承，更加需要进步与创新。因此西斋雅意香的改造只是抛砖引玉罢了，希望后来者能根据自己的想法、遵循平衡的法则，合出更多"前有古人，后有来者"的好香品。

# 33. 围炉之趣与四时清味香

五方真气香中的最后两款有些特别，它们脱离了前三款香的逻辑，不论是用香的场景，还是香气的作用，都与养生没有太大的关系了，而是来到了中国香的另外两个独特的领域。

先来说说代表冬季的"北苑名芳香"。"苑"原本指天子的花园，"北苑"即宫廷北面的皇家园林，是供皇族游玩赏乐的地方，它与东阁、南极、西斋一样，指明了用香的场景，只是这次不在室内，而是在一个风景绝佳的室外空间。"北苑名芳"即皇家园林中名贵的奇花异草。

"北苑名芳香"香方如下：

> 北方黑气主冬季，宜围炉赏雪焚之，有幽兰之馨。枫香二钱半，玄参二钱，檀香二钱，乳香一两五钱。右为末，炼蜜和剂，加柳炭末以黑为度，脱出焚之。

"北方黑气主冬季"，展开来就是北方对应冬季，无论冰雪都由水而来又终化为水，故而北方属水，水乃至阴，与至阳相对，至阳属赤色，至阴属黑色。关键在第二句，这里出现了一个非常重要的词——围炉赏雪，要读懂这款香就要读懂这个词。

今人对于围炉赏雪的想象，一定是冬天待在家里，围着一个火炉，摆上瓜果点心，再泡上一壶热茶，一边吃着喝着，一边望向窗外的雪景，多么惬意舒适。但古人的围炉赏雪其实并不是这样的，古今对于"围炉"二字的认知差异，主要有两个方面。第一，围炉的地点并不一定是在家里，很多都是在室外；第二，既然是"围"，至少都需要两个人才能围炉而坐，一个人是不能称"围"的，而围炉的人又一定是志同道合的人。我们可以通过一篇著名的文章来印证一下这个观点。

文章来自明末的一位文学大家，张岱。关于张岱其人，他在给自己写的墓志铭中已描写得十分全面："少为纨绔子弟，极爱繁华，好精舍，好美婢，好娈童，好鲜衣，好美食，好骏马，好华灯，好烟火，好梨园，好鼓吹，好古董，好花鸟，兼以茶淫橘虐，书蠹诗魔。"一听便知这是一个天性自由、无拘无束、兴趣广泛的人，所以即使经历了明末的绵绵战火和颠沛流离，张岱最终还是活到九十三岁高龄，可见一个好心态对于健康的重要性。

崇祯五年（1632），张岱三十五岁，那一年的冬天，杭州大雪纷飞，他独自一人泛舟西湖赏雪，写下了一篇题为《湖心亭看雪》的文章。那年杭州的大雪一连下了三天，三天之后整个西湖都像是被封冻了一样，万籁俱寂。此情此景，大约是让张岱想起了柳宗元的那句"千山鸟飞绝，万径人踪灭"，于是他也效仿古人，驾起孤舟一叶，往湖心亭独赏"寒江雪"去了。出发的时间是"更定"之时，应该是指五更结束的时候，也就是清晨五六点钟，天还没有亮。在这种极寒天气的大清早跑去湖心赏雪的人，世上能有几个呢？就连张岱自己也以为只有他会这样做。

他裹着毳衣（毛皮制成的大衣），拥着炉火，坐在小船里。"炉火"出现了，但张岱并没有说他是在围炉赏雪，而是"拥"炉赏雪，何为"拥"？即拥抱之意，因此这炉火多半是来自手炉，手炉就是在明末开始流行的。将手炉拥在怀里，热气在皮衣里升腾，想来是十分舒适的。可见张岱并非一边打着冷战一边赏雪，打冷战的应该是船尾摇桨的舟人。

西湖的雪景令人叫绝，能看见岸边的树木全都成了雾凇，像腾起的白烟一样，天、云、山、水全都连成洁白一片，已经难以分辨了。但就在这片白茫茫的天地之中，湖水的倒影却映出了三种有颜色的物体，一是"长堤一痕"，二是"湖心亭一点"，三是"孤舟一芥"，像草芥一样渺小的船儿，船里的人更像是草籽一样。

可万万没想到，湖心亭里竟然有人！还不止一个，两人在地上铺了毛毡对坐，另有童子在侧煮酒。这两人见到张岱，也是惊喜不已，发出了与张岱同样的感慨："想不到这湖里居然还有跟我们一样的人啊！"

什么样的人啊？其实就是世人眼中的痴人，不正常的人，以至于让张岱的舟人都喃喃自语道："都说相公是痴人，没想到还有比相公更痴的人。"但殊不知，这些"痴人"恰恰就是天底下最为志同道合的人，他们不需要言语，不需要约定，甚至不需要相识，自然就能因为共同的爱好、共同的美好而心之所向、千里相逢。这种由"痴"而生的缘分千古难遇，自然让张岱万分欣喜，纵然不胜酒力，还是喝下了三大杯酒。

可以想象一下彼时湖心亭里的情景，三人围坐，谈笑风生，中间置一火炉，炉上的酒已经沸腾，呼呼地冒着热气，斟一杯饮下，全身立即舒展开来。而极目远眺，亭外又是一派被冰冻的西湖雪景，毫无一丝生机，毫无一点尘垢，纯净到纤尘不染，静谧到针落有声。此时的亭内亭外、心内心外，都形成了鲜明的对比，这种对比又形成了无比的安全感，寒冷被温暖所驱散，孤独被友情所化解，最终成为了一种莫大的人生乐趣，这便是"围炉"的意义所在。所以"围炉"的重点不在于"炉"，而在于"围"，围的不仅仅是一种温度，更是一种情感和一种人间的烟火气。

再说赏雪，古人爱赏雪，今人也爱赏雪。我曾在落雪时去过故宫，回溯时光的感受真切极了，雪遮住了浮华，显露了沧桑，让我觉得随时都会有一顶轿子出现在红墙的尽头一样。雪还可以遮瑕，像妆粉一样，哪怕是平日里污水横流、破败不堪的地方，一场大雪之后都变得素净了，所以赏雪也是在赏一份平日里难得的清净。对于南方人来说，雪又是稀缺的资源，记得重庆主城的上一场雪是在2016年，而再上一场雪则是在1996年，两场雪相隔二十年之久，每次下雪都是万人空巷，再没有比这更大的盛事了。

北苑名芳香的用途已十分明了，它就是为"赏雪"这件美事增添情趣的，多了一重嗅觉上的享受，也让雪有了香气。而这种香气，古人形容它为"幽兰之馨"。"馨"与"香"略有区别，晦斋主人曾言，"迩则为香，迥则为馨"，即近距离的香气称"香"，能够传播很远的香气，譬如幽兰、腊梅、金桂等远溢的花香则可称"馨"。

香方用到四种香料，其中乳香占到了近70%的比例，基本上与单方乳香没有太大的区别了，这在古方中十分少见。乳香是可单独熏焚的，但用法却不同于沉檀之类的木质香料，首先它无法直接点燃，一旦接触明火会马上燃烧，而后冒出黑烟，散发出焦煳气味；它也无法做隔火熏香，一旦温度开始上升，它就渐渐融化了，最终化为一摊液体树脂，香气却微乎其微。因此单熏乳香只能直接放置在炭火上，不加隔片，这也是阿拉伯人使用乳香的方法。在炭火的炙烤下，乳香很快发出白烟，香气也立即扩散开来，清洌爽朗、干脆利落，几乎没有烟火燥气，是一种可以深呼吸的香气。如果是上等的阿曼乳香，香气中还会夹杂着阵阵柠檬果香气。

虽然香气很好，但单熏乳香也有弱点，即烟雾太大，如果在小室中使用，很快就白茫茫的一片了。这便注定了"北苑名芳香"在如今难得一见，因为它的熏焚方式和出烟量都不太适合今天的品香空间了。但对于在户外赏雪的古人来说，烟雾不但无碍，反而给雪景增添了缥缈变幻的灵动感，同时低温又加持了乳香的穿透力，吐纳之间，香气走窜，深入肺腑，颇有空谷幽兰的绝世之馨。燃香方式也十分简单，直接将香丸投入炉中即可，可谓是围炉赏雪又赏香，一举两得。最后古人为了迎合五色，用柳炭末将香品染黑。

这就是北苑名芳香，它无关于养生，无关于取暖，无关于秋收冬藏，它的目的十分明确，就是为了增加情趣的，而这一点恰恰是中国香最可贵的用途。绣阁助欢、幽窗破寂、围炉赏雪，难道还不够美好么？

再来看"四时清味香"：

> 中央黄气属土，主四季月，画堂书馆、酒榭花亭皆可焚之。此香最能解秽。茴香一钱半、丁香一钱半、零陵香五钱、檀香八钱、甘松一两、脑麝少许。右为末，炼蜜和剂作饼，用煅铅粉黄为衣焚之。

此香的使用场景十分广泛，涵盖了前四款香的所有场景，一如"四季月"被均匀地分布在四季之中一样，雨露均沾。"此香最能解秽"，这句是重点，"秽"即脏东西，"秽气"即难闻的气味。但要注意的是，"秽气"与"晦气"是不同的，"晦气"表示运气不好、不吉利。因此四时清味香的作用是净化空气，并没有祈福辟邪之说。

配方没有太多的亮点，类似于香囊的用材，皆为留香持久且香气明显的材料，对于长时间地遮盖异味效果显著。其中有一味零陵香，是此香的核心材料。

"零陵"是一个古代地名，在今天湖南的永州，既然有个"陵"，显然最初是指一处陵墓，陵墓的主人就是舜，《史记·五帝本纪》记载，舜"葬于江南九疑，是为零陵"。这里是潇水河与湘江的交汇之处，又被称为潇湘。舜死后，她的两位妃子娥皇和女英千里寻夫，一路上泪洒于竹，竹上印下了点点泪痕，便成了潇湘竹，也叫湘妃竹，自此"潇湘"成了竹的代名词，林黛玉的潇湘馆就是种满了竹子的。娥皇、女英最终没能找到舜的陵墓，双双自尽于洞庭湖，后人为了纪念这两位忠贞的女性，寄托她们的无尽哀思，便把舜的陵墓称为零陵。"零"就是眼泪缓缓落下的意思，所以产于零陵山谷中的零陵香，它的香气也散发着淡淡的哀愁，似零落、凋零之感。

从制香角度来说，零陵香取茎叶入香，香气是温甜的，留香十分持久，通常沾手之后经数次水洗，到了第二天都依然满手的香气，在香囊中会经常用到。点燃之后的零陵香要比生闻更加浓郁，辨识度更高，但同时也导致了香气的压制性过大，因此在线香、香粉中零陵香的比例是要严格控制的。

从中医角度来讲，零陵香的主要作用是"祛风寒，辟秽浊"，这与四时清味香的"解秽"所对应。在《本草纲目》中对于零陵香的记述还提到，"脾胃喜芳香，芳香可以养鼻"，说明零陵香的香气有治愈胸腹胀痛、鼻塞等功用，这也与五行之"土"对应五脏之"脾胃"相互吻合。因此零陵香不论是从香气角度还是从养生角度来看，都是四时清味香的核心材料。最后古人用煅烧过的黄色铅粉来为它裹衣，赋予它五行之土色。

在今天，四时清味香适合用于改善空气环境，乔迁的新居、旅途中的酒店、消除梅雨天气的霉味等使用场景，它都可以起到天然净化的作用。

东西南北中，香气各不同，五方真气香全部登场了。感恩晦斋主人整理出了如此系统且全面的香方，让我们从中感受到了中华五行文化的博大和养生文化的精妙，也将香气的多场景运用体现得淋漓尽致。虽然不知道他姓甚名谁，但他是值得被我们铭记的人。

第五章　黄太史四香

香自来　烟火　人间

## 34. 一代香师黄庭坚的悲欣交集

"五方真气香"所包含的信息量已十分巨大，传世香方中少有能与之比肩者，但山外有山、香外有香，另一款香方不论是从传承有序的角度，还是从香方背后人文故事的精彩程度，又或是从制香方法的精细程度来看，都与其不相上下，甚至有过之而无不及。

香方记载在《香乘》卷十七"法和众妙香"的首位，名为"黄太史四香"。黄太史即黄庭坚，"四香"分别是意和香、意可香、深静香和小宗香。但这四款名香却并非黄庭坚的原创，而是他在各种各样的机缘巧合之下所收集到的，他也把这些奇妙的机缘都一一记录在了香方的跋文之中，所以关于这"四香"的故事从一开头就显得与众不同了，它不再是我们通过香名去展开的种种联想，而是在历史中真实发生过的香气故事。

要想理解黄庭坚笔下的这些机缘，首先要了解黄庭坚这个人。黄庭坚被称为"黄太史"，这是人们对他的尊称，听起来好像是一个很大的官，实际上"太史"虽然在先秦初设时级别很高，但之后就越变越小了，比如司马迁人称"太史公"，其实在汉代只是个五品官，到了宋代就更小了。黄庭坚五十岁时才被提拔成从七品的秘书丞、兼修国史，故名太史，而这七品小官却已经是他的仕途顶点了。

黄庭坚是苏门四大学士之一，书法位列宋四家"苏黄米蔡"之中，他的传世作品"砥柱铭"2010年拍了4.3个亿，折合每个字107万。他的诗词文章也很厉害，是公认的北宋大文豪，宋代盛极一时也是最具影响力的江西诗派，他就是开山祖师。同时他也是儒释道兼修的大家，对于哲学思想的理解精深至极。《核舟记》里"船头坐三人，中峨冠而多髯者为东坡，佛印居右，鲁直居左"，这三人就是苏轼、黄庭坚和佛印；古代还有一个经典的绘画题材叫《三酸图》，也是这三人围着一个大醋缸品尝桃花醋，三人分别代表了儒释道，儒觉得酸，佛觉得苦，道觉得甜，表达了对于人生三种不同的理解，这些都证明了黄庭坚的哲学修为是被后世所认可和称颂的。

在香学造诣上，他除了留下了"婴香方""汉宫香诀""黄太史四香"等经典香方以外，他总结的"香十德"更是名扬天下。"香十德"即香的十种美德，分别是"感格鬼神、清净心身、能除污秽、能觉睡眠、静中成友、尘里偷闲、多而不厌、寡而为足、久藏不朽、常用无障"。十德并不难理解，展开来就是在讲中国香的十条优点，但普通人要想讲清楚这十条优点，至少都需要用四千个字，但黄庭坚却只了用四十个字，所以这"香十德"所反映出的还不仅仅是黄庭坚的香学修养，他登峰造极的文采更是令人拍案叫绝。"香十德"后来传入了日本，受到了日本香道的极大推崇，反哺中国之后，如今几乎所有的香道馆都会不约而同地挂上一幅"香十德"，已成为一种约定俗成的规矩了。

然而问题也来了，在文治昌盛、崇文抑武、科举取士的大宋朝，如此才情兼备、文笔一流的黄庭坚为何只做到了个七品小官呢？大宋的官家难道就这么没有眼光么？我想主要有两个原因，一是性格和人品的问题。黄庭坚的诗风是学习杜甫的，整个江西诗派也以杜甫的风格为主导，杜甫风格，如果用两个字来概括，那便是"瘦硬"。还记得苏东坡的那句"杜陵评书贵瘦硬"么？书法上杜甫就是主张瘦硬的，而字如其人，瘦硬的杜甫的确与这五浊恶世格格不入。黄庭坚喜欢杜甫的诗，因为他天生与杜甫是同样"瘦硬"的性格。比如他七岁所作"多少长安名利客，机关用尽不如君"，倘若不是史书所载，谁能相信这是个七岁小儿的作品呢？黄庭坚的为人之道、为官之风，在文人聚集、钩心斗角的大宋朝自然是凶多吉少，因为哪怕是寇准、赵抃那样坐在高位的清官，也难逃奸佞的陷害。

第二个原因是与苏轼的关系，老师已经被一贬再贬，从汴梁贬到了海南，那他身为四学士之一又如何能独善其身呢？况且在苏轼被贬期间，黄庭坚对老师仍然不离不弃，毫无疏远之心，也使得苏黄的这段情谊被天下人所传颂。因此在党派之争此起彼伏、暗流汹涌的政局里，黄庭坚的仕途注定是坎坷的，而在京城修国史的那段时间基本就是他最后的祥和岁月了，再之后他也开始了一路被贬的苦难。

我把被贬说成是苦难，可能有人会觉得过了，到哪当官不是当啊，苏东坡被贬了之后不是挺开心的么，在黄州酿松花酒、吃东坡肉，跑到岭南"日啖荔枝三百颗"，到了海南岛又沉醉在美妙的沉香里，每天吃美味的牡蛎还生怕被别人知晓等。但实际上，这些统统都是苦中作乐、自我勉励罢了，彼时的岭南蛮荒至极，很多物资都要靠北方长途运输而来，别说享乐了，就连日常饮食的供应都会不时中断，倘若再得了病更是无医无药，稍不留神就一命呜呼了。因此如果没有苏东坡这般良好的心态和豁达的胸怀，别说是一介书生，就是铁打的将军也要脱下三层皮来。同为苏门四学士之一的秦观就没有老师心态好，在被贬的路上连给自己的挽歌都写好了："家乡在万里，妻子天一涯。孤魂不敢归，惝惝犹在兹。"昔日风流倜傥的公子哥形象早已碎了一地。

但黄庭坚在这方面却得到了老师的真传，不论去到哪里，都能保持随遇而安的乐观心态，不但可以从容地面对贫苦的生活，还能把那些偏远小城治理得井井有条。更为可贵的是，黄庭坚的艺术造诣也在苦难的过程中变得越发精进了，比如我最喜欢的一首词就是他写于被羁管宜州的第二年，在写完这首词仅仅几个月后，六十一岁的黄庭坚终是不堪重负，在那个"上雨旁风，无有盖障"的小阁楼里，孤身一人，驾鹤西去了。这首词题为《清平乐·春归何处》：

> 春归何处。寂寞无行路。若有人知春去处。唤取归来同住。春无踪迹谁知。除非问取黄鹂。百啭无人能解，因风飞过蔷薇。

如果我不告诉你这是一个将死之人的手笔，你可能很难体会到字里行间深深的凄凉，恐怕还会觉得这不过就是在某个蔷薇开放的暮春时节，某个悲秋伤春的人在感慨光阴的流逝而已。而这首词恰恰就是黄庭坚的性格写照，他至死也不愿人们看到他的苦难，他至死也不愿深陷在苦难之中，他只是笑着在问自己将归去何处？自己的结局会是什么？可惜这个答案却是没人知道的，就像连黄鹂也不知道春天去了哪里一样，因为春天已经消失得无影无踪了。但就在此时，枝头的蔷薇被风吹得轻晃了一下，他恍然大悟，这蔷薇不就是春天的踪迹么？人生亦是如此，又何必追问归宿呢，只求把灿烂留在人间！我想黄庭坚最终是做到了的，无论他是去了极乐净土，还是去了三清境界，他这一生才学所结成的累累硕果都将永远流传下去。

从这首词中也能看到"瘦硬"的黄庭坚有着极其细腻的一面，他虽然是执着的、倔强的，但同时也是柔软的、温情的，他冷峻的外表之下其实藏着一颗善于去发现和体会美好的心灵，这也是在一众大宋才子里面偏偏他黄庭坚可以成为一代香学大师的原因了，因为他把人间冷暖、悲欣交集都合进了香里。

关于黄庭坚被发配宜州的来龙去脉，对于后文理解"黄太史四香"的跋文十分重要，在此略作表述。黄庭坚在京城修史不到两年就被贬出了京师，贬往巴蜀黔州任职。黄庭坚一路西行，途经湖北荆州，当地名士无不倒履相迎、热情款待。其中在荆州承天寺，有一位智珠和尚与黄庭坚相谈盛欢，想来也是聊到了佛法的至精之处。彼时承天寺内有一座佛塔荒废已久，正准备重建，智珠和尚便向黄庭坚求了一篇塔记，黄庭坚也欣然答应待佛塔完工之后定来为此塔做记。

时光荏苒，六年之后徽宗即位，元祐党人迎来了短暂的复兴，黄庭坚也被重新调回江南。归途之中他又一次路过了荆州，又一次来到承天寺与老友智珠相会，恰逢承天寺佛塔已经竣工，黄庭坚自然不负当年之约，洋洋洒洒地写下了一篇《江陵府承天禅院塔记》作为碑文。

原本这件事就这么过去了，不承想这篇塔记却被有心者抓住了把柄，断章取义地摘录下来密报给了朝廷。当年的宰相不是旁人，正是李清照的公公赵挺之，那可是个冷血无情、极善权谋的新党代表，对黄庭坚也早已心存怨恨。于是这新仇旧恨一并宣泄下来，直指黄庭坚是"幸灾谤国"，革去了他一切职务，发配广西宜州羁管。所谓"羁管"即拘禁看管，是没有自由的，所以未来的艰苦完全可以预见，于是在出发之前黄庭坚把家人安顿在了湖南，只身南下。

可想而知，一个垂暮的老人，一个朝廷的罪人，一个当权派的仇人，孤独地前往一个蛮荒的边陲之地，等待他的会是怎样的结局呢？换做是谁都会瑟瑟发抖吧？可在黄庭坚的眼里，他似乎并没有看到苦难，他只看到了"风吹过蔷薇"。

## 35. 来自江南的意可香

黄太史四香中除了第一款"意和香"，其余三款都是有跋文的，为了便于理解，我们从第二款"意可香"开始聊起。

意可香香跋写道：

> 山谷道人得之于东溪老，东溪老得之于历阳公。其方初不知得其所自，始名宜爱。或云此江南宫中香，有美人曰宜娘，甚爱此香，故名宜爱，不知其在中主、后主时耶？香殊不凡，故易名意可，使众业力无度量之意。鼻孔绕二十五有，求觅增上，必以此香为可。何况酒欤？玄参茗熬紫檀，鼻端已需然平直，是得无主意者观此香，莫处处穿透，亦必为可耳。

第一句交代了香方的来历，除了可以确认"山谷道人"即黄庭坚，"东溪老"和"历阳公"究竟是谁，在历史中却很难寻到踪迹，从而导致对"意可香"来历的解读向来模糊不清。但也许是天意使然，让我在一位香友的帮助下参透了他们的身份，顿时让这则香跋饱满起来，也为我们理解黄庭坚品闻此香时的心境和感悟提供了素材。

黄庭坚是江西人，二十三岁考取进士便远赴河南叶县任县尉一职，他的仕途也由此开始。县尉官小位卑，分管之事却又千头万绪，诸如户籍、律法、缉盗、税赋等皆在其列。琐碎的公务与官场的周旋很快让黄庭坚身心俱疲，加之他的原配妻子也在其间因病去世，这都让他在叶县的生活怅然自失。苦苦熬了四年多，忍无可忍之下他参加了四京学官的选拔考试，想要远离官场换一种生活。以黄庭坚的文笔自然是一考一个准，果然他被授为"北京国子监教授"上任去了。此"北京"非今北京，而是指河北大名县，北宋时作陪都，又称大名府。

国子监教授平日里比较清闲，教书育人，搞搞学术研究，没有官场上的尔虞我诈、阿谀谄媚，且教授的社会地位不低，有学问的人往往都比较受人尊敬。通常一届教授的任期是四年，四年后黄庭坚又得到了时任大名府留守文彦博的赏识，继续连任四年，因此他的教授生涯持续了整整八年。这八年，可谓是黄庭坚一生中最为闲暇舒适的时光了，他博览群书、潜心创作，留下了大量的诗篇文章和学术专著。同时他也以文会友，广交天下才子，他与苏轼的神交就是从这里开始的，两人隔空唱和、切磋心得，终成莫逆之交。

如果一切正常的话，八年之后黄庭坚就该升官了，朝廷本来也是准备提拔他为卫尉寺丞兼著作佐郎的，且依然从事他擅长的文字工作，这不挺好么？只可惜就在升官的前一年，苏轼"乌台诗案"案发，黄庭坚受到了牵连，罪名是"收受苏轼讥讽文字而不上缴"。当然在这场文字狱中受牵连的远不止黄庭坚了，苏辙、曾巩、司马光等都受到了很大的冲击。

黄庭坚升官无望，不但没能进入京师，反而被改派回老家江西的泰和县任知县去了，屋漏偏逢连夜雨，他所娶的第二任妻子也在这一年撒手人寰，双重打击之下，黄庭坚陷入了巨大的悲苦之中。

特别要说明的是，虽然黄庭坚对于官场的污浊之风厌恶至极，但并不意味着他不把功名放在心上，相反对于任何一位古代文人来说，博取功名、光耀门楣都是唯一证明人生价值的方法。包括他所崇拜的杜甫，即使杜甫最高也只做到七八品的微末小官，但他的墓志铭上依然要清楚地写下"唐故工部员外郎杜君之墓"，无论身前身后这官职都是荣誉所归；即使李白豁达到"且乐生前一杯酒，何须身后千载名"，可他在长安苦苦求官时的窘迫之态却是历历在目。黄庭坚也不例外，原本未来可期、仕途有望，却在一夜之间夭折，原本可以衣锦还乡，如今却有了一丝告老还乡的味道，于是他写下了"六年国子无寸功，犹得江南万家县"的句子，颇有自我解嘲的意味。

古人远行会尽量选择水路，从大名府去往江西，要经汴河进入运河，再由运河进入长江。长江段必经今天的安徽省，黄庭坚从金陵上船，溯江而上横穿了安徽南部，这一路上绝美的皖南山水堪称是正宗的江南盛景！而江南自古就是多情的，当多情的人融入到多情的景里，又该生出多少的情愫与感怀呢？在黄庭坚的《山谷集》中，有多达三十多篇作品都创作于这段归途之中，也从侧面向我们展示了他当年这段旅途的种种细节。黄庭坚离开金陵后的首次驻足在当涂一带，即今天马鞍山市当涂县，那里也是诗仙李白的人生终点。巧的是与此处比邻的马鞍山市和县，古称"历阳"，跋文第一句中的"历阳公"便由此而来。

南宋罗从彦编撰的《豫章文集》中收录一封黄庭坚写给友人的书信，是名"答郭英发书"，在这封信里黄庭坚回答了友人提出的很多问题，其中就包括历阳公和东溪老的身份。

"东溪老，庐山开先长老行瑛；历阳公，王安上纯父，是时为和州。"庐山曾有一座开先寺，始建于南唐，寺旁有飞瀑直下三千尺，正是当年李白观瀑作诗之处。后来由长老行瑛主持重修，历时九年，修成时黄庭坚还专门做了一篇《开先禅院修造记》。行瑛所居之处为"东溪"，故而黄庭坚称其为"东溪老"，可见二人友谊之深，"意可香"香方就是行瑛给黄庭坚的。而行瑛的香方又是来自王安上，王安上字纯父，是王安石的亲弟弟，曾经在和州为官，留下了"历阳城外桃花坞，台榭废来名已古"的诗句，故称"历阳公"。历阳公又是从哪得到的香方呢？无从追溯，但跋文中却给出了另外一条线索。

跋文中云，香方原来的名字并不叫"意可香"，而是叫作"宜爱"。相传原本是一款江南宫中香，也就是从南唐的皇宫里流传出来的，曾经宫中有一位美人叫作宜娘，特别喜爱此香，故名"宜爱"。但若问"宜爱"到底是中主李璟时所创，还是后主李煜时所创，又不得而知了。但南唐的皇宫就在金陵，与历阳近在咫尺。

如此一来，跋文忽然有了一个很连贯的解释，江南宫中香的制法流出宫廷，被历阳的王安上所获，传于行瑛，行瑛又传于黄庭坚。而就在黄庭坚来到江南前不久，王安上才刚刚被罢了官，原本老友相逢可以一醉方休，好好聊聊这"江南宫中香"的来历，却奈何官场诡谲，仕途莫测，这让黄庭坚唏嘘不已，为老友，也为自己。所以他不是无缘无故想起这款香的，原本这款香于他而言也许并不重要，但此刻不同了，因为这香里还包裹着太多复杂的情感。

他继续溯江而上，到过铜陵，写下"顿舟古铜官，昼夜风雨黑"，到过贵池，写下"不食贵池鱼，喜寻昭明宅"，接着他又到了此行最重要的一站——舒州，即今安徽潜山，这里有一座天柱山。

天柱山中有一座古刹，名为三祖寺，始建于南朝梁武帝时期，因禅宗的第三代祖师圆寂于此，三祖寺也成了禅宗的六大祖庭之一。黄庭坚与禅宗有着很深的渊源，我们可以在他众多的作品中看到问禅、论禅、悟禅的内容。禅宗的流行主要是在北宋，而黄庭坚的家乡又刚好是南禅临济宗黄龙派的发源地，大小禅寺十余座，可以想见，当他还是个牧童的时候就在各路禅师的说法之下耳濡目染了，这大约也是为什么他七岁就能看破世俗的原因。

三祖寺是黄庭坚此行的必到之处，由于谐音，三祖寺也被称为"山谷寺"，于是黄庭坚由此开始自称"山谷道人"。这个称号看起来似乎是冲突的，山谷寺里怎么能有个道人呢？而这正代表了黄庭坚佛道兼修的哲学观。

他回到了老家江西，思绪却久久地停在了江南，他不由得又想起那则香方，于是动手制作并开始了一番细致的品闻。

"香殊不凡，故易名意可"。这香气不一般，"宜爱"之名太过肤浅，所以改为"意可"。何为"意可"呢？"使众业力无度量之意。鼻孔绕二十五有，求觅增上，必以此香为可"。这句话常人很难理解，因为它与佛法有关。"众业力"即众生善恶报应的力量，造什么业就有什么果，也称因果报应，众生的果报在佛教中被分为"二十五有"，其中欲界十四有，色界七有，无色界四有。比如"六道"中的阿修罗道、畜生道、饿鬼道、地狱道，在欲界十四有中就被称为"四恶趣"。凡夫往生之后会去往哪里？这种力量是不可抗拒的，如果想要不堕恶道，唯一的方法就是发善心、结善缘、行善事，通过修行来获得善报。但在修行的过程中，有些东西是可以起到加持、增进作用的，比如这款香的香气。不论是对想要"求觅"真理者，还是对想要"增上"法力者，都是有助力作用的。

"何沉酒欤？玄参苦熬紫檀，鼻端已需然平直，是得无主意者观此香，莫处处穿透，亦必为可耳。"在陷入困惑、迷茫无助的时候，何必沉迷于酒呢？闻闻这玄参和檀香的香气吧，一个是道家的代表，一个是佛家的代表，合在一起就是"禅"的香气啊！哪怕是没有主见的人，也能洞彻种种真相，看破种种迷雾，从而找到人生的方向！

这便是"意可"的由来，充满了黄庭坚对于禅宗的精深理解，当然此处仅是一番浅析，其间诸多妙处还待各位有缘人细细参悟。

说到这里，我们会发现一件奇怪的事情，这款香原本就是一款江南宫中香啊，回想一下李煜、小周后的宫廷香方，大多都是情意绵绵、花香蜜意的。可怎么到了黄庭坚这里，江南宫中的香气却发生了180°的大转弯呢？他为何能从中得出反差如此之大的，关于因果、关于善恶、关于修行悟道等的感悟呢？还把人家的香名都改掉了。

但是如果我们把黄庭坚此时失意落寞的心境，把他苦中作乐、坚毅倔强的性格，把他对老友所遇不公的愤懑和思念，把他高深的佛道修为等因素都结合起来看的话，这件事情就变得容易理解了。当他闻到这种香气时，他不可能去联想美人，去联想江南宫中的富丽堂皇，反倒是这清甜可人、穿透力极强的香气让他感到了无比的释怀，仿佛香气能够驱散胸中的烦闷一样。这香气让他想到了禅，想到了看破，感受到了"处处穿透"！

假如黄庭坚此时不在江西，也未曾有过江南之行，而是沉浸在汴梁的高官厚禄和仕途亨通之中，再让他来品闻这款"宜爱"，他还能产生这番深刻的感悟么？我认为是不能的，"宜爱"最多就是一款寻古幽思的香品而已，不会被他收进四香，也就不会流传下来了。

香是讲缘分的，同样的一款香，不同的人、不同的境遇、不同的修为、不同的人生阅历，都会产生不同的香气感受。有的时候我们会说，为什么这款香如此盛名远扬，可我却喜欢不起来呢？不用着急，窖藏几年再来品品，也许只是缘分未到而已。

## 36. 甲香的考证与炮制之法

"意可香"古方：

> 海南沉水香三两（得火不作柴桂烟气者），麝香檀一两（切焙，衡山亦有之，宛不及海南来者），木香四钱（极新者，不焙），玄参半两（锉、炒），炙甘草末二钱，焰硝末一钱，甲香一分（浮油煎令黄色，以蜜洗去油，复以汤洗去蜜，如前治法为末），入婆津膏及麝各三钱（另研），香成旋入。

纵览香方，会发现其中关于材料部分的表述异常详尽，多有注释，清晰地告诉我们应如何选材、如何进行炮制，这大大增加了香方的可操作性，也让最终的香气呈现更加准确了。

首先是君香"海南沉水香三两"，特别强调了是沉水的海南沉香。海南沉香"冠绝天下，一片万钱"，之所以说"一片"却不说"一块"，是因为海南沉香多为壳料，以轻薄者居多，少有大块厚重者，能沉水的海南沉香更是少之又少。

这还不算完，接下来对沉香还有一句话的注释，"得火不作柴桂烟气者"。前文

海南沉水香壳料，结香部位位于树木表层，木质部分腐朽之后留下极薄的壳状沉香，它依然能够沉水，说明密度之大、含油量之高

曾总结，评鉴一款沉香的优劣总体上有四条指标，其中一条就是看点燃之后是否会产生焦燥的烟火气。烟火气是由燃烧木头而来，因为沉香不可能脱离木质部分单独存在，否则就是液态的沉香油了，所以沉香但凡"得火"一定会有烟火气，这是无法避免的。但烟火气却有轻重之分，若是富含油脂的沉水香，再经长年醇化，当其木质部分腐朽殆尽或炭化之后，点燃时的烟火气自然就很小了，甚至可以小到忽略不计。因此这句注释又对原本就已经很难得的海南沉水香做了进一步的筛选，让原本就十分"清淑"的香气清上加清。同时也为整体香气奠定了一个基调，即以清澈、纯净、少有杂味为主，一切的焦燥之气都要尽量去掉。当然这种极稀少的沉香也成为了意可香的一道门槛，颇具江南宫中香的高贵之风，并非人人都能得而闻之。

接下来是"麝香檀"。前文讲过麝香，也讲过檀香，但当二者合一时却另有所指。《香乘》卷三中有一段摘自宋人温革《琐碎录》的文字，对于"麝香檀"进行了释义：

麝香檀一名麝檀香，盖西山桦根也。爇之类煎香，或云衡山亦有，不及海南者。

所谓的麝香檀，其实是西山桦树的树根。"西山"我认为是指汴梁以西的太行山脉，除了生有桦树，太行崖柏也十分有名。桦树根点燃时的香气像煎香一样，"煎香"为沉香中栈香的一种别称。

在那次合野香的经历中，我无意间发现了胡桃皮具有一丝树脂香气，香气来源于一种被称为白桦脂醇的物质，也叫桦木脑，这种成分就大量地存在于桦树皮里。北方少数民族会用桦树皮来制作香囊，中国古人也有用桦树皮制作蜡烛的记载，比如白居易诗句"宿雨沙堤润，秋风桦烛香"，"桦烛"即用桦树皮卷蜡制成的烛，点燃有香气。同样，苍老的桦树根也是有香气的，切碎焙干即可。

"木香"即广木香，特别说明是"极新者"，用新鲜木香直接入香，不用焙干。唐宋时期，广木香还属于舶来品，若想要得到新鲜的也十分不易。接下来"玄参半两"，锉碎翻炒；"炙甘草末二钱"即用蜜烘制过的甘草磨粉；"焰硝末一钱"，主要起助燃作用。

再接下来是"甲香一分"。首先要弄清楚一个问题，甲香的"甲"究竟是什么动物的甲？如今公认的答案，这是一种螺类的甲，即螺类软体部分缩回到壳里面之后，用来封住壳口的盖子，学名叫作"厣"，比如吃螺的时候，要掀开厣才能吃到肉。然而螺类是一个非常庞大的群体，品种多达几万种，每种螺的厣也各自不同，有大有小，有厚有薄，有圆的也有异形的，那么古人所用的厣究竟来自哪种螺呢？

如果去网络上搜索，"甲香"对应的解释是"蝾螺科动物蝾螺或其近缘动物的掩厣，圆形的片状物"。这里指向了一种螺——蝾螺。蝾螺的厣很有特色，几乎是规则的圆形，一面平整，一面凸起，凸起的一面朝外，上面还分布着花纹，中心色深，外缘色白，看起来像是一颗眼珠子，所以当蝾螺缩回壳之后，仿佛还有一只眼睛盯着外面的世界一样，具有威慑力。蝾螺厣还有一个特点是比较厚，如果砸碎磨粉，粉末是白色的，主要是碳酸钙成分，也叫石灰质，如今药店里所出售的"甲香"大多是这种蝾螺厣。

但这个答案是否正确呢？碳酸钙物质有加持香气的作用么？我深表怀疑，于是对甲香做了一番考证和实测。

《香乘》当中关于甲香的考证，摘自《本草纲目·介之二·海螺》，其内容则源自三国时期万震所撰《南州异物志》：

蝾螺厣

经水煮后外形无任何变化，亦无香气

甲香大者如瓯，面前一边直攧长数寸，围壳岨峿有刺。其厣，杂众香烧之益芳，独烧则臭。今医家稀用，惟合香者用之。

这种海螺有大的，像瓯一样，瓯是一种类似于碗的陶器。其中一头又细又长，可达数寸。同时螺壳不是平滑的，有像牙齿一样参差不齐的凸起。这种螺的厣如果混合其他香料一起烧，可以增加芳香，但如果单独烧，则是臭的。如今医家用得比较少，只有合香中常用。这段记载中的海螺与蝾螺有一个明显的差异即"长数寸"，常见的蝾螺都是圆滚滚、胖乎乎的，没有又细又长的部分。

再来看明代的另外一部著作《闽中海错疏》，专门研究福建一带的海洋生物，作者屠本畯是一位明代生物学家。其中《介部·香螺》有云："香螺大如瓯，长数寸，其揜香烧之，使益芳，独烧则臭。诸螺之中，此螺味最厚，《本草》谓之甲香。"这里给出了进一步的答案，《本草纲目》中所说的"甲香"是香螺的厣。

另有苏东坡的一首诗文，题为《子由生日，以檀香观音像及新合印香、银篆盘为寿》，诗中写道："旃檀婆律海外芬，西山老脐柏所薰。香螺脱黡来相群，能结缥缈风中云。"印香中用到了檀香、婆律膏和太行崖柏，最后用甲香进行了加持，让香烟凝聚不散，就像把风中缥缈的云给凝结住了一样，苏东坡特别说明他用的甲香是"香螺脱黡"。

香螺，也叫响螺，顾名思义是能吹响的螺，古代战场上可以当军号来吹，佛教里可作法螺，因其声音洪亮，可以传法。这种螺的形态不是蛏螺那般浑圆，而是两头尖中间粗，如果螺足够大，朝下的一端可以延伸数寸之长，这就很符合古文中的描述了。

更重要的是，香螺的厣不是正圆形的，也不是很厚实，而是深褐色不规则的曲线形，只有一侧的边缘稍厚，中间则十分轻薄，看起来非常像一只耳朵。《香乘》"制甲香"部分有云"甲香如龙耳者好"，何谓"龙耳"？即龙的耳朵，与龙涎是龙的口水，龙

炭灰水反复烹煮甲香，直至煮干

再用酒蜜煎煮，水尽时反复炒干，甲香颜色微红，呈半透明状

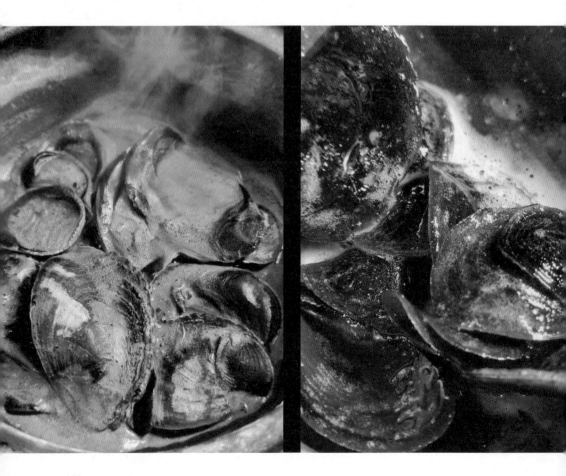

脑是龙的精华同义，皆为最名贵难得的香料。

至此，可以从古籍考证的方面证明，古人所说的甲香，并非来自蝾螺厣，而是来自香螺厣，包括我去日本老香铺采购香料时所见的甲香，也均为香螺厣炮制而成。

下面我再给出实际测试中得出的结论。

首先我将蝾螺厣如法炮制，破碎为粉末，粉末是白色的、干燥的，与未经炮制直接破碎的蝾螺厣别无二致。生闻没有任何气味，入香后也没有对香气产生任何改变，这一结果与其石灰质成分相符合。

再看香螺厣，“意可香”中关于甲香的备注如此说：“浮油煎令黄色，以蜜洗去油，复以汤洗去蜜，如前治法为末。”先用油煎，再用蜂蜜洗去油，再用热水洗去蜜，最后磨粉。此步骤与“意和香”中的甲香制法“以胡麻熬之，色正黄则以蜜汤遽洗”基本一致。

其他如《陈氏香谱》中“制甲香”还有更加复杂的方法：“取一二两，先用炭汁一碗煮尽，后用泥水煮，方同好酒一盏煮尽，入蜜半匙，炒如金色。”即用炭灰水、泥水和酒蜜水反复烹煮、翻炒，还有用淘米水浸泡烹煮等。

但不论是何种方法，其核心就是一个字——洗。为什么要反复清洗？为了去腥。但要注意的是，所要去掉的“腥”仅仅是过于浓烈的腥气，甲香的腥并不能完全被去除，又或者说甲香的香气正是来源于这种奇妙的“腥气”。

制好的香螺厣磨粉之后有些晶莹剔透，因它本身就薄，又带有贝壳类天然的反光。粉末直接上炉热熏依然会有淡淡的腥气，虽比炮制前削弱了很多，但依然不属于香气；如果直接点燃这些粉末，散发出的则是甲壳类烧煳的味道，我想吃过烤大虾、烤螃蟹的朋友都是感受过的，用古人的话来说就是“独烧则臭”。

我将粉末合入香品中，再与未入甲香的香品进行比较，此时甲香的效果才得以体现。我惊喜地发现，腥气不见了，取而代之的是另外一种不属于香品中任何一味材料的气味。由于嗅觉上的细微差异很难用语言形容，我只能用打比方的形式来表达这种感受。我认为甲香所提供的香气效果是鲜美，类似于做菜时加入的味精，味精其实对于“酸甜苦辣咸”这五种味觉都不产生直接的影响，但它却能对于另外一个隐藏的指标起到极大的提升作用，也就是鲜美感，而鲜美感又在无形之中增加了五味的质感，最终让整体口感得到提升，我认为这与甲香在合香中的作用异曲同工。鲜美的食物能提高我们的食欲，鲜美的香气也能提高我们的嗅觉欲望，香气不仅仅变得好闻了，还有一种闻了还想闻，让人欲罢不能的感受。因此古书中甲香所谓“凝聚香烟”的作用，恐怕除了凝聚了烟雾之外，也凝聚了被这种鲜美香气所吸引的人们。

中国香绝大多数都是由植物香料所构成，植物都是有共性的，不论木质、草本、树脂、花朵，因此当动物香料被突然加入时，气韵会立即显得与众不同，这就是龙涎香、麝香会如此受到追捧的原因，甲香亦如是。当然，如果甲香被用于直接点燃的香品时，用量一定要小，否则会有焦煳臭味，比如意可香中的甲香仅占不到 0.2% 的比例。

除了香气，甲香还有另一重妙用即其所富含的甲壳素具有天然的抑菌效果，可以让香品在窖藏过程中减少生霉变质的概率，自然也对香品的醇化起到了增进作用。

最后入香的是婆律膏。《香乘》记载"龙脑是树根中干脂，婆律香是根下清脂，出婆律国"。龙脑香树的固体精华是龙脑香，流动的膏液便是婆律膏。

可以总结一下意可香的特色了。首先这款香很高端，用材不凡，且对每一味材料都有严格的要求，一看就是经过反复推敲的香方，目的是要控制最终香气的呈现，说明其容错度很低，只要稍有偏差就已经不是意可香了；其次整个香方都是在围绕海南沉香做文章，从香气的清浊上来讲，几乎没有浊气，不论是桦木、新鲜的木香，还是炙甘草、婆律膏，都是在对海南沉香的"清淑"之气进行增补，再用动物香料甲香、麝香来增强香气的持久性；最后这款香是可以用来烧的，助燃的硝石、得火而无烟气的沉香、让香烟凝聚的甲香，都指明了它的用法。

既然要烧，便会有烟，一如黄庭坚诗中所写，"一穟黄云绕几，深禅想对同参"，当他看到这变化无常、来时有形、去而无踪的青烟时，想必一如香严童子观香悟道一样，对于禅法有了更深的理解。而黄庭坚所追求的禅法，其根基是从小耳濡目染的南禅临济宗黄龙派的主张，被称为"道不假修，但莫污染；禅不假学，贵在息心"，强调悟道者并不需要去刻意地修行，一旦产生"修"的念想，反而已经离道了；悟禅者也不需要刻意地去学习，最重要的恰恰是排除杂念，保持精神的专注。这实际上就是融合了道家的"万法自然"与佛家的"心本圆满"，而意可香带给黄庭坚的正是这种清澈干净、了无杂念的感受。

# 37. 寒夜里的深静香

"黄太史四香"中的第三款香，名为"深静香"，似有深远幽静、深邃静谧之意，充满着浓浓的禅意，很符合黄庭坚禅宗大师的形象，市场上也有很多修禅悟道类的香品都爱附会这深静香之名。

但当我们对真实的历史进行一番探索之后，却发现"深静"二字其实与修禅悟道并无关系，而是在诉说着另外一种朴素的情感，甚至这款香也并非是普通的熏焚之香，而是一款香炭。先来看深静香的跋文部分：

　　荆州欧阳元老为予制此香，而以一斤许赠别。元老者，其从师也能受匠石之斤，其为吏也不锉庖丁之刃，天下可人也！此香恬澹寂寞，非世所尚，时下帷一炷，如见其人。

　　第一句说明了香的来历——荆州。黄庭坚虽然从未在荆州做过官，也从未在荆州长期逗留，他仅仅是在赴任途中两次路过而已，但荆州却与他的一生都结下了不解之缘。可能很多人会说，他一定是恨透了荆州的，因为那篇《江陵府承天禅院塔记》最终让他走进了南疆凄冷的烟雨中一去不复返了。可我的理解却是，荆州虽然给他带来了致命的伤害，但也曾给他带来过无比温暖的情感，这种情感不是来自秀美的荆襄山水，而是来自他与荆襄名士们淡如水却浓于血的君子之谊，跋文中所提到的这位"欧阳元老"就是荆襄名士之一。

　　欧阳元老，听起来像是一位须眉皓然的老者，其实他只是字"元老"而已，本名欧阳献。历史中关于此人的记载极少，因为他没做过什么官，只做过一段时间的幕僚，都不算是正式的编制，而无官无爵之人自然会被史官们疏于笔墨，再加上他也没有什么传世作品，所以欧阳献是谁？少有人知。但奇怪的是，这样一个人却大量地出现在那些文豪巨匠的诗文之中。这倒是让人颇感惊奇！比如官至太学博士的周行己，在给欧阳元老和另一位名士的诗《述忆二十韵奉赠段公度欧阳元老》中写道"颇恨相得晚，甚知二子真"。又如著有《北湖集》的吴则礼，他在《过欧阳元老草堂》一诗中写道"缅怀靖节意，心远地自偏"。诗的最后还写道"商略周八极，落落遗简编。谁言厌羁旅，便欲终残年"。谁说辞官隐退之人只能浑浑噩噩地消磨余生呢？欧阳元老的隐居生活就令人钦佩。

　　通过以上例证，我们可以大概勾勒出欧阳元老的形象了，首先他应该是个修道之人，对于道家学问、摇卦占卜等皆十分精通，甚至有预测凶吉祸福的本事；其次他是一名隐士，纵情于山水，无意于功名；再次他并非孤寡自闭之人，而是生性豁达、广交好友、待人诚恳、受人尊敬的荆襄名士。

　　苏东坡也曾写过一篇《与欧阳元老》，这是一封书信。写作时间是元符三年（1100），这一年宋徽宗大赦天下，苏东坡终于能够离开海南回归京师。但就在归途之中，他听闻了学生秦观的死亡噩耗，起初他不相信，因为前不久他才刚刚见过秦观，虽然秦观那时已经为自己写下了那首凄凄惨惨的挽词，但身体挺好，怎么会突然就走了呢？苏东坡是将信将疑、心神不定，好几天都没有吃下饭。又过了些日子，当他走到广西白州的时候，秦观的死讯终被证实。苏东坡悲痛不已，提笔给远在荆州的欧阳元老写了这封信，详细描述了他这些日子的疑惑和煎熬，如何听闻了死讯，如何确认了死讯，又是如何的悲伤、惋惜等，可谓是声泪俱下。

　　且不去说苏秦的师生之情，单说写信这件事。苏东坡是好友遍天下的，哪个不是一等一的文豪巨匠、高官重臣，可他为何在这遭遇极大悲痛的第一时间偏偏要给欧阳元老写信呢？他为何要把对于秦观的种种情感向欧阳元老去倾诉一番呢？可想而知，这份友情的深度非同一般，他们绝非是普通的朋友。信的落款处，苏东坡还写道："尚热，惟万万自重。无聊中奉启，不谨。某再拜元老长官足下。"虽然这是客气话，但尊敬之情溢于言表。

　　当然，欧阳元老收到信时大约也是泪眼迷离的，这封信也算是苏东坡写给他的绝笔了，一年之后，苏东坡便在途经常州时溘然仙逝。

　　通过苏东坡的信，我们又可以进一步细化欧阳元老的形象了，他在悠悠历史中可真是"隐"得够深啊！身为东坡的挚友，却可以低调到几乎无人知晓，就像他从来都没有存在过一样，可谓是把"隐"这个字诠释到了极致。此外，他还一定是一位情商极高的智者，他愿意倾听，更愿意为别人化解心结、疏导愁绪，一切的压力、一切的困惑经过他的指点都可以化作云淡风轻。而他的朋友们也都深知这一点，因此遇到大起大落、大喜大悲之时，都愿意向他一诉衷肠，哪怕是已经达到了"一蓑烟雨任平生"这种高度的苏东坡，也依然要向他倾诉肺腑。有这样一位朋友，实乃人生一大幸事也！

　　最后可以确认的一点是，欧阳元老与苏门的关系都很好，他与黄庭坚之间也早已结下了深厚的情谊，因此当黄庭坚途经荆州时，自然要登门拜访了。离别之际，欧阳元老送给黄庭坚一份特殊的礼物，也就是这一斤多重的深静香。

　　"元老者，其从师也能受匠石之斤，其为吏也不锉庖丁之刃，天下可人也"，这是黄庭坚对欧阳元老的评价。黄庭坚的文字读起来常常会让人觉得晦涩难懂，这是因为他的学问实在是太深了，特别喜欢引用各种典故，这句话里一连引用了两则。第一则叫"匠石运斤"，说的是一个名叫石的工匠，抡起斧子去砍别人鼻子上的白灰，结果灰砍掉了，鼻子却一点没有受伤，形容技艺超群，表达了黄庭坚对欧阳元老学术成就的赞扬。另一则典故是"庖丁解牛"，形容欧阳元老为吏时的处事之风也是干脆利落、精准无误的。

　　跋文最后一句是黄庭坚对于香气的评价："此香恬澹寂寞，非世所尚，时下帷一炷，如见其人。"字面上的意思是香气是恬淡的、寂寞的，并不是世人都能喜欢的香气，但此时此刻在帷帐之中点燃它，却如同见到了欧阳元老一般。这种直白的翻译显然不是黄庭坚所要表达的真意，让我们再去香方之中探寻一番。

　　　海南沉水香二两，羊胫炭四两。沉水锉如小博骰，入白蜜五两，水解
　　其胶，重汤慢火煮半日，浴以温水，同炭杵捣为末，马尾罗筛下之，以煮

蜜为剂，窨四十九日出之。婆律膏三钱、麝一钱，以安息香一分和作饼子，以磁盒贮之。

两味主材分别是"海南沉水香二两，羊胫炭四两"，依然以海南沉水香为君，但奇怪的是羊胫炭却两倍于沉香的用量。前文提及，羊胫炭即"炭中圆细紧实如羊胫骨者"，这种炭具有三大特点，易燃、耐烧、纯净无味，诸多木炭中此为入香首选，在很多香煤、香饼的配方中常见它的身影。但无论羊胫炭有多好，它都是没有香气的，它并不属于香料，而是属于燃料，少量入香可以有助燃、防潮、降低烟气的效果，但如此大量入香，占比高达 60%，便只有一个目的了，就是要让这款香变成一款香炭。

香炭，无论是大到南唐皇宫御炉中的香兽，还是小到精致非凡的"金猊玉兔香"，这种可以兼顾熏香和取暖，同时又极富趣味性的炉中美物都深得古人喜爱。可倘若黄庭坚是被贬往海南或广西等炎热地区的话，欧阳元老还在送他香炭未免有些不合时宜了，所以这次赠炭并不是随便送的，而是欧阳元老早已料到，黄庭坚所要去的是个苦寒之地啊！

北宋绍圣二年（1095），黄庭坚被贬为涪州别驾、安置黔州，黔州即今天重庆的彭水县，全称是彭水苗族土家族自治县，即使今天从重庆主城沿全高速去往彭水，依然要花费三个多小时。彭水的气候对于常年居住在北方的黄庭坚来说相当不友善，这里山高谷深，沟壑之间江河奔涌，水汽蒸腾却又无法散去，既遮住了阳光也让湿度居高不下。夏季这里湿热难当，秋季又阴雨绵绵、浓雾密布，冬季则更加潮湿阴冷，极少能见到晴天。再加上当年的彭水十分蛮荒，基础设施建设极差，被称为"穷山恶水"毫不为过。

据《彭水县志》记载，黄庭坚到彭水之后住在一座寺庙里，由于俸禄极低，缺衣少粮，生活之困苦跟当年黄州的苏轼有得一拼。所幸他也有贵人相助，寺庙的住持给他找了两块菜地让他自给自足，这才得以勉强度日。不知彼时已经五十一岁高龄的黄庭坚是否还患有风湿之类的疾病，如果有的话，欧阳元老送的这一斤香炭，既能取暖，又能除湿，还有驱除虫蚁、驱散异味、化解瘴气等功用，真可称得上是"雪中送炭"了。

继续看香方，把沉香锉成骰子大小，放进蜜水中隔火煮上半日，再用温水洗去蜂蜜。晾干后与羊胫炭一同捣末，筛出细粉，炼蜜匀和，制成香泥，窨藏七七四十九日。道家炼丹通常就是以"七七四十九日"为一个周期的，不愧是欧阳元老的手笔。窨好的香泥再加少许婆律膏、麝香及微量的安息香，捏成饼放进瓷盒中。至此，深静香香成。

"此香恬澹寂寞，非世所尚"，"恬澹"即清净淡泊，因为"清淑"本来就是海南沉水香的特征，再加上龙脑的凉意，更有一种清澈、纯净之感。何为"寂寞"呢？

如果从香方的角度来讲，其中只有 30% 是香料，其余近 70% 都是无味的木炭，那这香气当然寂寞了！它一定是似有似无、清心寡欲的，决不可能是馥郁浓烈、流于世俗的。而如此寡淡的香气，自然也是大部分世人所不喜欢的。

同时"寂寞"二字也是黄庭坚彼时生活的真实写照，他独居在这西南边陲、大山深处，是举目无亲、形影相吊啊！除了肉体上寂寞，精神上也寂寞，蛮荒之地人们的文化水平普遍很低，即便是寺庙住持的佛学功底恐怕也远不及黄山谷的修为，再加上方言难懂，他大概连个说话的人都没有。试问他不寂寞谁寂寞呢？

更加寂寞的则是在那个漫长的冬夜，灯火如豆、陋室危墙，风从各种缝隙里呼呼地灌进来，昼夜不息。他只能蜷缩在帷帐里，裹着一床单薄的棉被瑟瑟发抖。所幸的是，他忽然想起箱子里还珍藏着欧阳元老所赠的一斤香炭呢，欣喜之余连忙点上一枚。当淡淡的香气氤氲开来，温暖也随之弥漫，这位年过半百、坚毅桀骜的老人，他紧锁的眉头终于舒展开来。

他看着炉中扑闪的火光，会想些什么呢？他难道还在悟道修禅么？绝对不会，他想到的是那位远在荆州的知心好友，那位未雨绸缪、雪中送炭的欧阳元老啊！也许欧阳元老在荆州对他说过的话也一一浮现在了耳边，告诉他该如何面对苦难，如何泰然自若。此时此刻，这份鼓励和信心恐怕要比炉中的炭火更加温暖了。于是，黄庭坚把感激与思念都汇成了一句话记录在香评里——时下帷一炷，如见其人。

当然除了思念之情，黄庭坚多少还是有些羡慕的，他想到自己艰难的处境、坎坷的仕途，倒真不如欧阳元老结庐江畔山间来得畅快。只可惜这归隐说来容易，世间又有几人能真的放下呢？但无论如何，这一丝归隐之心却因此而起，一发不可收拾，方才有了后面的"小宗香"。

这就是我对深静香的解读了，历史上真实的深静香并非是在矫情地讲着什么大道理，它是朴素而真切的，它是黄庭坚在那个深沉而静谧的黑夜里对于人生、对于友情的一番感悟，而它所蕴含的温度也不仅仅来自炭火，更是来自远方的牵挂，它的可贵之处早已远远超出了香气本身。如果说深静香是黄太史四香里最好闻的，恐怕连黄庭坚自己也不会同意，但如果说深静香是四香里最具人情味的，我想他一定会点头赞同。

# 38. 小宗香寻隐

"黄太史四香"中的第四款香，名为"小宗香"，它是四香中唯一一款跟黄庭坚本人的经历没有联系的香，因此黄庭坚没有在香跋中提及他与此香的任何渊源，却借此香讲述了一个古老的故事，这个故事的主人翁就叫"小宗"：

> 南阳宗少文，嘉遁江湖之间，援琴作《金石弄》，远山皆与之同响。其文献足以追配古人。孙茂深亦有祖风，当时贵人欲与之游，不可得，乃使陆探微画其像挂壁间观之。茂深惟喜闭阁焚香，遂作此香饼，时谓少文大宗，茂深小宗，故名小宗香云。大宗、小宗，《南史》有传。

南阳宗少文，名宗炳，是宋朝的一位大画家，亦擅长书法和音律，此宋是南朝"宋齐梁陈"的宋，所以对黄庭坚来说他也是一位古人了。关于宗少文的记载，主要是在《南史·隐逸传》里，陶渊明也被载于其中，因此他又是一名隐士。

书中写道，宗炳此人极爱云游，志在四海，不屑功名，往西攀过荆山、巫山，往南登过南岳衡山，还在衡山上结庐而居，想要修炼成仙。只可惜有了疾病，不得不回到江陵。养病的日子可不好过，让他感同笼中之鸟，故而叹息："老疾俱至，名山恐难遍睹，唯当澄怀观道，卧以游之。"于是他想了一个办法，把所游历过的名山大川都画了出来，贴在四面墙上，这样他就能以画入境，继续云游了。这里用到了四个字，"澄怀观道"，即让自己沉静下来，摒除杂念，通过画作，用精神意念来感知这天下之美。他还对人说，如此这般，我在屋中抚琴想必就能让众山一同发出声响。而他所弹的曲子名为《金石弄》，原为东晋桓氏家族所有，传到他这里，世间只有他一人会弹了。

由此可见，宗少文最后卧病在床的状态与黄庭坚当下的心境十分类似，心存隐逸之志却无奈种种牵绊而无法如愿，只能退而求其次，身居方寸之间心观大千世界了。

接下来香跋中又提到了另一个人，宗少文的孙子，名为宗茂深。宗茂深无论画风还是人品都颇有爷爷的风度，也是一位高洁不凡、不入世俗的才子，还成了很多达官显贵的偶像，有了很多"铁杆粉丝"。粉丝们要追星，都希望能邀请宗茂深一起游玩，但宗茂深却不同意。没办法，粉丝们只好请当时最擅长画人物的大画家陆探微把宗茂深给画下来，挂在墙上日夜欣赏。

同时粉丝们还得知了一条重要信息，宗茂深有一个特别的爱好——闭阁焚香，便投其所好，精心为他制作了一款香。由于他爷爷被称为"大宗"，那他就是"小宗"，这款香就叫"小宗香"了。所以"小宗香"既不是大宗做的，也不是小宗做的，而是小宗的粉丝们做的。

香方如下：

> 海南沉水一两（锉），栈香半两（锉），紫檀二两半（用银石器炒，

令紫色），三物俱令如锯屑。苏合油二钱，制甲香一钱（末之），麝一钱半（研），
玄参五分（末之），鹅梨二枚（取汁），青枣二十枚，水二碗煮取小半盏。
同梨汁浸沉、檀、栈，煮一伏时，缓火煮令干。和入四物，炼蜜令少冷，
溲和得所，入磁盒埋窖一月用。

主要材料是沉香与檀香，把鹅梨汁与青枣一起煮，两碗水煮成半盏水，再把沉檀投入到这半盏汁液中用文火继续煮，直到煮干。最后把少许苏合油、甲香、麝香、玄参四味辅材与沉檀混合，炼蜜成香，入瓷盒窖藏一个月，香成。

通过香方的描述，可以想象出这款香气的大致范围，沉檀与鹅梨汁同煮，这与李煜的帐中香有些类似，富有宫廷气息，用料奢侈，一看就是贵人之家所做，绝非贫寒的隐士所能为之。这一点与制香者的身份十分符合，在海上丝路还未畅通的南朝，诸如此等名贵香料的确只有"贵人"们才能得到。当然为了迎合了宗茂深的性情，还特意加入了玄参这味颇接地气的"隐士"材料。

这种近似于"江南帐中香"的气韵是黄庭坚所喜欢的类型，但我想"小宗香"被收入四香，并非单纯因为气韵，而是香方背后这些隐士们的故事。大宗云游四海时的豪情和患病后的无奈之举，都让黄庭坚感同身受，他此起彼伏的人生又何尝不是如此。而爱香的小宗虽然淡泊功名，却能让功名加身的权贵俯首帖耳，这也让黄庭坚看到了内心深处最想成为的那个自己，只可惜这理想终究只能是个理想罢了。

# 39. 意和香的真意

回头来看"意和香"。"意和香"并非没有跋文，只是跋文没有被记录在"黄太史四香"中而已，黄庭坚把意和香安放在四香中第一的位置，也是有原因的。

"意和香"香跋被记录在《香乘》卷十二中，题为"意和香有富贵气"，摘自黄庭坚的《山谷集》：

贾天锡宣事作意和香，清丽闲远，自然有富贵气，觉诸人家香殊寒。乞天锡屡惠此香，惟要作诗，因以"兵卫森画戟，燕寝凝清香"韵作十小诗赠之，犹恨诗语未工，未称此香尔。然余甚宝此香，未尝妄以与人。城西张仲谋为我作寒计，惠骐骥院马通薪二百，因以香二十饼报之。或笑曰："不与公诗为地耶？"应之曰："诗或能为人作祟，岂若马通薪，使冰雪

之辰铃下马走皆有挟纩之温耶？”学诗三十年，今乃大觉，然见事亦太晚也。

意和香的故事发生在元祐元年（1086），这一年年仅十岁的宋哲宗登基了，由其母后高氏垂帘听政。高氏十分信任司马光，一上台就向司马光问策，司马光是力主废除新法的，于是随着司马光的重新崛起，一众当年因反对新法而被贬的同僚们，苏轼、苏辙、刘挚、范纯仁等都重新回到了中央任职，这就是后来的“元祐党人”，其中也包括黄庭坚，他被召来京师校订司马光刚刚完成的《资治通鉴》。

一时间，汴梁才子云集，文化圈盛极一时，黄庭坚也第一次与神交已久的苏轼见面了。因此元祐党人回归朝堂的这几年，可谓是黄庭坚一生中最得意的时光，晦气一扫而光，前途无可限量。这个时间节点对于我们理解意和香很重要。

一众好友中有个名叫贾天锡的，此人史书上记载不多，只知道是位极爱诗词文学的武官，黄庭坚说他是“贾侯怀六韬，家有十二载。天资喜文事，如我有香癖”，有点类似于辛弃疾，放下金戈铁马便能痴迷于挥毫焚香的人，他尤爱文学，一如黄庭坚爱香。他仰慕黄庭坚已久，黄庭坚刚来京师，他便登门求诗。黄庭坚的诗想来不是随便可以求的，他便投其所好，送来了自己所制的香品，一连送了好多次，送得黄庭坚都不好意思了，这才答应为他写诗，这款香就是意和香。

黄庭坚为他写的这首诗也被收录在了《香乘》里，题为《宝熏》，诗前有一小序，“贾天锡惠宝熏，以‘兵卫森画戟，燕寝凝清香’十诗赠之”。此诗黄庭坚以唐代韦应物的诗句“兵卫森画戟，燕寝凝清香”来进行创作，因为这十个字很符合贾天锡的性情，外面都是持戟的士兵戒备森严，卧房里面却是清香四溢、静谧非凡，一如贾天锡其人，表面上是个将军模样，内心里却住着个细腻的文人。十个字做了十首藏诗，也就是每首诗里都藏了一个字：

险心游万仞，躁欲生五兵。隐几香一炷，灵台湛空明。
昼食鸟窥台，晏坐日过砌。俗氛无因来，烟霏作舆卫。
石蜜化螺甲，榠樝煮水沉。博山孤烟起，对此作森森。
轮囷香事已，都梁著书画。谁能入吾室，脱汝世俗械。
贾侯怀六韬，家有十二戟。天资喜文事，如我有香癖。
林花飞片片，香归衔泥燕。闭阁和春风，还寻蔚宗传。
公虚采蘋宫，行乐在小寝。香光当发闻，色败不可稔。
床帐夜气馥，衣桁晚香凝。瓦沟鸣急雨，睡鸭照华灯。
雉尾应鞭声，金炉拂太清。班近开香早，归来学得成。
衣篝丽纨绮，有待乃芬芳，当念真富贵，自熏知见香。

可见古代文人之间的游戏有多么雅致，不是做做样子的附庸风雅，而是需要洞彻古今、博闻强记的真风雅，否则别人给你写了诗，你都不知道是个什么意思，多么尴尬啊。

而黄庭坚对于香气的评价就是八个字，"清丽闲远，有富贵气"，且是富贵到了让其他合香都显得有些寒酸的地步。同时他还认为所作之诗不够工整，配不上这意和香的气韵。

话锋一转，跋文的后半段黄庭坚又开始讲起了另一个故事，他说：我特别喜欢这个意和香，十分珍爱，从来舍不得送人。但是有一天，好友张仲谋为我准备冬天御寒的物资，送了我二百斤皇家养马机构骐骥院的"马通薪"。"马通薪"即干燥的马粪，既能当柴烧，火力还十分持久，属于冬季取暖的优质燃料。我十分感激，便送了他二十饼意和香作为回报。有人就笑我，这香可是用诗换来的，你怎么舍得用如此高贵的香来换这粗鄙的马粪呢？我回答说，虽然诗能让很多人欢喜，但并没有实用价值，还不如这马粪，能够在冰冻三尺的天气里，让我等马夫走卒（"铃下走马"即负责摇铃警戒的士卒和马夫，此为黄庭坚自谦之语）都能像穿着棉衣一样暖和。事后我也不由得感慨道，学诗学了三十年，直到今天才明白这个道理，纵然诗情画意人皆所爱，但在面对温饱饥寒之时，都是没有用的，还不如这马粪来得实在，所以用诗换马粪是不公平的，至少也要用好香来换。

再看"意和香"香方：

> 沉檀为主。每沉一两半，檀一两。斫小博骰体，取椇滤液渍之，液过指许，浸三日乃煮，沥其液，温水沐之。紫檀为屑，取小龙茗末一钱，沃汤和之，渍晬时包以濡竹纸数重煨之。螺甲半两，磨去龃龉，以胡麻熬之，色正黄则以蜜汤遽洗，无膏气乃已。青木香末以意和四物，稍入婆律膏及麝二物，惟少以枣肉合之，作模如龙涎香样，日熏之。

在对沉檀进行浸泡的步骤中，用到了一种植物果实——椇。椇，学名椇楂，俗称木瓜，不是可以吃的热带水果木瓜，而是一种十分酸涩，十分坚硬，虽不能吃，却有浓郁香气的木瓜。我小时候，家门口就种着一棵，枝条上有刺，秋天可以结出很多果子，果子由青变黄，有些可以长得很大。果子闻起来让人特别想吃，因为果香气比苹果、梨之类都要强烈得多，与沙苑楣梓不相上下。我曾无数次地把果子抱回家里，切开，然后啃上一口，再皱着眉头吐掉。它实在是太香了，但又实在是太酸了，这是一个当年让我很难接受的事实。

关于椇楂的考证，历朝历代都有不同的说法，此处不再赘述。但要知道古方中不论是鹅梨、榅桲还是棵楂，在今天都已不易得到了，由于此三者从香气本质上讲并没有太大区别，皆主打果香气，无非是鹅梨偏甜、后两者偏花果香而已，有什么就用什么吧，不必再去钻牛角尖了。在意和香中，古人用棵楂的汁液来浸泡沉檀。

至此，我们终于可以把四香的背景故事都连到一起来看了，我们会突然发现，"意和""意可""深静""小宗"这四者的排列顺序不是随意摆放的，它们分别代表着黄庭坚在不同人生阶段的不同感悟。

比如意和香，不论是故事的时间、地点、所涉及的人物，还是它富贵到不可一世、力压众香的香气，都指向了黄庭坚一生中最为得意的时光，他的仕途触底反弹，未来变得可期，身边有挚友相伴，家中又喜得贵子，而这些美好又来得很突然，连他自己都没反应过来就被无比的幸福所包裹了。意和香所"和"的究竟是什么呢？难道仅仅是那四款香料么？绝对不是，它就像是合了人生的四大喜事一样，久旱逢甘霖、他乡遇故知、洞房花烛夜、金榜题名时，把好事全都占尽了，是一种无可比拟的幸福的味道。

但古话说要居安思危啊，太得意、太顺利往往就是危险来临的时候。果然到了意可香，故事开始转向了，跳转到了黄庭坚第一次仕途遇阻之时，他在失意中游历皖南山水，借此排解胸中抑郁，又在山谷寺中一番彻悟，这才用佛法的力量化解了不平与愤懑，终究自诩为"山谷道人"，不再为仕途功名所惑，欣然接受了平凡的生活。

只可惜人生的低谷深不可测，历经了一次次苦难之后，直到身在巴蜀边陲，饥寒交迫的那个夜晚，黄庭坚真的有些想退却了。在深静香的温暖与恬静之中，他想到了欧阳元老的畅快洒脱，想到了荆襄名士们的自由不羁，这让他萌生了归隐的想法，似乎那才是他最好的归宿……然而现实却依然在逼着他步步走向不归之路。

最后到了小宗香，彼时的黄庭坚大概已经身陷囹圄了，他开始有些后悔，为什么没能早早地像大宗、小宗那样归隐山林、畅游四海、闭阁焚香呢？幸好他有着超人的意志和定力，依然能够坐卧在宜州小城喧嚣的市井之中，在隔壁屠户的蚊蝇嗡嗡和血腥扑鼻之中，点起一炉香来澄怀观道，用香气将自己隔绝在红尘之外。

他也想通过小宗香的故事告诉后来的人，人生的价值并非要飞黄腾达才能被证明，有的时候抛开世俗的眼光，安心去做自己想做的事情，也未尝不是一种好的选择。

我想，这就是黄庭坚隐藏在四香之中的秘密了，可以说是黄庭坚的一生，也可以说是我们每个人的一生，但如果想要过好这一生，我们最终要懂得的，永远是豁达和放下。

第六章

『熏衣之香』与『涂傅之香』

香自来

烟火

人间

## 40. 古人的熏衣文化

纵观《香乘》中的传世香品，用法大多是要放在香炉里，加热之后香气升腾，古人用这些香气来"空窗破寂、绣阁助欢"，又或是静气解郁、安神助眠。

但中国香的用法难道仅限于此么？除了营造气氛或愉悦精神以外，还会不会具有某些实用性的功能，让它成为日常衣食住行中的一部分，甚至是一种生活的必需品呢？接下来让我们从一个故事开始，探寻一番中国香的别样妙用。

在长沙郊区，浏阳河畔，曾有个大土堆，相传是五代十国时期南楚皇室的家族墓地，所葬之人即前文所说用沉香雕龙的马希范一家，因此当地百姓都称这个土堆为"马王堆"。1971年底，在一次偶然的施工当中，土堆之下果然发现了一处墓葬，经过抢救性发掘，确认共有三座汉墓，被统一命名为"马王堆汉墓"。

既然是汉墓，里面的人当然不会是南楚的马王了，通过对出土文物的分析，墓主人被指向了生活在西汉早期的一家三口。

一家之主名叫利苍，是跟着刘邦打天下的人，汉朝建立之后，刘邦对他很是器重，派他到长沙国去做丞相，并封他为轪侯。"轪"，是利苍的食邑所在，大约在今天的河南。所谓食邑，简单来说就是划一块地方给你，这里百姓的地租、税赋都归你，你不但可以自己享用，还可以世袭，利苍就是第一代轪侯。另外两座墓葬里则分别躺着他的妻儿。

但谁也没想到，马王堆汉墓之所以能被评为"世界十大古墓稀世珍宝"恰恰是因为他的妻子，因为妻子的身体竟然可以历经两千多年而不腐，如同穿越时空一般，让今天的人们也有幸亲眼目睹了一位西汉时期优雅贵妇的容颜和身姿，她就是辛追夫人。

辛追夫人所在的一号墓，是马王堆三座古墓中保存最好的一座，可以用"原封未动"来形容，两千多年间几乎没有受到自然损坏和盗墓贼的盗掘。而正是这种千年难遇的高度完整，才使得这座汉墓具有了非同一般的意义。尽管她已故去千年，但却复活了一个时代。

这里有必要了解一下汉代的丧葬制度。西汉时期，中国人并没有今天各种各样的生死观，对于人死之后何去何从这个问题，中国人只相信一种说法，那就是灵魂不灭。肉体虽然作古，但灵魂将永远存在，而且会跟正常人一样生活，只是没有生活在地上，而是生活在地下。因此汉代的葬仪通常都非常隆重，被称为"事死如事生"。

我曾去过徐州的龟山汉墓，那是一个开凿在石头山里的墓葬。那个墓葬的构造完全跟活人居住的空间一样，有着大大小小、各式各样的房间，卧室、客厅、厨房、厕所、马厩、储物间等一应俱全。

除了硬件设施齐全，汉墓中更少不了大量的陪葬品，也是按照活人的标准来安排的。且不说金银珠宝了，比如食物方面，酒、肉、粮食、蔬菜、水果都是有的，甚至是做好了的菜品也会被一起埋进去。马王堆中就出土了一锅汤，当考古人员打开锅盖时，还能清楚地看见几片雪白的藕浮在面上，只

辛追夫人的熏衣竹笼，外层蒙有细绢，湖南博物院藏

可惜接触空气之后藕很快就化成灰了。因此汉代墓葬往往有一个重要的特点，就是它可以完全复原墓主人当年的生活状态，且细致入微。

在辛追夫人"重生"之前，我们对于秦汉时期中国人如何用香，尤其是用的是什么香这些问题都还停留在推测和猜想的阶段，但这一次，确凿的证据破土而出了，辛追夫人为我们带来了一系列汉代香文化的珍贵遗存！

在辛追夫人的棺椁北侧，出土了两个竹笼，一大一小，是用竹条编制而成，留着一格一格的孔隙。竹笼上面小下面大，像是一个灯罩。一开始人们以为是养什么小动物的，后来发现竹笼外面还包裹着一层残损的丝绢，显然它并不是一个普通的笼子。后来经过研究才发现，这竟是两只熏衣竹笼。

对于"熏衣"这个词我们会感到很陌生，因为现在的日常生活中并没有"熏衣"这件事。但在古代中国，不论是谦谦君子还是楚楚美人，熏衣都是精致生活的一种体现。有一个成语"荀令留香"，专门用来形容高洁的君子，"荀令"即三国时期曹操的大谋士荀彧，《襄阳记》中记载"荀令君至人家，坐处三日香"。为什么会这样呢？因为荀彧特别喜欢佩带香囊和用香熏衣，所以他浑身上下都有香气，坐而留香。

前文讲过清献公赵抃，《香乘》中也记载了他的熏衣故事：

> 清献好焚香，尤喜熏衣，所取既去，辄数日香不灭。尝置笼设熏炉，其下不绝烟，多解衣投其上。

赵抃爱香，尤其痴迷于熏衣，熏衣之后也跟荀彧是一样的效果，香气数日不散。熏衣时，先放置一个香炉，点燃之后在外面罩上笼子，等烟气从笼中飘散而出，再把衣物搭在笼子上。赵抃所用的这种熏笼与辛追夫人的熏衣竹笼并无二致，这意味着从西汉至北宋，中国人的熏衣方式总体上没有发生过改变。

但在熏衣的实际操作中，往往还会出现一些更为精细，更加讲究的方法，比如《香乘》中的另一则记载，摘自《洪氏香谱》：

> 凡欲熏衣，置热汤于笼下，衣覆其上，使之沾润，取去，则以炉蓺香熏毕，叠衣入笥箧隔宿，衣之余香，数日不歇。

熏衣之前，首先要放一盆热水在笼子里，然后把衣服搭在笼上，让衣服先沾染水汽，变得略微湿润。之后再拿掉热水，换上香炉开始熏衣。这样一来，含有水汽的衣物就不会沾染上烟火的焦燥气了。熏过的衣服叠起来装进箱子里，这里的"笥箧"是古人所用的一种竹编箱子，类似于今天的收纳盒。装好后再放置一夜，香气便可以延绵数

汉代带有承盘的灰陶博山炉，承盘中注入沸水，营造烟
波浩渺的海景，同时增加香气和衣物的湿润度，有效降
低烟火燥气

日而不绝。这就是一套更加精细化的熏衣流程了。

这种用水蒸气来消除烟火气的熏衣方法，虽然记录在宋代香谱中，但实际上早在西汉就已经成熟并被简化了，智慧的祖先们早就发明了不用换水也可以一边熏蒸气、一边熏香气的香具了。

我收藏了一只带有"承盘"的汉代博山炉，底部有一个盘子，是连接在一起的，无法分开。在我没有了解熏衣文化之前，我一直很好奇这个盘子究竟是干什么用的。收藏界有很多种说法，有的说是放置香料的，有的说是收纳香灰的，其实都不对，这个盘子就是用来盛放热水的，这样就实现了蒸气和香气的完美融合。

辛追夫人的熏衣竹笼与普通熏笼相比还有一个特别之处，就是竹笼外面还包裹着一层丝绢。

丝绢的孔隙是很细小的，尤其是马王堆里的丝绢。辛追夫人墓中还出土了一件素纱单衣，轻薄得令人难以置信，虽然是宽袍大袖的汉服形式，但总重量只有 49 克。这件衣服至今都无法复制，并非是今天的纺织技术不行，而是今天的蚕吐不出当年那么细的丝来，因为物种的进化让这种天然的细丝再也无法重现了。

如此细密的丝绢被包裹在竹笼外层，透出来的烟气就相当于被过滤一次了，发香会变得缓慢，香气会变得柔和，香气的扩散也会变得更加均匀，这样就不会形成由于烟气过于集中而产生的焦煳气，也不会出现衣服的某个部位香气特别浓郁或特别清淡。

可见，熏衣技术早在汉代就已经达到了顶峰，后世没有能够超越，有的仅仅是香气方面的一些创新，直到这项优雅的生活美事在现代社会彻底消失。

我们感叹于古人的智慧，惋惜于熏衣的绝迹，我们只能想象一下那些美妙绝伦、精致飘逸的汉服，在袅袅青烟之中被镀上一层香气的场景，比起我们今天举起玻璃瓶，上下左右地喷洒香水，我们的祖先显然要优雅得多，他们真正做到了把香气穿在身上。

# 41. 熏炉中的汉代香料

辛追夫人的熏衣竹笼，相比于马王堆中出土的众多国宝级文物似乎并不值得一提，但它对于中国熏衣文化来说却显得尤为重要。

熏衣究竟起源于何时，没有人能说得清楚。我们能找到较早的文献记载是在晋代古籍《东宫旧事》之中，《香乘》卷二十六有一条引用，题为"熏笼"：

> 太子纳妃有熏衣笼，当亦秦汉之制。

另《太平御览》卷七百一十一·服用部十三也有引用：

> 太子纳妃，有漆画手巾熏笼二、条大被熏笼三。

皇太子纳妃时也要准备彩礼，皇家彩礼自然奢华，金银珠宝、绫罗绸缎不计其数，但这其中却有五只熏笼显得与众不同。按照秦汉时期的礼制，熏笼分大、小两种，最小的是两只漆画熏笼，漆画即用漆在熏笼上作画，这是一种从春秋战国时期流传下来的漆器工艺，这两只漆画熏笼兼具了观赏性与实用性。此外它们都十分小巧，玲珑精致，因为它们是用来熏手巾的。

贵族女子手里常常捏着一张手巾，走路的时候随着胳膊来回飘扬，高兴的时候用手巾掩嘴而笑。有时遇到一阵顽皮的风把手巾给吹跑了，最后落到了某位公子面前。公子捡起来轻轻一嗅，顿觉心旷神怡，从此开始朝思暮想，念念不忘，于是有了后来的儿女情长。在很多影视剧中，类似这样的情节十分常见，但我们要知道那手巾上的香味，除了女子的体香以外，还有她们事先精挑细选熏上去的香气。通过这两只手巾熏笼的记载，可以解密这手巾上香气的来源。

接下来是三只"条大被熏笼"，"被"就是被子，这三只熏笼是用来熏被子的。熏被子这件事情在今天早已没人做了，最多是把被子拿出去晒晒太阳。但古人对于香气的执着远超今人，就连被子也要熏上自己喜欢的香气。除了熏被子，这种熏笼也用于熏衣。

这大约就是关于熏衣笼能够找到的最早记载了，但马王堆这两只竹熏笼的出现，一下子又把中国熏衣文化出现的确凿时间提前到了西汉初年，这就是文物印证文化的力量，它远比文物本身要重要得多。

为什么在那么遥远的年代，中国人就开始熏衣了呢？而且一熏就是几千年！关于这个问题，我总结了三方面的原因：

首先是因为防蛀。今天很少能听到防蛀这个词，因为防蛀对于我们来说太简单了，在衣橱、书柜里丢几颗樟脑丸就好了，居家环境好的甚至连樟脑丸也用不着。但在古代，防蛀却是日常生活中非常重要的一件事情。蛀虫喜欢木头，中国人也喜欢木头，古代的建筑、家具基本上都是木头的，所以蛀虫特别多。草木浆制成的书本画卷也没能幸免，所以《香乘》中才出现了各种追求防蛀的"蜜香纸""麝香墨"。除此之外蛀虫还喜欢啃的一样东西就是衣服了。古代衣服的材料一般是丝、麻、葛、布，这些天然材料都是蛀虫爱吃的，而诸如今天的尼龙、腈纶、化纤之类，蛀虫反倒不好这口。而且古人的衣服相对于今天来说要贵重得多，尤其是贵族的高档服饰，往往需要无数匠人日夜刺绣织锦，花费巨大的人力物力才能做得出来，如果不慎被蛀虫咬了洞，那损失可就太大了。所以古人熏衣，很大的一个原因就是为了防蛀。

第二个原因是预防疾病。前文提到过中世纪的欧洲贵族，他们会把丁香、肉豆蔻装在小布袋里挂在胸前，来预防传染性疾病。究其原因，并非是香料可以治病，而是香气可以阻断传染途径，让蚊虫跳蚤不得近身。古代中国也一样，一旦遇到瘟疫，就要大量燃烧艾草、菖蒲之类的香料，一是为了消毒，二是为了阻断病毒扩散。而在日常预防之中，贵族们就用香气把自己的身体保护了起来，这样即使外界暴发瘟疫，被传染的概率也能降低很多。

前两个原因都是实用方面的，第三个原因则是精神方面的。如同我们今天喷香水，无非两个目的，悦己与悦人，古人也是一样。屈原喜欢把香草披在身上，喜欢把香囊随身佩带，而那个时候一定还没有发明熏衣，否则他最喜欢的一定是熏衣，因为熏衣的香气最能贴合身体，这种随身而动、持久绵长的香气对于悦己者来说是一种莫大的幸福。悦人就更不用说了，熏在衣服上的美好香气，在那单调乏味的古代生活中，

香未冷鴛衾長紅　朦朧傻傻倦眼
更莫道嬌多情前盡偏工難歎未顏
未老緣鬢光鬆拋盡周郎心力休
寫出憔悴形容逼並向才人買
賦金屋重逢竹西費于霞學塾

清代改琦《斜倚熏笼坐到明》图轴，跋文写道："整顿衫儿愁坐，望天上青鸟，难通伤情，似笼香未冷，烛泪长红。"贵州省博物馆藏

豆形陶熏炉

想必会让他人羡慕不已。在辛追夫人的时代，熏衣就是用来凸显贵族的庄重感和高雅生活的一种方式，因为香气本身就是身份的象征。

此外熏衣还兼具了诸如取暖之类的附加功能。冬天睡觉前把衣服往熏笼上一丢，早上起来衣服就是干爽热乎的，自此告别起床后的瑟瑟发抖。

但以上几点原因也同时说明了另外一个问题，为什么熏衣文化在流行了数千年之后，却突然在近一两百年绝迹？这是因为熏衣的每一项功用都被今天更加高效、便捷的新方法所取代了，但它所蕴含的文化与风雅却是永远无法被消磨的。

中国古人会用哪些香料来熏衣呢？接下来请出马王堆汉墓中出土

马王堆彩绘豆形陶熏炉和炉中遗存的香料，湖南博物院藏

的第二件文物，一尊盛满了香料的陶制香炉。

香炉里存有香料，这本是一件再寻常不过的事情了，但马王堆的这一炉香料非但不寻常，还对汉代香料的考证起到了至关重要的作用，原因有以下两个方面：

其一是这炉香料的保存状态。我曾去过新疆维吾尔自治区博物馆，有个展厅叫"西域的历史记忆"，里面展出了各色西域出土的文物，其中令我印象深刻的是一块一千多年前的馕，跟今天的馕几乎一模一样，就连上面的芝麻都清晰可见。但是我们要知道，只有在新疆极度干旱少雨的气候条件下，才能让这些特别容易腐烂的有机物留存下来。而湖南长沙可谓是另一个极端,长江、湘江等水系在这里纵横奔流,尤其是马王堆就位于浏阳河的冲积平原上,如此潮湿的环境,几千年前的香料想要完好地保存到今天,简直就是天方夜谭。但这世界之大,无奇不有,存在即合理。在西汉工匠令人叹为观止的密封、防腐技术之下,辛追夫人的遗体和她心爱的熏炉,包括熏炉里犹如昨天才被放进去的各色香料,它们全都战胜了时光!什么叫千年难遇?这就是千年难遇!

其二,辛追夫人出生在秦始皇五年(公元前242),卒于汉文帝十二年(公元前168)。而汉文帝是汉武帝的爷爷,虽然他们一文一武,但中间还隔着一个汉景帝。前文曾经提及,在汉武帝的领导下,霍去病驱逐了匈奴,张骞凿空了西域,这才有了丝绸之路的开通,外域的香料才得以大量进入中国。

也就是说在丝路开通之前,中国人所用的香料才是真正意义上的国产香料,没有任何外来的基因。而当大规模的跨国香料贸易开始之后,关于香料的来源就说不清楚了,很多问题直到今天都让学术界争论不休。

而辛追夫人这炉西汉早期的香料是没有任何争议的,它对于研究秦汉以前中国人用什么香料来熏香,提供了无比珍贵的资料,这些资料就连历代的香学大家们也不曾得知,就连《香乘》之中也全无记载。因此我们是幸运的,我们得以在湖南博物院一睹这只彩绘熏炉的尊荣,同时得以对其中神秘的香料探寻一番。

香料是由多种材料混合而成的,第一种叫辛夷即木兰花的花蕾,早春时节一颗颗长得像小毛桃似的花蕾就是辛夷了。辛夷是一味古老的中药材,它可以预防感冒、降血压,尤其对治疗鼻炎有奇效,因此辛夷在普通的药材市场都可以买到,大多是直接烘干的,保留着毛茸茸的外皮。有些人为了图省事,在药店将它打成粉末后直接入香,但这种操作是不正确的。辛夷的绒毛不止一层,而是层层相叠的,实际上就是木兰花的花瓣,但花瓣的香气却十分微弱,不仅干品如此,新鲜的辛夷亦是如此,春天的时候大家可以亲手摘下辛夷剥开一试。

而所谓"上好"的香料,一定要取香气最为浓郁的部分,香气弱的或者没有香气的一定要剥离,这是最基本的制香法则。所以辛夷不能直接打粉,要剥掉层层皮壳,只取香气浓郁的、坚硬的芯材入香,这一点是与辛夷药用的不同之处。辛夷的香气十分怡人,主清凉基调,类似于薄荷,但又比薄荷更加飘逸淡雅一些,暗藏隐隐的木兰花香,不会有过于强烈的刺激性。这种香气特质在合香之中尤为讨喜,它不但可以单熏,同时还可以中和许多甜腻、沉闷的香气,妙用多多。

第二种香料叫高良姜。"高良"源于古地名"高良郡",位于今天广东省高州市一带。此姜具有温胃散寒、止呕止痛等药用功效,在南方也是常见的一道烹饪调料。而除了药用和食用价值,高良姜也早早被用于合香了,古方中称之为"良姜",尤其是在诸多香囊的配方中，良姜的出现频率很高。

第三种叫藁本，在制香中通常用它的根茎部分来合香，因为根茎中富含挥发油，香气最为浓郁持久。它的叶子则常用来制作香囊，取其淡雅清凉的香气，在传统的端午荷包中它就可以与艾草进行搭配。

最后一种香料叫茅香，在《香乘》中有专门针对茅香的考证，其重要性可见一斑：

> 茅香花苗叶可煮作浴汤，辟邪气，令人身香。生剑南道诸州，其茎叶黑褐色，花白，根如茅，但明洁而长，用同藁本，尤佳。仍入印香中合香附子用。

经考证，茅香的产地是在"剑南道诸州"，也就是剑阁以南，大约就是今天的四川和云、贵的一些区域。形态方面，茅香的茎和叶都是黑褐色的，开白花，根与茅草根类似，但要更加整齐偏长一些。最后提到了茅香的两种用法，一是和藁本一起用，二者配合在一起香气效果很好，这个观点在马王堆的熏炉中也得到了更为早期的印证；二是在做印香的时候与香附子一起用。印香即印篆所用的香粉，在《香乘》"印篆诸香"的章节里，有大量的印香香方都用到了茅香和香附子的配伍。

根据我的经验，茅香的确非常适合用来做印香香粉，因其点燃之后几乎没有烟火焦气，而是十分纯粹的温甜香气，留香时间也很长，这些特点在草本香料中极为少见。因此就香气特性而言，我认为茅香也能够列入可单独点燃的香料名录，与沉香、檀香、乳香之类比肩。

这则源于《证类本草》的记载，看似已十分详尽了，但当我们今天依照它所标注的地区去寻找茅香时，却发现根本就找不到这种茎叶黑褐色、开白花、根如茅草根的香草，不但"剑南道诸州"找不到，就算是找遍全国的药材市场也难寻它的踪迹。

因此当制香中需要茅香时就出现了很多替代品。其中被乱用最多的就是香茅，两个字刚好反过来，但香茅是东南亚的香料，虽然与茅香同为禾本科植物，两者香气却大相径庭，如果因为名字相似而用香茅来替代，最终的香品已经算是另外一种创新了。

真正的茅香到底在哪里呢？这又是一个令无数制香师费解的难题！幸运的是，辛追夫人香炉中的茅香标本会为我们探明真相。

 番外篇：探秘茅香的前世今生

汉语十分古老，从世界范围来看，学习汉语的难度要远远超过其他大部分语言。往往一个汉字就代表了很多种不同意思，更不要说是一个词组了，"事故"与"故事"、"黄牛"与"牛黄"、"蜜蜂"与"蜂蜜"，显然都各有所指，再加上南腔北调的方言、各个历史时期不同的文字写法等，导致汉语的使用极易产生混淆。而与茅香相似的，就有香茅、白茅、白茅香、茅草等不同的品种，让今天的学者们伤透了脑筋。

幸运的是，我们在马王堆的香炉里找到了茅香真实的存在，经过科研人员的检测判定之后（见南京药学院、中国科学院植物研究所、中医研究院、马王堆一号汉墓中医中药研究组，共同出具的《药物鉴定报告》，刊载于 1978 年文物出版社《长沙马王堆一号汉墓·出土动植物标本的研究》一书），给出了唯一一个与茅香对应的拉丁文学名，"*Hierochloe odorata（Linn.）Beauv.*"，禾本科茅香属植物，富含香豆素，香炉中的茅香就是这种植物的根茎。至此，终于真相大白。

为什么拉丁文学名一出现，争议就能被解决呢？"拉丁"实际上是一个古老的民族，大约生活在三千年前的意大利地区，那时相当于中国的商周时期。他们发明了一种自己的语言，即古拉丁语，相应地也就出现了古拉丁文。经过进一步的发展，拉丁语成为了古罗马人的语言，随着罗马影响范围的扩大，拉丁语也传播开来，成为了后来几乎所有西方语言的鼻祖。最基础的 26 个英文字母，其本身就是拉丁字母。

但是到了今天，当英语、德语、法语、西班牙语各自流行之后，拉丁语就很少被用到了，只有天主教会将它作为一种宗教的官方用语。于是拉丁语成了一种死语言，所谓"死"就是一种不再发展、不再更新、不再变化的语言。

然而正因这"死"的特征，拉丁文被植物学家看上了，用拉丁文来给这个世界上的万千植物命名，成了一种极为严谨的做法，这样的命名方式绝对不会出现任何歧义和混淆，它该是什么就是什么，无论这个世界怎样改变，拉丁文和这些植物的名字都将永远不变。

我们今天去各大植物园，不论是哪个国家的，都可以在标识牌上看到对应的拉丁文名称。包括制香师在调香过程中需要用到植物精油时，也会通过拉丁文学名去寻找，这样就不会出错，而如果按照中文名去找，同样名字的精油很可能会找出来七八种之多。

茅香的真实身份被确定了，按照拉丁文的指示，这种香料就是被西方人称为"Sweet Grass"——甜草的植物。虽然甜草在中国几乎没人知道，但在北欧和北美，却一直都

被广泛应用着,这又是一件很神奇的事情,竟然在万里重洋之外,茅香现出了真身。

在欧洲,甜草多用于饮食,它独特的香甜的口感是欧洲人的挚爱,各种饮料、酒水、食物当中都会添加这一香料来增加风味。而在北美,甜草的用法又有些不同,大多是北美的土著在用,所谓"土著"就是哥伦布还没有发现美洲大陆之前生活在那里的原始民族。因为我曾经问过一个

编成马尾辫的甜草茎叶部分

211

甜草种植园的农场主，他对于甜草用途的回答就是一个词——Sacrifice，也就是祭祀，所以在北美土著眼中，甜草是具有神力的。他们还会把甜草编成马尾辫的样子用于装饰，甚至编成各种手工制品。这些甜草制品即使不点燃，也可以持续散发出甜美且令人舒适的香气，如果家里放一个甜草篮子，一进门就会觉得香气扑鼻。他们认为这种香气是能够驱邪避瘴、护佑全家的。

为什么茅香在漫长的中国历史中大行其道，却在如今变得一棵难寻了呢？莫非是这个物种在国内已经灭亡了？我觉得并非如此。我个人认为，茅香在中国境内其实是有分布的，只因它无法产生经济价值，才导致没人关心，没人采摘，更没人去种植。

为什么没有经济价值呢？首先是中医不用，很多古老的香料之所以在今天还能找到，很大程度上都受益于中医文化，因为它是药，世世代代都会用到。但茅香在中医范畴内几乎不见，与之名称相似的则是另外一种叫作"白茅根"的药材。既然中医不用，茅香剩下的唯一用途就是入香了，可如今的香文化实在是小众得不能再小众了，尤其是合香文化，可以说正在阅读本书的读者们，你们差不多就是今天合香文化的主力军了。

没人了解，没人需求，自然就会被尘埃所淹没，因此我认为，中国的茅香一定还生长在漫漫荒野深处，隐藏在杂草丛生之中。只有等到合香文化开始复兴，等到有更多的人了解它、需求它，它才会重现江湖。

关于茅香的炮制，《香乘》上如此记载："以酒蜜水润一夜，炒令黄燥为度。"这里的酒是米酒，蜜是蜂蜜，酒蜜混合之后调匀，将茅香浸泡其中整整一夜。第二天沥干水分，以文火炒干，炒到茅香的颜色变成黄色就可以了。

这是古人制法，主要针对茅香的根状茎，但今天北欧、北美所用的通常是茅香叶，所以在实际炮制过程中，需要进行小小的改良。干品茅香叶吸水性很强，经过一夜的浸泡会呈现出碧绿色，有点枯木逢春的意思。如果要炒到颜色焦黄则太过，香气损失很大。因此将水分炒干即可，目的是为了便于磨粉。

酒蜜炮制的效果是十分惊艳的，茅香的香气会从甜香变得更加醉人，这个"醉"并不是指酒精的气味，而是一种让人沉醉、沉迷的嗅觉感受，就好似一个从大雪中归来的人，他躲进木屋，坐到火炉旁，然后捧起一杯热气腾腾、香气扑鼻的茶水缓缓饮下。大约就是这种感受，一种由内而外的温暖。

探寻了一番炉中的香料遗存，现在可以闭上眼睛想象一下，在两千多年前的汉代，在辛追夫人的居室里和她的衣服上，都弥散着怎样的香气呢？有辛夷的清凉、藁本的悠扬、高良姜的辛香，还有茅香的甜美，而当它们融合起来时又该有多么美妙。虽然彼时合香还没有正式出现，但将这些国产香料同置一炉当中，显然已经形成了合香

酒蜜浸泡中的茅香

的雏形。这就是汉代的炉中之香,是来自大汉遗风的味道。

## 42. 辛追夫人的化妆品

除了熏衣之香以外,生活用香中还有另一个大的门类,它在《香乘》中被称为"涂傅之香",也就是中国古人的化妆品。

马王堆汉墓中还出土了另一件重要文物,是一只精美绝伦的漆器妆奁,也是辛追夫人曾经使用过的梳妆盒。这只盒子的材质既不是金银铜铁,也不是木头,而是漆器。

说到漆,我们的第一个反应就是油漆,生活当中如果看到哪里在刷油漆,我们一定都是捂着鼻子快速躲开,因为油漆未干时的气味很难闻,且含有大量的甲醛。所以我们通常认为油漆都是不环保的,是危害健康的,虽然现在也有环保漆了,但依然让人心有余悸。

如此有毒、有异味的材料怎么能用来做存放香品的盒子呢？这里就要说到古今漆的区别了。

古老的漆一定是天然漆，它来源于一种树，叫作漆树。将漆树的树皮割开，就会有乳白色的汁液从树皮里流淌出来，这个工序叫作割漆，有点类似于割橡胶。在空气的氧化作用之下，白色的汁液会逐渐变成黑色，同时也变得十分黏稠。这种天然的、黑色的、黏稠的胶状物质就是天然漆了，也被称为大漆，大漆是无毒无害的，也没有刺鼻难闻的气味。

漆器在古代非常昂贵，并不亚于金银器，有句话叫"百里千刀一两漆"，说的是走上一百里路，割上一千刀，才能够得到一两的漆，所以漆器只有贵族才能够使用，比如像辛追夫人这样的侯门。汉以后，由于瓷器的快速发展，漆器才逐渐被淡化，从实用器转变成了工艺品。

由于漆的特征，漆器完全不怕水，也非常耐腐蚀，所以在马王堆如此潮湿的环境下，诸多精美的漆器都保存了下来，且光亮如新，如果换成其他材质怕是早已化为一摊泥水了。漆器虽不怕水，却怕脱水，太干燥就会开裂，甚至粉碎，所以古代漆器的出土通常都在南方，北方极少。

这只漆器妆奁，得益于漆的神奇，在两千年的马王堆中完整地保存了下来，而且盒子里面的东西也因为漆的保护，纹丝未动地穿越了时光。梳妆盒虽然轻盈却十分坚固，周身用了红黑两色大漆，又用金箔贴出各种云气纹样，兼有一些彩绘，一看就是贵族所用的高档器具。

盒子分为上下两层，出土的时候，上层放了三种东西，绫罗的手套、丝绵的巾帕和一面铜镜。铜镜、巾帕，这两样很好理解，但这双手套是干吗用的呢？

辛追夫人的手套不是今天常规的五个指头分开的手套，除了大拇指单独有一个指套，其他四指共用一个指套，且指套不是全密封的，而是半截的，手指的上半部分都可以露出来，所以戴上这种手套不会影响手指的灵活性，即使在数九寒冬依然能顺利完成梳妆动作，同时对于手部的呵护也是梳妆环节之一，这便是梳妆盒里放着手套的原因。

重点在第二层，这一层的底座上被挖了九个洞，有四个圆的，两个椭圆的，两个长方形的，还有一个马蹄形的，且大小不一。每一个洞都对应了一只小漆盒，刚好能够卡进去，整体显得非常工整，空间利用十分巧妙。

小盒子里又有些什么呢？首先是一些工具，比如马蹄形盒子里放的就是几把马蹄形的梳子。梳子的材质也有讲究，有木头的，有角质的，木头的主要用于梳理湿发，而角质的则用于梳理干发，对于发质是一种保护。两个长方形的盒子，分别放着镊子和一把环首刀,据专家推测,这是用来修刮毛发用的。

最大的圆形盒子里放了一套假发,而且是盘起来的,在很多古代女子的画像中,她们都有着高高盘起的发髻,显得头发很多,实际上并不一定都是她们自己的头发。至少自西汉开始,便有假发的应用了。

仅仅是这些工具,是不是就已经跟今天女士们的梳妆用品很相似了呢?再看剩下的几只小号漆盒,里面大体放着两种东西,一是胭脂,二是妆粉。

胭脂,前文曾提到焉支山的红蓝花,捣碎之后沥出的汁液是一种红色的天然染料,用这种红色饰面的做法在当时的北方非常流行。因此焉支山的"焉支"二字久而久之就成为了一种化妆品的名字——胭脂。"胭"指红色,"脂"指油脂,因此胭脂是一种红色的膏油物质,今天这类化妆品大约有两种,口红和腮红,对应到古代的叫法就是唇脂和面脂。胭脂的用法是涂抹,也就是"涂傅之香"中"涂"的意思。

再来看看辛追夫人的妆粉盒,盒子里还配有一只粉扑,用法显而易见,拿起粉扑,

马王堆双层九子漆奁第二层,湖南博物院藏

搽一点妆粉轻轻扑在脸上，立即容光焕发、白美娇嫩，说明两千多年前贵妇的施粉方式与今天并无二致。

妆粉的使用其实可以追溯到更早的时代，至少都在战国以前。一开始用的是米粉，也就是米磨成的粉。但米粉有个问题，特别怕水，出点汗或是淋了雨就成米糊糊了，十分不牢靠，用今天的话来讲就是容易"掉粉"。随着秦汉时期求仙问道的兴起，方士们在炼丹的过程中发现了一种金属也很适合来做妆粉，那就是铅。

说到铅，印象中大多是灰黑色的，其实铅也有白色的，化学名叫碱式碳酸铅，俗名铅白，把铅白磨成细粉就成了化妆所用的铅粉。铅粉比米粉好用多了，它不会溶解，持久性更好，而且金属物质所特有的光泽度会让面部看起来更亮，这与今天的粉底里通常都含有荧光粉是一样的道理。所以铅粉开始流行了，有一个成语叫"洗尽铅华"，本义就是指卸妆。再往后，到了汉唐，各色妆粉就更多了，有滑石粉、珍珠粉、绿豆粉等，不胜枚举。

胭脂和妆粉就是古代化妆品的两大重要组成了，在很多影视剧里，女主角们如果去逛街，必去的地方就是"胭脂水粉铺"，历朝历代那里都是最吸引女性目光的地方。但不论是胭脂还是妆粉，它们都一定离不开香，没有香气的化妆品，不论在古代还是在今天都是难以让人接受的，那该有多么沉闷、多么油腻啊！而没有市场就无法生存，这是一个看似庸俗却又无比正确的道理，所以胭脂水粉也都需要附加精心的调香过程。

# 43. 人面桃花般的妆粉之美

按照《香乘》上"涂傅之香"的记载顺序，首先登场的是妆粉的制法。通常认为妆粉就是搽在脸上的，用于美白或遮瑕，但古代的妆粉也可以被用于身体。比如第一则记载名为"傅身香粉"，一共用到了七种材料，"英粉、青木香、麻黄根、附子、甘松、藿香、零陵香各等分"，除了英粉、麻黄根之外，其余五种都是香料。

英粉是基础材料，"基础"这个词在化妆品领域会经常出现，比如基础粉、基础油等，其他材料都是在它们的基础上来增色添香的，以达到更完美的效果。在贾思勰的《齐民要术》里就详细记载了古代英粉的制作方法。

首先是选材："粱米第一，粟米第二，勿使有杂。"第一句话就限定了米的品种，首推粱米，其次粟米，而这两种米都不是我们今天吃的大米，属于小米类。比如粱米，原产于四川、陕西一带，今天的汉中古称梁州，就是因为那里盛产粱米。

第二步："于木槽中下水，脚踏十遍，净淘，水清乃止。大瓮中多着冷水以浸米。"

在木槽里倒上水，放进小米，用脚不断踩踏，相当于淘米的过程，一直淘到水清。倒掉浑水，重新注入清水，且一定要是冷水，用来浸泡小米。"春秋则一月，夏则二十日，冬则六十日。唯多日佳。不须易水，臭烂乃佳。日若浅者，粉不滑美。"浸泡的时间根据季节变化有所区别。这期间不用换水，一直泡到小米臭烂为止，如果时日不足，最终的粉就不够细滑。"臭烂"二字表明小米最终会在水里发酵，但是变臭了的东西怎么能用于身体上呢？别着急，接下来古人就开始处理这臭烂之气了。

第三步："日满，更汲新水，就瓮中沃之，以酒杷搅，淘去醋气，多与遍数，气尽乃止。"泡够了日子，小米已经变得软糯了，小心地把上层酸水倒掉，重新换上清水了。再用酒杷（"杷"同"耙"义）子不停搅动开始第二轮的淘洗，目的就是要淘去小米发酵的酸臭气味。搅动之后需要静置，等到小米下沉，与酸水分离，再次换上清水，如此反复，直到酸气除尽。

第四步："稍稍出着一沙盆中熟研，以水沃，搅之。接取白汁，绢袋滤着别瓮中。粗沉者更研，水沃，接取如初。"把沉淀好的米粉捞出来放进一个粗糙的器皿中开始研磨，研细之后加水搅拌为米汤。再用绢袋过滤米汤，滤出的粗粉则重新研磨再滤，反复数次便得到了细密纯净，且没有酸臭味的米粉了。然而工序进行到这里，真正的体力活才刚刚开始。

第五步："研尽，以杷子酒瓮中良久痛抨，然后澄之。接去清水，贮出淳汁，着大盆中，以杖一向搅（勿左右回转）三百余匝，停置，盖瓮，勿令尘污。"先用杷子在容器里不停地拍打米粉，所谓"痛抨"就是使劲打的意思，"良久"则说明持续的时间很长。这个击打的过程实际上在很多传统工艺里都会用到，比如故宫大殿里的金砖，在烧制之前，精选的泥料还要经过数头黄牛不停踩踏，目的就是为了除去泥中的气泡，同时让材料产生韧性，变得更加黏稠致密。又比如制香的过程中，要在石臼中不停锤打香泥，谓之"杵千百下"，也是同样的道理。"澄之"，即通过静置的方法让水和米粉自然分离。澄清之后把上层的清水用勺子撇掉，只剩底层的米粉，倒入一只大盆。再用棍子朝一个方向搅动至少三百圈，最后盖好盖子，别让米粉沾了灰尘。这一步长时间的击打与搅动是不能停顿的，需要充足的体力来进行。

第六步："良久，清澄，以勺徐徐接去清，以三重布帖粉上，以粟糠着布上，糠上安灰；灰湿，更以干者易之，灰不复湿乃止。"再次澄清之后，将最后的清水慢慢舀去。用三层布覆盖到粉上，在布表面撒上粟糠。糠就是用粮食外壳打成的碎末，具有吸潮的能力。糠的上面再撒一层草木灰，如果灰湿了就换一层，如果灰一直保持干燥就说明布下面的米粉已经没有潮气了，这个过程等于加速了米粉的阴干速度。为什么要加速呢？因为时间拖得越长，米粉变质的可能性就越大。

第七步："削去四畔粗白无光润者，别收之，以供粗用。粗粉，米皮所成，故无光润。

其中心圆如钵形，酷似鸭子白光润者，名曰'粉英'。粉英，米心所成，是以光润也。无风尘好日时，舒布于床上，刀削粉英如梳，曝之，乃至粉干。"渐渐凝固的米粉会变成一块粉饼，但周围一圈粗糙、不光润的部分不能用，要用刀削去，只留下中心最为洁白细密的部分，这才是真正的粉英，所以"英"是代表精华的意思。最后找一个

多次澄清后的米粉细腻而光滑

晴朗且没有风尘的日子，把英粉削成小块，晒干之后再使劲搓揉，直至成为细粉。至此，英粉终于制成了。

　　小小一袋英粉，耗时少则月余，多则数月，其间工艺流程之繁复、消耗体力之巨大，在今天看来都是难以想象的。但古人却比今人执着得多，为了高端的品质，为了精致

半干的米饼已褪去黄色变得洁白，图为阴干步骤

的生活，无论是英粉还是金砖又或是古法合香，他们都会一丝不苟、倾尽所有。

为什么要大费周章地来介绍英粉的制法？其实还有一个原因。可以想象一下今天大部分化妆品的制作过程，必然是大桶大桶的化工原料、轰鸣的机器、流水线的灌装，整个厂区少有人影却能每日出产成千上万的产品。这就是纯手工与工业化的区别，前者天然纯粹、匠心独具，但却成本高昂、产量极低，根本无法成为普世的产品，注定只有少部分人可以享用；而后者流水作业、化工合成，却能够批量产出、价格低廉，让人人皆可享用。因此这二者是各有所长也各有所短的，并不存在绝对的好与坏。只是希望爱好传统手工、喜欢质朴国风的朋友们，在闲暇时间里也能亲手按照古人的方法给自己做上一盒天然妆粉，这是一种心境，也是一种回归，更是一种对中国香文化的继承和发扬。

百转千回，英粉理论上已经可以使用了，但它依然不够完美，因为还缺少了香气的加持。

香方中的第一味香料叫作青木香。在很多古方中，包括今天的各种香水成分中，我们会看到三种类似的名称，分别是木香、青木香和广木香。

木香是一个统称，又被分为了青木香和广木香，它们虽然都是植物的根部，但却来自于不同的物种。《香乘》中对于木香的考证如此说：

> 木香草本也，本名蜜香，因其香气如蜜也。缘沉香类有蜜香，遂讹此为木香耳。昔人谓之青木香，后人因呼马兜铃根为青木香，乃呼此为南木香、广木香以分别之。

木香本名蜜香，但由于蜜香与沉香中的"蜜香"重名，于是改为木香。一开始，人们习惯称木香为"青木香"，但后来却出现了一种马兜铃的根部也被称为"青木香"，为了避免混淆再次改名，又有了"南木香""广木香"之称。

但以上只是古人的理解，我们再结合今天的科学研究来看一下所谓的青木香与广木香究竟有何区别。

马兜铃听起来点像马铃薯，但完全不是，马兜铃是一种攀爬性的藤本植物，在中医领域是一味古老的药材，有平肝止痛、解毒消肿等诸多功效。但马兜铃在今天却颇受争议，因为很多研究认为马兜铃所含的"马兜铃酸"是一类致癌物质，尤其对肾脏的损伤比较大，在很多国家马兜铃是被禁用的药物。马兜铃今多产于云南，故也被称为"云木香""南木香"。

广木香则是菊科风毛菊属的植物，原产于印度，"广"指广州，意为从广州港登陆进入中国的木香，属于进口香料。广木香的香气集中在根部，其根富含挥发油，香气温甜持久，且带有一丝清凉之气，这种香气特质十分讨喜，用在涂傅之香中能够让人感到愉悦并有一定的化解油腻之效。

综上所述，我认为古人合香所用的木香、青木香都应指舶来的广木香。

第二味材料是麻黄根。麻黄是入门中医最先接触的一类药材，麻黄对于皮肤的作用主要是疏肌解表、发汗降温。但此处需要特别注意的是，香方中所用的是麻黄根，特指麻黄的根部，而麻黄却是指麻黄的茎秆部分。二者虽然来自同一种植物，却有着截然相反的药效。麻黄是发汗的，麻黄根却被用于止汗，所以这则香方中的麻黄根是为了减少出汗，让皮肤保持干爽，因为一旦出汗英粉就成米糊了。一字之差，谬之千里，千万不能用错材料。

接下来的几味，"香附子、甘松、藿香、零陵香"，属于制香中常用的香料了。香附子的清香可以理气解郁，同时它本身也具有抗菌消炎的作用。甘松、藿香、零陵香，这三味草本香料都具有清凉的香气，让人感到舒爽。

所以综合来看，除了英粉作为基础粉、麻黄根作为药用止汗之外，其余五味香料都在打造一种清爽、天然的草本香气，为何要如此呢？因为这款"傅身香粉"并非是用于脸上的，而是一款爽身香粉。

制法的下半句是："除英粉外，同捣罗为末，以生绢袋盛之，浴罢傅身。"意思是把香粉装在绢袋里，洗浴之后扑在身上，既达到了润滑、美白肌肤的效果，在嗅觉上也让人备感轻松舒适。因此"傅身香粉"的"傅"字，在古代特指粉状化妆品的使用方法，即均匀地附着在皮肤上的意思。故而香脂用"涂"，香粉用"傅"，合在一起就是"涂傅之香"。

想象一下吧，如果你穿越回古代，遇到一位刚刚出浴的美人，她轻衫飘逸地从你面前走过，你会闻见怎样的香气呢？应该就是这种"傅身香粉"的味道。

下一则香方名为"和粉香"：

> 官粉十两，蜜陀僧一两，白檀香一两，黄连五钱，脑麝各少许，蛤粉五两，
> 轻粉二钱，朱砂二钱，金箔五个，鹰条一钱。

官粉，不再是米粉了，而是指铅粉，仅此一点可以看出"和香粉"诞生的时代要远远晚于"傅身香粉"。

第二味材料叫蜜陀僧（也称"密陀僧"），在《余冬录》中有一则记载提及了密陀僧，同时也让我们看到了古代铅粉的制作过程：

> 嵩阳因产铅之故也，居民多制胡粉为业。其法铅块悬酒缸内封闭之，

四十九日始开，则铅化为粉矣。化弗白者，炒为黄丹。黄丹渣为密陀僧。

河南嵩阳一带因出产方铅矿，居民们多以制作铅粉为业。把经过特殊处理的铅块悬挂在密闭的酒缸里四十九天，铅块就开始化成粉了。其中白色的铅粉直接用于做妆粉，剩余不白的部分则用来炒成黄丹，黄丹是一种用铅、硫黄、硝石等材料炼制而成的丹药，最后的残渣就是密陀僧。

由此看来，古人所称的密陀僧是铅经过煅烧之后产生的物质，学名一氧化铅，呈橙红色，因此它在妆粉中的作用，一是增加面颊的红润程度，二是具有一定的杀菌止痒功能。

这里特别需要注意的是，今人所谓的"黄丹"同样是指一氧化铅，但古人所说的黄丹却是一种黄色的丹药，其成分不仅有一氧化铅，还有硫黄、硝石等，因此黄丹还具有助燃的作用，比如香炭中就常常会加入。古今之"黄丹"并非一物，切莫混淆。

接下来是檀香、黄连、龙脑、麝香，此四味材料的作用就是为了增香了。其中黄连用量较少，因其香气略显辛苦，但除香气之外它还有清热祛湿的作用。

蛤粉即贝壳粉，但这种贝壳不是从海里捞上来的新鲜贝壳，而是埋在地下很多年经充分氧化或经煅烧的贝壳，磨粉后才会非常白，也常用于制作颜料"蛤白"。"蛤粉五两"，这个比例是很高的，说明美白依然是这款妆粉的主要功效。

"朱砂二钱，金箔五个"，朱砂是一种天然的红色矿物质，作用与密陀僧类似，用以增加颜色。古代的金箔都是由纯金锤打而成，光彩夺目、久不变色，其作用就是提亮，让妆粉在光线下出现闪烁晶莹的特效，这一做法在今天的粉底中也被广泛应用，只是很少有人舍得用纯金的金箔了。

最后一味材料叫作鹰条，它实际上是鹰的粪便。粪便入香，着实有些匪夷所思，大有一颗老鼠屎坏了一锅粥的感觉。这里可以粗浅地解释一下，粪便也是有讲究的。在日常生活中，细心的朋友会发现鸟粪的颜色是有差异的，它一定是黑白相间的。黑的是粪便，白的是尿。因为鸟类没有专门排尿的器官，粪尿都是一起排出来的，尿液凝固后的结晶就是白色的。这种白色的结晶在古人看来有美白嫩肤的功效，但至于现代科学如何来解释这个原理，又为什么一定要用鹰的，其他鸟类的是否可用，目前还没有十分明确的答案。故而这里的"鹰条"写得并不完整，应该写为"鹰条白"，它的作用还是美白。

所有材料齐备后，"右为细末，和匀敷面"即全部磨成细粉，混合均匀之后敷在脸上。我们可以试想一下这款妆粉的效果，学过国画的朋友一定能想象出它的颜色，白色的蛤粉调以朱砂、密陀僧，最后的呈现就是一种浅浅的粉色，而古人常把这种粉色称为

"桃花色"，被认为是面容最好的色彩，白净透明，又不失血色。所以才有了那句"去年今日此门中，人面桃花相映红"。

除了桃花色，还有铅粉自然的反光效果，再加上金箔在光线下熠熠生辉，整体效果是高亮的、夺目的。而点睛之笔则是它的香气扑鼻，龙脑、黄连的清香会首先散发出来，化解了一切的甜腻与燥热，之后是麝香、檀香两种名贵香料所散发出来的悠长底蕴。

这两款香粉，一个傅身，一个傅面，基本上可以代表妆粉在古代日常生活中的应用了。最后再来看一则有关香粉的名人故事，故事源自《杨妃外传》，亦被《香乘》收录，名为"汗香"：

> 贵妃每有汗出，红腻而多香，或拭于巾帕之上，其色如桃花。

如果我们不了解古代妆粉的配方和制作，就很难理解这段记载。但现在很清楚了，并非是杨贵妃的汗红若桃花，还能染红巾帕，也并非她的汗天生就具有香气，这一切的美好都来自于她精心调配的妆粉。

杨贵妃爱出汗这件事在中国历史上还是很有名的，野史中也多有传言，说她因肥胖易发汗，还会引发一些难闻的气味，因此贵妃一天要洗很多次澡，也因此与华清有了不解之缘。但无论如何，止汗的香粉和香粉所携带的香气一定是杨贵妃所不可或缺、形影不离的，所以如果要为古法妆粉来寻找一位代言人的话，非她莫属！

# 44. 美白达人金章宗

自古以来，化妆都是为了修饰我们的容颜，为原本不太亮丽的肌肤增色、遮瑕，但它毕竟只是一个表面工作，是一种外界赋予我们的能力。而在表象之下，其实还有更加值得我们去呵护的东西。

可以回想一个生活中经常出现的场景，在化妆之前又或卸妆之后，我们是不是都要做一件必不可少的事情呢？想必大家会脱口而出，当然是要洗脸刷牙了。没错，只是我们可以说得更文雅一些，那就是清洗和护理，简称洗护。

这个过程尤为重要，如果说化妆是治标，洗护就是治本，皮肤的光泽程度、水润程度、紧致程度、抗衰老能力等指标，都需要洗护来维护和提升。因此在女士们的梳妆台上，洗护用品一定是占了半壁江山的。既然洗护如此重要，我们智慧的祖先们又有怎样的护肤诀窍呢？接下来就一起看看中国古人的洗护之香。

洗护之香的故事与一个男人有关，此人在历史中有些平淡无奇，却在近些年忽然名声大噪，因为坊间传言他竟然是宋徽宗的转世灵童！他就是金朝的第六位皇帝——金章宗完颜璟。

一个姓赵，一个姓完颜，且赵佶故去三十三年后完颜璟才出生，显然二人并无交集。但既然有这样的坊间传闻，自然也不会是凭空虚构。

二人最为相似之处是在艺术造诣方面。众所周知，宋徽宗的拿手绝活是由他所创的瘦金体，这是书法史上极具个性的一种书体，运笔灵动、笔迹遒劲却又不失其肉，兼具俊美与风骨。但宋徽宗走后这近千年之间，能将瘦金体写到以假乱真的人，却只有金章宗一个。

在大英博物馆收藏着一幅传世名画，东晋顾恺之《女史箴图》的唐代摹本，而这幅画之所以珍贵，有很大一部分原因在于画作上的题跋和印章。古人收藏到一件心爱的画作，总喜欢在画卷的开头或结尾写上一段文字，表达一下观摩古画时激动的心情，更主要的是为了证明这件宝贝曾经被自己拥有、把玩过，从而获得无比的荣耀和满足感，顺便还要盖上自己的印章，也叫"钤印"。

留在《女史箴图》上的钤印就十分丰富，比如有唐代收藏机构弘文馆的印文，有宋徽宗的"政和""宣和""御书"诸印，北宋灭后又有了金章宗的印文，金灭之后又有了南宋权臣贾似道的印文，再到元代王寿衍、明代项元汴及诸多清代藏家的印文，后来又被乾隆爷收进了紫禁城，一直到八国联军火烧圆明园时才被英军给抢走，最终入了大英博物馆。所以这浩浩荡荡的中国历史，唐宋元明清的朝代更迭，都被这些钤印给一一展现了出来，同时也从传承有序的角度极大地增加了这幅名画的价值。

题跋之中，又以卷尾瘦金体抄录的一则《女史箴》含金量最高，明清以来诸画谱皆认为这是宋徽宗的亲笔。可到了二十世纪，有日本学者外山军治、矢代幸雄提出此篇瘦金体实为临摹作品，作者另有其人。这一质疑立即在收藏界、书法界、文史界引起了轩然大波，后经一系列分析研究得出了一个被当今学者广泛认同的结论，即《女史箴图》唐摹本上的瘦金体题跋并非宋徽宗亲笔，而仿写之人也在这幅画卷上留了钤印，他就是金章宗完颜璟。在鉴定的过程中，对二人的书法真迹做了大量对比，甚至用到了现代仪器方才找到真相，单靠肉眼根本难辨真假。可想而知在过去的数百年岁月里，金章宗又瞒过了多少收藏名家和书法大师的眼睛！这就是金章宗的瘦金体，一人之下，万人之上。

金章宗不仅要模仿宋徽宗的字，就连写字的墨也要一模一样，在明人沈德符所撰《万历野获编》卷二十六中，有这样的记载："宋徽宗以苏合油溲烟为墨，后金章宗购之，黄金一斤才得一两，可谓好事极矣。"

此外还有音律。宋徽宗生前极爱的一张古琴名为"春雷"，是唐代制琴名家雷威的传世孤品，琴声昂扬跃动，就像惊蛰的春雷初鸣，让天下万物都惊而复苏。此琴后来被金章宗得到，他是爱不释手啊，一直到死也没有松开，于是把"春雷"一同带进了坟墓。

总之金章宗处处模仿着宋徽宗，并非是为了作假，而是出于真正的喜欢，在某些方面甚至可以说他已经做到"青出于蓝而胜于蓝"了，所以坊间谣传他是宋徽宗的转世灵童，倒也情有可原。当然我们还是要以正史的记载来给金章宗正名，以免影响了很多还在学习历史的朋友们。金章宗是金朝受汉化影响最为深远的一位皇帝，他习汉字、通汉学、精音律，尤其崇拜宋徽宗的文化造诣，是一位不可多得的才子皇帝，转世灵童之说仅仅是笑谈罢了。

金章宗模仿归模仿，他也有着自己的独门绝技，便是在洗护之香方面的造诣，堪称洗护达人！尤其是他宫中的一款美白香方，更是对后世产生了深远的影响。

这款香的名字叫"八白香"，在《香乘》中有明确的注释，它的另外一个名字是"金章宗宫中洗面散"，"散"即粉，相当于今天的洗面奶了，且功效也十分突出，就是两个字——美白。

为了达到美白的效果，香方用到了八种不同的白色材料，分别是白丁香、白僵蚕、白附子、白牵牛、白茯苓、白蒺藜、白芷和白芨。这八种"白"的组合看起来似乎有些幼稚，难道全部用白色的材料就能达到美白的效果么？然而古人的智慧总能令我们感到惊叹，这八种材料实则大有来头，有如八仙过海，各显神通。

首先是白丁香，世上当然没有白色的丁香，这里的白丁香实际上与鹰条白是同样的物质，只是它不再来源于鹰，而是来源于麻雀之类的小型鸟。白丁香的再次出现，更加证明了这种鸟类所排出的白色结晶，在经过古人千百次的尝试之后，被确认有着美白方面的卓越功效。

第二味材料是白僵蚕。蚕就是会吐丝的蚕宝宝，但蚕宝宝也会生病，尤其容易感染一种叫作"白僵菌"的虫生真菌，这种真菌本身也是白色的，它的孢子会附着到蚕的身上，然后大量繁殖，最终导致蚕僵直而死，死亡后的蚕身上会长出一层白色的白僵菌粉末。这种僵死的蚕尸经过干燥便成为了一味中药，叫作白僵蚕。听起来似乎有些可怕，但白僵蚕的药用历史已十分久远了，可以说自从有了蚕桑业，就有了白僵蚕。疗效且不去多说，这里单说美白。在《神农本草经》和《本草纲目》中都能找到关于白僵蚕的记载，前者说"灭黑斑，令人面色好"，后者说"蜜和擦面，灭黑黯好颜色"，这说明中国古人早早就意识到了白僵蚕的美白、祛斑功能。今天的科学技术也对白僵蚕进行了分析，结论基本印证了古人的说法，比如白僵蚕中含有多种氨基酸和活性丝光素，对皮肤有很好的养护作用。而且它还含有一种可以调节性激素分泌的蛋白质，尤其对女性性激素分泌失调所引起的黄褐斑有一定疗效。此外它还含有大量的维生素E，而维生素E对抗氧化、抗衰老、祛除老年斑都有着非常明显的作用。

第三味叫作白附子。很多香方中都有"附子"二字，有的叫白附子，有的叫黑附子，还有的叫香附子，这让很多初学者不知该用哪种附子入香。首先要清楚一点，附子和白附子是两种完全不同的东西。附子是乌头的根部，具有强大疗效的同时也有很强的毒性，所以生的附子是有毒的，不能用，药店里也禁售，而能买到的附子都是经过炮制去除了毒性的。在炮制过程中，由于方法的不同导致出现了不同的品种，其中黑色的叫黑附子，白色的叫白附片。值得注意的是，这里之所以称"白附片"而不是"白附子"，是因为白附子又是另外一种东西了。白附子是独角莲的根部，与乌头没有任何关系。白附子除了具有中医上祛风止痉、解毒散结等药效之外，还有一方面的特长就是可以改善色斑、消除粉刺、减少黑色素的沉积，所以八白散中用到的一定是白附子，而不是附子。当然白附子也有轻微的毒性，在使用时首先要测试一下是否会产生皮肤过敏的现象，同时要注意控制用量。最后再说香附子，香附子则是一味合香中常用的香料了。它是莎草的根茎，整体呈纺锤形，破碎之后香气凛冽，故而在古代香方（除美容香方）中所见的"附子"大多是香附子。

第四味材料是白牵牛。白牵牛并不是白色的牵牛花，而是指牵牛花白色的果实，因为牵牛花还有一种黑色的果实，特此区分。在中药店里这种材料也叫"丑牛"，古方中多与白僵蚕一起使用，同为美容配方的主要材料。

第五味叫作白茯苓。茯苓可以食用，也可以泡水饮用，中医认为茯苓具有健脾除湿的作用，对于解决脾虚所导致的面色萎黄有很好的疗效，因此在历代美白方中也经常见到。

第六味叫作白蒺藜，这是一种植物的果实，外形十分奇特。在很多战争片中，为了扎破敌方车辆的轮胎会在地上撒一片钉子。如果仔细看那些钉子，都是由好几根刺组成的结构，不论怎么扔它，总有一根刺能笔直朝上。这种武器叫铁蒺藜，早在春秋战国时期就用来扎马蹄了。铁蒺藜的原型就是蒺藜的果实，叫作白蒺藜。白蒺藜在中医领域有平肝补肾的功效，可以缓解面色蜡黄等症状，同时还常被用于皮肤瘙痒等症状的治疗。

第七味是白芷，《神农本草经》记载，"长肌肤，润泽颜色，可作面脂"，现代科学研究也证实白芷的确有减少色素沉积、治疗黑斑、面黑等功用。除了能够美白，自屈原时代起白芷就是一味重要的香料了，它被应用于各种香囊、合香之中，因此白芷同时为这款洗面散提供了香气。白芷的香气有一个很大的特点即留香时间特别长，我平日里制香，如果香方中有白芷的话，手上的味道在几天之内都是存在的，洗都洗不掉。因此八白香的香气也是非常持久的，可以保持长时间的芳香扑面，这便是白芷

白蒺藜，成熟后会自然裂
为几瓣，仍可见尖锐的刺

的功劳。

最后一味叫作白芨，也是一种古老的中药。它有着很好的收敛止血、消肿生肌的作用，尤其是对于溃疡类的疾病有奇效，而如果把白芨磨粉调匀涂抹在脸上，则有平复痤疮、让皮肤光滑细腻的效果，直到今天还有很多面膜、面霜中含有白芨的成分。因此白芨最后登场，可谓是实至名归。此外白芨还有一个少有人知的妙用即它的黏合作用。白芨根富含淀粉、葡萄糖和黏液，白芨干粉只要稍稍加水就能立即变得黏稠，因此白芨也是一种天然的黏合剂。而白芨出现在洗面散中，显然也与这一特性有关，它会让洗面散遇水后呈现出滑腻细密、柔软舒适的效果，不再是干涩粗糙的粉状，同时也把其他七味材料充分地融合在了一起。

"八白"是负责美白的材料，再来看看负责清洁的材料。香方后半句如此说："入皂角去皮弦，共为末，绿豆粉拌之，日用面如玉矣。"又出现了两种材料，分别是皂角与绿豆粉。皂角即常说的皂荚，是一种古老的天然清洁剂。我小的时候还能看到很多人用皂角洗衣服，把秋天的皂角采下，去除里面的皂米，再把外面的皮壳拍碎稍稍一煮，浓郁的泡沫就出现了。这种泡沫不但有很强的去污、去油腻的作用，而且还不伤手，是真正的天然无刺激，所以皂角在八白散里的功能就是清洁肌肤，有它就能产生泡泡。而绿豆粉则不用多说了，夏天喝一碗绿豆汤，没有什么比这个更加清热祛火了，因此在八白散里绿豆粉就是基础粉。

了解完这十味材料，我想大家会有一种豁然开朗的感觉。这些看似生拉硬凑的材料，实际上都各有各的作用，而且配合得十分巧妙，无论是药效、香气，还是清洁效果、美容效果，几乎面面俱到。这其实就是今天洗面奶的雏形，虽然很多成分会被现代的化工材料所替代，但配方的总体构架都是源于古人的智慧。

金章宗也自我总结了一下八白散的效果："日用面如玉矣。"我想这里的"玉"应当是指和田玉，而且是和田玉中最为高贵的羊脂白玉，像羊脂一样细腻洁白、光滑滋润，这便是"金章宗宫中洗面散"所呈现出的最美肌肤了！

# 45. 护发香泽与莲香散

"金章宗宫中洗面散"可谓是中国历史上由皇家正式出品的第一款美白用香，但金章宗留给我们的惊喜还远未结束，《香乘》中还记载了他的另外几款杰作。

"金主绿云香"，这个名字很有意思。"金主"就是金章宗，然而何为"绿云"呢？似乎没有哪个身体部位会跟绿色有关。但想必有熟读古诗词的朋友，脑袋里已经开始浮现出有关绿云的章句了，比如杜牧就有一篇著名的《阿房宫赋》，其中写道："明星荧荧，开妆镜也；绿云扰扰，梳晓鬟也；渭流涨腻，弃脂水也；烟斜雾横，焚椒兰也。"

这里用十分夸张的手笔描绘了一个似幻似真的景象，仿佛是站在阿房宫对面很远的山坡上，窥探了当年神秘的宫中生活，由此可见从古至今人们都对这座巨大的秦朝宫殿充满了好奇。当然《阿房宫赋》描绘的仅仅是杜牧的想象罢了，根据中国社会科学院考古队对阿房宫遗址的研究，当年这座宫殿其实并未建成，也未发现被项羽大规模焚烧过的痕迹。

但赋中却提到了一个词"绿云扰扰"，显然绿云就是指头发了。云，表示头发像云朵一样蓬松、柔软，这是可以理解的，但"绿"这个颜色怎么能跟头发扯上关系呢？

头发当然是黑色的，但古人在形容女子的头发时通常还会用到一个词叫作"青丝"，李白就有名句"朝如青丝暮成雪"。青丝就被用来形容最为青春、靓丽、乌黑的头发。至于为什么黑发会被称为青丝，并没有一个准确的答案，这个问题我想可以追溯到远古时代了，也许我们的祖先从一开始就认为，最美的黑就是青。

继续往下思考，我们都见过彩虹的"赤橙黄绿青蓝紫"，这是一个色彩的渐变，黄愈浓时就成了绿，绿愈浓时就成了青，所以"绿云"与"青丝"都被用来形容黑发也就不奇怪了。我个人还有一种理解，这里面可能还折射了一个年龄上的渐变，就像从"黄毛丫头"到"绿云扰扰"再到"青丝如许"，把年轻的女子通过不同的发色又细分成了三个阶段，至少在文学上算是一种很好的表达。

金主绿云香是一款用于头发上的香品，它有什么作用呢？我们来看具体的香方。首先还是材料清单，主材有十四款之多，分别是"沉香、蔓荆子、白芷、南没食子、踯躅花、生地黄、零陵香、附子、防风、覆盆子、诃子肉、莲子草、芒硝、丁皮"。其中又出现了一些陌生的面孔。

"没食子"是一味药材，但不是中国产的，而是源于中亚、地中海沿岸的外来物种。它既不是植物，也不是动物，而是动植物相结合的产物。简单来说有一种树叫没食子树，有一种蜂叫没食子蜂，蜂在树上产卵，导致树木受到刺激长出了虫瘿，这种虫瘿就是没食子。正因为这种生成的特性，没食子具有很强的生物活性，在中医领域可以用来止血消炎、愈合伤口，而将它用于头皮上则有恢复和调节毛囊活力的功能。

再看"覆盆子"，《从百草园到三味书屋》中，鲁迅先生对它的描述已很到位："如果不怕刺，还可以摘到覆盆子，像小珊瑚珠攒成的小球，又酸又甜，色味都比桑葚要好得远。"这就是覆盆子的模样和味道，长得像缩小版的草莓，只不过它不是趴在地上的，而是一种蔷薇科植物，可以攀爬。覆盆子以前没人吃，属于一种野果，近些年却火了，价格甚至比草莓还要贵。覆盆子富含各种维生素，吃了对身体很好，从中医来讲覆盆子有很好的补肾、治肾虚劳的效用，众所周知肾虚会导致精血不足，从而产生脱发、白发的现象，这便是覆盆子存在的意义。

再看"踯躅花"。有个词语叫"踯躅不前"，也叫"踟蹰不前"，都是形容在原地徘徊，走不动路，很犹豫、很迟疑的样子。踯躅花实际上是杜鹃花的别称，早在陶弘景的《本草经集注》中就记载了这个别称的由来："羊食其叶，踯躅而死。"说明杜鹃花的叶子有毒，不能大量食用，因此人们就把杜鹃花称为踯躅花了。在漫长的历史中，中国古人是何时发现杜鹃花可以对头发产生作用的？这个问题我们不得而知，但现代科学研究表明，杜鹃花中所含的杜鹃花酸的确有着很强的生发作用。包括如今国际上很多大品牌的生发液中也都含有杜鹃花酸的成分，也不知道是不是偷师了我们老祖宗的智慧，所以踯躅花用在这里是为了生发。

再看"莲子草"。莲子草和莲子没有任何关系，它是一种长在水边、沟渠旁的杂草，大部分人都应该见过，只是不知道它叫莲子草而已。因为长得又快又多就有些泛滥了，很多农家都割下来喂猪喂羊。但这种不起眼的杂草其实还有个名字叫"墨旱莲"，既然叫"墨"，那一定与黑色有关。

《本草正义》中有这样的记载："鳢肠，入肾补阴而生长毛发，又能入血，为凉血止血之品。""鳢肠"即是墨旱莲。《本草经疏》中亦有记载："鳢肠善凉血。须发白者，血热也……凉血益血，则须发变黑。"所以墨旱莲并不是一文不值的杂草，它的生发、黑发功效早已被中国的医家们发现了。

继续看这款香品的制法：

各等分，入卷柏三钱，洗净晒干，各细锉，炒黑色，以绢袋盛入磁罐内。

这是制法的第一步，将各种材料以同样的比例锉碎，文火慢炒至黑色，混合后装进绢袋，再放入瓷罐。其中又提到了一味新的材料，叫作卷柏。之所以称为"柏"，是因为它的叶子跟柏叶很像，但它却并非柏树，而是一种低矮的蕨类植物。卷柏有很多别名，其中一个很有代表性的叫作"九死还魂草"，听起来很厉害的样子，有点像是武侠小说里的灵丹妙药。而实际上"九死还魂"并不是说卷柏能让人死而复生，而

异域药材没食子，亦称墨石子、无食子、没石子等

是指它自身的生命力非常顽强，即使在极端恶劣的环境里也能成活，因此它还有"万岁草""长生草"等别名，李时珍也曾点评过它："万岁、长生，言其耐久也。"

卷柏缺水时犹如一团枯草，卷缩在一起，一点生机都没有，但只要给它一些水，它很快便舒枝展叶、死而复生，重新变得青翠欲滴。故而在古人眼中，卷柏这种遇水而生、枯木逢春的能力正是头发所需要的。

　　每用药三钱，以清香油浸药，厚纸封口七日。每遇梳头，净手蘸油摩
　顶心令热，入发窍。

绢袋中的香粉并不是直接使用的，使用的时候要先取三钱黑色碎末，在新的容器中用清香油浸泡七日，清香油是指未经精炼的芝麻油，也叫清麻油，香气不会太浓，颜色也较浅。

每次梳头的时候，取一点泡好的油放在掌心，然后在头顶来回摩擦，一直到头

卷柏干品

皮发热。这里用了"入发窍"三个字，"发窍"即毛孔、毛囊，要让药油充分地吸收进去。

香方的最后，揭秘了金主绿云香的功效："不十日发黑如漆，黄赤者变黑，秃者生发。"这个效果简直了不得，不出十日，枯黄的头发就会变黑，没头发的就会长出新的头发，具有强大的乌发、生发功能。当然这种说法有些言过其实了，否则世界上就没有那么多脱发、白发的人了。但通过对各种材料的解读可知，金主绿云香虽然不能起到立竿见影的效果，但这诸多药性配合在一起，对于预防脱发、减少白发、养护毛囊和护理发质一定是有着不凡功效的。

现在我们可以想象出这款香的样子了，它就是装在小瓷罐里的一汪清油，所以本质上它是一种发油。发油在今天很少有人用了，但我的爷爷奶奶那辈人却是常用的。我记得当年的发油装在小玻璃瓶里，晶莹透亮。梳了头以后，倒出几滴在手心里搓一搓然后抹在头发上，可以让头发显得亮亮的、挺挺的，打造出一种很有质感的造型来。

而在更为久远的古代，发油几乎是贵族们的必备物品，这是因为中国古人从不剃发，身体发肤受之父母，不论男女都是留着长头发的。但头发多了也很不方便，加上古代的洗浴条件十分有限，洗头是件相当麻烦的事情。如果想让头发显得乌黑油亮，又有好闻的香气来遮掩异味，搽头油是最为快捷有效的方法。有一个成语叫"油头粉面"，就是形容抹了发油、傅了妆粉的美女。当然这个词后来变得有些贬义了，专指一些打扮轻浮的男子，而其实在古代的某些时期，男子化妆也是一种常态。

古人非常重视发型，如果仔细去看秦始皇兵马俑的发型，会发现每位士兵的头发从前到后都梳理得很细致，先编成小辫再将其他头发捆扎起来，层次分明，错落有致。士兵皆如此，何况其他人，所以用发油来保持发型，在古代也是很重要的一件事情。

今天基本不会用发油了，一是由于我们崇尚干爽的发质，大家都在想尽一切办法杜绝油腻，发油自然就不受欢迎了；二是由于今天洗头这件事变得很容易，即使是长发也是说洗就洗，发油的遮瑕功能也就没了用处；三是由于受西方文化的影响，我们对发型的要求比起古人来其实降低了很多，比如追求洒脱的，哪怕是披头散发也没关系，只要够柔顺、够飘逸就是一种美，但在古代披头散发的只有两种，一种是疯子，一种是鬼。

因此发油在古代是一件生活必备品，也是洗护之香中的重要分类，它还有一个更准确的名字，叫作香泽。"泽"含有一种滋润、滋养、重新赋予生命力的意义，与"洗"是完全不同的概念。香泽的作用就是润泽头发的，而不是清洗头发的，金主绿云香就是香泽中的代表作品。

《香乘》中还记录了其他多款香泽的调制方法，比如有"香发木犀香油"，用桂花来调香，让头发充满了桂花香气；有专治白发的"乌发香油"，相传李莲英为了讨好慈禧太后就曾搜罗诸多民间的乌发香泽献给老佛爷。尽管时至今日，这些传世的香泽配方已经少有人去制作了，但它的药理精髓却依然被广泛地应用着，并且不断地推陈出新，诞生了更多的像发胶、发蜡、护发素、生发液等新的产品。

还有一款与金章宗有关的洗护之香，名为"莲香散"。这里的"莲"，不是指用莲花入香，而是指三寸金莲。用金莲来形容美女的小脚，最早的记载大约是在南北朝时期，南朝齐国的皇帝萧宝卷有一位心爱的潘妃，天生一双小脚，十分玲珑可爱。于是皇帝令人"凿金为莲花以帖地，令潘妃行其上，曰：'此步步生金莲也。'"

渐渐地，小脚成为了一种对美的追求，到了宋代开始出现通过人为干涉来让脚强行变小的做法，也就是所谓的缠足。明清之际，缠足之风一度到达顶点，一直到大清亡了，孙中山先生下令禁止缠足，这种非常痛苦也极不人道的风俗才得以废除。

缠足虽废，但在诸多名著中却留下了"金莲"的足迹，最有名的就是《水浒传》中的潘金莲，这个名字就是根据"潘妃步步生金莲"的故事而来，她因为从小缠得一双好小脚，深得西门大官人的喜爱。

虽然小脚是彼时大美女的必备条件，但脚也不是越小越好，小也是有标准的，"三寸"就是个标准，大约相当于今天的十厘米的样子。而金章宗的时代与宋平行，缠足之风已经开始流行，故而这款"莲香散"就是用来养护那一对三寸金莲的。

材料很简单，一共三昧："丁香、黄丹、枯矾。"

丁香用来提供经久不散的香气，黄丹含有硫黄用来杀菌止痒，枯矾实际上是用火煅烧过的白矾，将枯矾碾为粉末涂在脚上，可以很好地防治脚臭、脚汗等症状，在今天也是医家常用的一个方子。

> 共为细末，闺阁中以之敷足，久则香入肤骨，虽足纨常经洗濯，香气
> 不散。

三种粉末混合后扑在脚上，用得久了，香气还会深入肌肤，形成一种体香。以至于裹脚的布条上也是香喷喷的，即使经常洗涤，香气也经久不散。

今天已很少有人去给脚做护理了，最多就是在洗脚水里加些药材，目的还不是为了养脚，多半是为了养生。为什么大家不像对待脸一样地去对待脚了呢？原因其实很简单，因为脚是藏在鞋子里的，它香不香、白不白、美不美并不重要，只要鞋好看就行了。但反观古代宫廷的女子们，显然她们的生活要比我们细致太多了，越是深藏不露，越是看不见的地方，越是需要倍加呵护。精致的生活是一丝不苟的，这便是古代贵族对待生活的态度。

《香乘》中，写在金章宗三款洗护香方下面的，是周嘉胄先生由衷的感慨，他也表达了一番对于金章宗这个人的看法。他说，金章宗"致力于粉泽香膏，使嫔妃辈云鬓益芳，莲踪增馥。想见当时，人尽如花，花尽皆香，风流旖旎。陈主、隋炀后一人也"。看来周嘉胄先生与我们一样，在品读了这几款香方后也展开了一番联想，他由金章宗想到了当年的金主后宫里，该是怎样一派香艳场景啊！

他最后说，金章宗堪称陈主、隋炀之后的第一人！陈主和隋炀是两个亡国之君，陈主就是陈后主，南朝的最后一个皇帝，被隋炀帝领兵破城，俘于洛阳。可笑的是陈后主死后也被追加了"炀"这个谥号，所以这两位"炀帝"当真是缘分不浅。但是在这里，周嘉胄先生的意思主要是说金章宗的后宫生活如此香艳旖旎，恐怕与这两位荒淫于酒色的皇帝是不相上下了。

但从真实的历史来看，金章宗与前两者是不同的，他在位的二十年间都是太平盛世，他善于改革，也颇有成效，并非是一个荒废的皇帝。尤其是他的中国式教养，水准之高历史上少有人及，因此金章宗有如此众多的香方传世，本质上还是来自于这种资深文艺青年骨子里对美的追求，就和李煜一样，他所享受的就是这种细致入微、香入肤骨的宫廷生活。

最后我想来聊一个现象即洗护之香的香气带给我们中国人的一些影响。

众所周知，中国香文化是有断层的，满清之后大部分中国人几乎失去了用香的习惯，因此在这百年的岁月之中，中国人能够获得的香气来源十分匮乏，主要的途径就是通过洗护之香。

举个例子，工作原因我结识了很多初次接触香文化的朋友，其中有不少都是没有用香经历的，不要说中式合香了，就连香水也没有接触过。于是在这个群体中就产生了一种现象，品鉴一款香气的参照物全部来自于日常生活中的洗护用品。

比如只要闻到有些清凉的气味，马上给出一个结论："怎么有一股风油精的味道？"只要闻到一丝常见的花香气，也马上给出一个结论："怎么有点像肥皂的味道？"还有一些年长的朋友，对于多数花香的品鉴如出一辙，几乎都是"雪花膏"的味道。除此以外便闻不出更多的香气了，至于清凉的香气是来自于什么，薄荷、辛夷、龙脑、草豆蔻还是菖蒲？一无所知。也闻不出花香与花香之间的区别，是白兰、玫瑰、栀子还是茉莉？也是一无所知。

这就是百年以来洗护用品的香气所带给我们的影响，因为我们这几代人所能接触到的香气一直都是如此单一，自然导致了我们的嗅觉缺乏应有的锻炼。佛经上说，人有六根，"眼耳鼻舌身意"，对应六识，"色声香味触发"，但这其中相当重要的"鼻"与"香"，却在这百年之间被我们完全忽略了。

平日里，我们会有意识地去看各种画展、去看各地美丽的风景，来锻炼我们的视觉审美;我们会听音乐、听歌剧,来锻炼我们的听觉审美;我们会去遍尝美食、钻研厨艺,来提高我们的味觉审美。但是嗅觉呢?我们主动地去锻炼它了么?我们又为它的成长做了些什么呢?我想大多数人的答案都是沉默。

因此当你去品鉴一款由数种甚至多达数十种材料制成的合香时,如果只能闻到某种洗护用品的香气,而完全无法进一步地加以分析和欣赏,这就是一个不好的信号。它证明你的嗅觉缺少锻炼,敏锐度已经严重下降了,几乎丧失了嗅觉审美的能力。所以嗅觉也是需要锻炼的,当你的嗅觉之门被打开,你就会发现大千世界的香气竟是如此精彩纷呈,它远远不是洗护用品中那些香精的单调乏味,而你对这个世界的感知也会因为嗅觉审美的提升进入一个新的境界。

抽点时间去闻一闻各种不同的花香、不同的药香、不同的木香、不同的合香,而不要急于去下结论,用心去品鉴,用心去感受,我相信你很快就能发现更多的美好。欢迎走进香的世界,你会比别人多一个世界。

# 46. 西方香水的发展历程

从辛追夫人的香脂妆粉,到金章宗后宫里流行的美白香方,"涂傅之香"显然在中国香文化中占有重要的一席之地。但这些香品的功用并非是以香气为主的,香气只是附属的存在,属于锦上添花的角色。古代中国到底有没有一种类似于西方香水那样的香品,纯粹用来提供香气的涂傅之香呢?如果有,它又该如何制作?接下来就一起探讨"涂傅之香"中着重于"香"字,以提供香气为核心功能的一大品类。

为了便于大家理解,下文我会统一把这类香品都称为"香水",只是它会被分为西方香水与东方香水、液体香水与固体香水。

香水是今天最常见的香品了,比起中式的线香、香丸来说,香水显然更加贴近我们的生活。前文讲过,南唐后主李煜用大食国进口的蔷薇水替代了苏合油,而蔷薇水差不多就是中国人第一次接触到的西方香水了。但实际上西方香水的历史远比李煜所处的时代久远得多,它也并非是诞生于大食国的,而是来自于另外一个古老的文明——古埃及。

早在胡夫金字塔的考古发现中就有装着乳香、没药等树脂香料的石罐出现,同时还发现了用香料制成的化妆品。在陵墓的壁画上,古埃及祭司在祭祀神灵的时候,头顶上都戴着一个小小的帽子,像一只倒扣的水杯,但经研究证实那并不是帽子,而是一种可以自然发香的固体香膏,祭司们在这些郁烈的香气中进行膜拜,他们认为这是对神灵最高的尊崇。

胡夫金字塔的发现看起来和马王堆有些类似，有香料也有化妆品，但胡夫金字塔建成的时代却是公元前约 2500 年，比西汉马王堆足足又早了两千多年。这说明了一个令人震惊的问题，早在距今四千多年前，古埃及人就掌握了一套比较成熟的制香技术，不但精通于合香，甚至如何从植物中提取浓缩的香气物质，古埃及人都已经有所涉猎了。而四千多年前的中国是一个怎样的时代呢？史书中所记载的第一个世袭制王朝——夏朝都还尚未拉开序幕，中国香更是无从谈起了。

为什么要做这样一个时空上的平行对比？就是想要告诉大家，尽管中华文明悠久而璀璨，但它却是四大古老文明中最年轻的一个；尽管中国香文化博大而精深，但是它的出现相对于古埃及、古印度的香文化来说，却迟到了千年之久。这是我们国学爱好者、香学爱好者需要正视的一个问题，千万不要局限在我们自身的文化之中坐井观天，不要一讲到异域文化就嗤之以鼻。不用妄自菲薄，更不能妄自尊大，因为只有了解世界，才能更好地了解中国。

女祭司

胡夫金字塔的年代实在是太过久远，零星的发现并不能准确复原古埃及人制香和用香的细节。直到 1860 年，一位法国考古学家挖开了另一座古埃及的神庙，才让更多的香气发现破土而出。

这座神庙叫"埃德夫神庙"，位于尼罗河西岸，用于供奉"天空之神"荷鲁斯。神庙修建的时间是公元前 200 年左右，差不多就是中国的秦汉时期。在神庙里考古人员发现了一间隐蔽的石室，里面没有任何通风设施，阴暗且密闭，但在石室的墙上却刻满了密密麻麻的象形文字。后来通过对这些文字的解读，人们才知道墙上刻的是一则则古老的香方，它记录了当年神庙里的最高祭司们调制香水的秘法，而这间石室就是一间调香室。

接下来人们开始对这些文字进行深入的研究，终于在各种支离破碎的线索里逐渐拼凑出了一则重要的香方，历代的埃及法老们都对这款香品推崇备至，它的名字叫作"Kyphi"，中文译作"姬妃"。

香方中至少包含了十六种甚至更多的成分，能确定的就有菖蒲、番红花、甘松、肉桂、杜松等。西汉马王堆与埃德夫神庙基本属同一时期，虽然汉代熏香也运用了多种香料，但只是把它们放在同一只香炉中去熏焚。而姬妃的神奇之处在于它是一款香油，油状的香水，它并不是原始状态下简单的材料混合，而是经过了深度提炼与调和的产物。

埃及法老阿蒙莫佩棺木上头顶香膏的祭司，克利夫兰博物馆藏

　　古埃及人是如何把香料中的精华提炼出来的呢？在埃德夫神庙的壁画中，考古学家也找到了一些答案。大约有两种方式，第一种是挤压。在壁画中，有两名古埃及人，一人站一头，手里分别拿着麻布条的两端，正在用力地朝各自的反向方转动，麻布条已经被拧成了麻花的样子，有一些汁液正从布条中滴落下来。这个画面说明古埃及人把一些富含精油的香料包裹在了

麻布中，通过挤压使精油分离出来。这种方式看起来十分原始，但实际上直到今天依然有很多存在于果皮中的精油必须采用这种冷压榨技术，因为这类精油无法承受高温，比如甜橙、佛手柑等，只是人工压榨被替换成了机器压榨而已。

第二种方式更为奇妙，古埃及人把香料放进玻璃瓶里，用羊毛密封住瓶口，放到阳光下暴晒。高温把香料中的精油蒸腾出来，精油就会附着在羊毛上，当羊毛吸取了足够多的油分时，再把精油拧出来贮藏。这个过程实在是充满了不可思议的古老智慧，因为它实际上已经在无意中形成了后世精油提取的基本方法。

姬妃香方的发现，把香水出现的时间下限提前到了公元前 200 年，当所有人都认为这个记录永远都不会被超越时，另一个伟大的考古发现瞬间就刷新了记录。1922 年，英国考古学家霍华德·卡特，在埃及的帝王谷中发现了法老图坦卡蒙的陵墓，打开陵寝的那一刹那，一股强烈的香气扑面而来。几经寻找，发现香气来源于几只雪花石膏雕成的罐子。有的罐子里放着乳香，有的罐子里放着没药，而在其中的一只罐子里，人们发现了这种独特香气的来源。经过对罐中残留物质的分析，人们惊讶地得出了一个结论，这就是姬妃。不仅如此，在打开图坦卡蒙的黄金棺椁之后，在法老的木乃伊上，仍然散发出浓郁的姬妃味道，原来这种香油还有另外一重作用——防腐。图坦卡蒙法老死于公元前 1323 年，这意味着香水诞生的时间又被提前了一千多年。

虽然古埃及香水出现得很早，但在漫长的岁月中香水的调制方法一直都是这个帝国最高的机密，除了少数高级别的祭司可以掌握以外，再也无人知晓。珍贵的香水在被用于奉献给神灵、奉献给法老之外，能享用它的就只有一种东西了，那就是木乃伊。如果之前有人问你，木乃伊闻起来是什么味道的？你可能会感到恶心，但现在相信这个答案已经变得有些美好了，因为木乃伊也可能是充满了香气的。

古埃及人首先会对尸体进行处理，处理的过程极为复杂，比如取掉内脏、脱水、刷沥青等，之后的重要步骤就是要在尸体表面涂抹香水。当然这种香水包含了各种形态，有油状的也有膏状的。不仅尸体上要涂抹，裹尸的麻布也要充分浸泡。因此木乃伊即使尘封千年，出土时依然可能带有香气。

更夸张的是到了 15 世纪左右，木乃伊竟然被作为药材贩卖到了欧洲，经过分解、磨粉之后再出售给欧洲的贵族，其售价之高远超黄金。当时的欧洲人对这种具有香气的干尸粉充满了期待，他们认为这东西可以治好几乎所有的疾病，文艺复兴时期英国的大哲学家弗朗西斯·培根就随身带着这种木乃伊药粉，以防各种突发的不测。当然这种干尸粉的确是有些药效的，但药效源于木乃伊上涂抹的各种香油，而不是欧洲人所认为的这些千年不腐的木乃伊一定具有的某种神奇力量。所以数千年来，神秘的香气一直萦绕在这个帝国的皇宫与墓葬里，外界难得一闻。直到一个人的出现，才让这些香气惊艳了世界，她就是埃及艳后克利奥帕特拉。

相传埃及艳后对香水的痴迷已经到了无香不欢的程度，她和壁画里的祭司们一样，头上顶着香膏，当香膏渐渐融化流淌到她的假发上，香气也变得更加郁烈。她全身涂满了精油，这些精油都是她亲自调配的，其中也不乏具有催情作用的配方。她的所用之物也都香气四溢，她会用玫瑰来铺床、铺地板，甚至航行时所用的船帆也要用香油去浸泡。而为了获得这些香气，她不惜巨资修建了一座"香膏花园"，专门用来种植用于提取精油的花朵。可以试想一下，在那个少有香气的时代，这样一个充满了绝世香气的女人，被裹在地毯里送给了从来没有闻过香气的凯撒时，任凭凯撒是何等英雄，只要他不是块石头，想必都会难以招架吧？

正因为埃及艳后的传奇，香水终于走出了埃及的宫廷，走进了海之彼岸的罗马，并随着罗马帝国的扩张席卷了整个西方世界。但这时的香水主要还是以油状存在，制作所要耗费的香料简直是个天文数字，哪怕是贵族阶层也难以承受，它依然是各国皇室的专属。

时光继续前行，转眼又是几百年过去了，终于有一种新的提取技术问世，这种技术出现在当时全球香料的贸易中心——阿拉伯世界，这就是蒸馏法。

早期的蒸馏法，简单来说是将水与香料一起加热，加热产生蒸气，蒸气带走香料中的精华并开始上升，再让蒸气遇冷重新液化从而得到了香水。回头看看埃德夫神庙中的壁画，实际上用羊毛吸收精油就是一种蒸馏技术的雏形，只是那个时候没有用到水，属于干蒸法，最后只能从几十万朵花中得到微乎其微的精油。而阿拉伯人蒸馏法最大的改进之处就在于有了水的加入，使其最终生成了一种以水为基础，混合着精油和更多水溶性香气物质的液体，于是真正意义上的"香水"诞生了！这一技术也让阿拉伯香水的产量大幅上升，并通过海陆贸易流传到了更多的国家，销往中国的蔷薇水就是其中最为畅销的一款。

而实际上阿拉伯人的这种水沸蒸馏法，中国古人老早就掌握了，且要比它更加先进，在西汉海昏侯汉墓中就出土了一件青铜蒸馏器，设计得十分合理，下层可以加热液体，中层的筛网上可以放置材料，上层还有一个冷凝器，用于让蒸气液化。这套装置完全具备了现代蒸馏器的雏形。但问题就在于中国人的蒸馏器并没有用来蒸香料，而是用来蒸其他两种东西：一种是酒，把低度酒蒸馏成了高度酒；一种是药，用来萃取药材中的精华。所以中国人虽然很早就掌握了先进的蒸馏技术，但由于本土香料的匮乏，压根就没往提取香气的方向走，一如我们的司南并没有让我们称霸海洋，火药也没有让我们称霸世界一样，蒸馏器也没有让我们称霸未来的香水世界。

除了阿拉伯人会提取香水以外，印度人也会。在佛教典籍中有这样一段记载：摩揭陀国国王听说佛陀要到自己的国家来十分高兴，让人把道路拓宽，清扫路上的砖石瓦砾，再把旃檀香水洒在路上，用来迎接佛陀。如果这个记载属实，意味着"旃檀香水"

早在佛陀的年代就已存在了，只是印度人不爱记录，谁也不知道他们是如何制作的。

阿拉伯的蔷薇水被装在琉璃瓶里运到了中国，立刻引起了巨大的反响，甚至让李煜一度认为，沉香无论如何处理都不如泡在蔷薇水里的效果惊艳。蔷薇水所带来的冲击让中国人有所觉悟，于是到了宋朝，中国人也开始用蒸馏器仿制这种香水。宋人笔记《铁围山丛谈》中就有这样的记载：

> 至五羊效外国造香，则不能得蔷薇，第取素馨、茉莉花为之，亦足袭人鼻观，但视大食国真蔷薇水，犹奴尔。

宋时有人在广州仿效外国人制蔷薇水，但是苦于没有蔷薇，只能用素馨花和茉莉花来做，虽然做出来的香水也十分好闻，但跟真正的大食国蔷薇水相比，还是差得很远。

蒸馏技术虽不成熟，但如果按照这个势头继续发展下去，很可能会产生我们自己的中式香水文化。只可惜就在宋人想方设法奋起直追的时候，又有一位阿拉伯的大学者诞生了，他的名字叫阿维森纳。阿维森纳在实验的过程中无意间改进了传统的水沸蒸馏法，新式的蒸馏法使得提取出的精油与水开始分离，从而得到了真正意义上的纯粹精油。他的发明再次让西方蒸馏术前进了一大步，也为后来的西方香水工业奠定了基础。再后来，西方香水工业开始突飞猛进，各种经典的香水被调配出来，同时由于酒精的加入，香水的潜力再次被深度挖掘。比如匈牙利皇后的御用调香师所调的"匈牙利水"，就是第一款以酒精为溶剂的香水，这也成为了后来大名鼎鼎的"古龙水"的前身。

让我们重新回到东方，在蔷薇水盛行之后，难道中国人就彻底在香水事业上止步不前了么？答案当然是否定的，我们虽然没有继续香水的研究，但却另辟蹊径，找到了一种更加符合中国人嗅觉审美的香水制品，但它的形态已经不再是液体了，而是回归了固态，因此我们不再称它为香水，而是称它为香膏。

## 47. 东方香膏的秘制之法

如果把几千年来东方与西方的香文化放在一起来做个比较，我们会发现一条很有意思的脉络。自秦汉开始到唐以前，东西方对于香气的追求是两条平行线，彼此之间并没有交集，中国古人对香料采用了简单的炮制加工，而西方则对香料采用了深度加工，也就是萃取提炼的技术。两种截然不同的加工方式导致了最终香品的状态和使用方式都各不相同，东方以固体熏焚为主，西方则以液体喷涂为主。

而到了唐末，阿拉伯人萃取的香水辗转来到中国，这让从未见识过如此浓郁香气的中国人大为震惊。于是中国古人开始被这种香水深深吸引并开始仿制，以至于在广州出现了以茉莉花等为原料的国产香水。到这里，东西方这两条平行线似乎开始产生了交集。

但奇怪的是，这种交集并没有持续很长时间，两大世界对于香气的追求很快又再次分道扬镳了。西方继续在香水世界中大展拳脚，而东方却退出了对于香水的探索，又回归到了属于自己的香气之路上。为何会发生这种情况呢？东方人又会取得哪些新的成就？

首先来看一则古老的香方，源于东汉末年刘熙所著《释名》一书，被收录到了《香乘》的"涂傅之香"之中。这则香方不太起眼，但却十分重要，因为它记载了一类重要香品的制法，也对后世产生了很大的影响，这就是"香脂"，香方名为"面脂香"：

> 牛髓（若牛髓少者，用牛脂和之。若无髓，只用脂亦得）、温酒浸丁香藿香二种（浸法如前泽法）、煎法一同合泽，亦着青蒿以发色，绵滤着磁漆盏中令凝，若作唇脂者，以熟朱调和青油裹之。

第一句指明了提炼油脂的基础原料——牛髓。牛髓即牛的骨髓，从成分来讲，牛髓也不同于普通牛脂，虽然它们的主要成分都是脂肪，但这两种脂肪却不太一样。脂肪中大约含有两种脂肪酸，一种是不饱和脂肪酸，一种是饱和脂肪酸。植物油以不饱和脂肪酸居多，因此凝固点比较低，通常植物油都是液态的；而动物油则以饱和脂肪酸居多，相对来说更容易凝固，比如家里的猪油炼好之后稍稍冷却很快就凝固了，牛油、羊油也皆是如此。

"凝固"这种状态很重要，如果油脂不能凝固，一直处于液态的话，后续的香品制作也将无从谈起。因此中国古人利用动物油易凝固的特点来做香脂，这是一项智慧的创新。

牛髓油相对于普通牛油来说，不饱和脂肪酸的含量要高出很多，也就是说在常温下，牛髓油既不会像普通动物油那样凝固得很彻底，也不会像植物油那样保持纯粹的液态，而是呈现出一种半凝固状态，或者说是一种更加柔软、细腻的膏体，这便是香脂最好的基础状态。

古方在"牛髓"二字的后面，还有一句补充的话："若牛髓少者，用牛脂和之。若无髓，只用脂亦得。"显然这是一个退而求其次的过程，虽然牛脂油达不到牛髓油的细腻程度，但牛髓在禁止杀牛的古代中国实在是太难得了，没有也实属无奈，只好全部用牛脂油。

有了基础油，接着要准备香料了：

温酒浸丁香藿香二种，浸法如前泽法。

这种浸泡香料的方法被称为"清酒浸香"，与《香乘》中香泽的制法相同。清酒不是日本的清酒，而是指用筛子滤去杂质后相对清澈的米酒。酒的温度是非常讲究季节性的："夏用酒令冷，春秋酒令暖，冬则小热。"意思是夏天用冷酒，春秋天用温酒，冬天则热酒，通过调节温度来让香气更快地融入酒里。浸泡时"以新绵裹而浸之"，"夏一宿，春秋二宿，冬三宿"，可见温度越低，浸泡的时间就越长。"面脂香"中投入酒里的材料是丁香和藿香。

这里顺便讲讲藿香，藿香的效用十分显著，夏天中暑了，常用的就是藿香正气水、藿香正气丸，它是一味芳香化浊、理气和中的药草，同时它的香气也非常浓郁，且带有十足的清甜感。但当我们去中药铺购买藿香时，往往会发现藿香出现了两个品种——广藿香和土藿香。

这两种藿香并非一物，同科不同属，相当于表亲关系，所以二者外形非常相似，不易分辨。先说广藿香，最初它是一种舶来香料，原产地在东南亚，富含广藿香醇和广藿香酮，香气十足。精通提纯技术的西方世界，老早就把广藿香油给提炼了出来，将其作为一种优质的天然定香剂加入香水里。如果大家仔细看今天各大品牌的香水配方，广藿香的身影是常常出现的。

广藿香传入中国的时间也很久了，根据这则香方来看，至少在东汉以前。传入之后中国人很快就发现这种香料不仅可以用来制香，还有着非常强大的解暑功能，医家也开始对它重视起来。随着用量的增大，仅仅靠舶来品当然是不够的，中国人就开始自己种植广藿香。但这种热带植物的种子在中国却无法顺利发芽，只能通过扦插的方法来种植，并且只能种在岭南地区。由于无法大规模栽种，广藿香一直都十分紧缺。于是，如同老山檀不够用就用新山檀来作替身一样，广藿香也找了一位自己的表亲来作替身，那就是土藿香。

土藿香的原产地大约在四川一带，"土"的意思就是国产。但土藿香是不含广藿香醇和广藿香酮的，而是含有一种叫作甲基胡椒酚的物质，所以抛开药效不谈，仅从香气角度来说，土藿香并不具有广藿香的香气，尽管它本身也给人类似薄荷般的清凉感，但却无法用于制香。因此古代香方中的藿香，一定是指舶来的广藿香，而不是四川的土藿香。

从制香角度来说，最好的藿香是广藿香的叶子，挥发油含量很高。但往往从中药铺购买的藿香大部分都是根茎，叶子早已被各大香水企业先下手为强了。因此合香中如果用到藿香，首选广藿香叶，茎次之。

浸泡好丁香、藿香，接下来开始煎香。煎的方法很复杂，简而言之就是先用浸香的酒来煎牛髓，将牛髓中的油煎出来，这时再放入丁香、藿香继续煎，一直煎到水分干透为止。最后滤掉杂质，将香油分离出来。

趁着香油尚未凝固要赶紧调色，古人给出的配色方案是"着青蒿以发色"。青蒿是菊科蒿属植物，学名萋蒿，常在水边生长，容易与它混淆的是艾蒿，也就是艾草，二者并非一物。这里用青蒿是为了提供一种浅绿的色泽，并非是需要青蒿的香气，因此更加不能用气味浓郁的艾蒿来替代。此外蒿类的植物通常都具有防止皮肤瘙痒、治疗皮炎过敏之类的疗效，于面脂而言更是锦上添花了。

香方的最后写道："若作唇脂者，以熟朱调和清油裹之。"意思是也可以把这款面脂香变成一款唇脂，唇脂即唇膏，加入了红色就成了口红。这也从侧面印证了早在汉代，中式口红就已经出现了。红色源于朱砂，朱砂是一种硫化汞矿物，有着非常纯正又鲜艳的红色。朱砂加入到香脂中，如果用来涂面，就是胭脂，如果用来涂唇，就是唇脂。当然朱砂有毒，今天早已不用它来着色了。

因此古代香脂的状态，既不是流淌的液体，也不是坚硬的固体，而是装在精致小瓷盒或是漆盒中的半凝固膏体，在马王堆出土的那只妆奁中就发现了一盒膏状的朱砂唇脂。

只可惜关于香脂的制法，在《香乘》中记载寥寥，原因是它只属于"涂傅之香"的一个分支，并非是纯粹用来品闻香气的香品，便被一笔带过了。

但谁也没有想到，在几千年之后，当东西方的香文化第一次产生交集又很快再次分离的时候，这种半凝固状态的香脂却给了东方人奇妙的灵感，它重新开始被发掘、被革新，从而进化成了一种足以承载起"东方香水"这个名号的新物种。

汉代的酒浸、油煎之法还属于一种较为原始的香气提炼，从香料中获得的香气十分有限，最终的香脂也不会太香，所以它的用途不是以品香为主。但历代制香师在不断制作香脂的过程中渐渐发现了另外一件事情，那就是植物中的香气竟然可以大量地被油脂所吸入，原来油脂本身就是吸附香气的绝佳介质，通过油脂可以获得非常浓郁且纯粹的香气。这个方法，在今天被称为"脂吸法"。

大体流程如下：准备两块板子，石板、玉板、玻璃板都可以，不吸油就行，然后在其中一块板子表面涂抹一层油脂，再把鲜花或香料均匀撒在油脂层上，最后用另一块板子压在上面。接下来就可以等待油脂层慢慢吸收香料中的香气了。几天之后，重新换上新的花朵或香料，并不断重复这一过程，一直到油脂层吸收饱和。至此，纯度极高的天然植物原精已经被吸入油脂里了。

复原"面脂香",正将牛髓油与色粉混合后的液体注入瓷罐中

也有人说这种"脂吸法"是欧洲人发明的,是西方萃取精油的一种古老而昂贵的方法。但我并不完全认同,因为欧洲人的萃取技术主要在"脂吸"的后一步,也就是利用酒精来分离掉油脂,从而得到纯粹的精油。这种让油脂与精油分离的工艺,中国人的确是不会的,也正是因为这个原因,在香水与酒精结合之后,东西方的香水文化开始分道扬镳、渐行渐远。但"脂吸"这一步骤中国古人早已掌握了,只是说中国古人认为并不需要去分离它,直接可以用充满香气的油脂来做香。

　　油脂的选用也有革新，由于动物油脂太过油腻，且往往有腥气，所以清爽的植物油开始受到青睐，但首先要解决的是植物油无法凝固的问题，这时又出现了一种奇妙的材料——蜂蜡。

　　先来说说蜡，今天的蜡有很多种，比如制作蜡烛的蜡，品质差的蜡烛一般用石蜡，也就是提炼石油的附属产物。石蜡点燃时会有异味和黑烟，照明尚可，但长期使用对身体有很大伤害，所以高端蜡烛都是用大豆蜡做的，原料是大豆油，没有异味，对环境也没有污染。但即使是大豆蜡，也依然不能加入到香脂当中，因为它还是太硬了，质地也不够细腻。

　　最佳选择就是蜂蜡了，它是由工蜂腹部的蜡腺分泌出来的，整个蜂巢的基本结构就是由蜂蜡所组成。取完蜂蜜之后，蜂巢并不会直接丢掉，融化过滤并重新凝固后就成了蜂蜡。当然这里所说的蜂巢特指蜜蜂的蜂巢，如果是马蜂的蜂巢就跟蜂蜡没有关系了，那是由马蜂咀嚼后的纤维所构成的。蜂蜡是个好东西，《本草纲目》有云："蜜之气味俱厚，故养脾。蜡之气味俱薄，故养胃。厚者味甘而性缓质柔，故润脏腑。薄者味淡而性啬质坚，故止泄痢。"养脾胃，润脏腑，止腹泻，蜂蜡的功效几乎是面面俱到，且性质温和，用于皮肤还有生肌止痛的作用。

　　作为蜡，蜂蜡自然是容易凝固成型的，但又与石蜡、大豆蜡完全不同，蜂蜡凝固后的质地更加柔软细腻。香脂最终是要涂抹在皮肤上的，如果是一种有颗粒感的物质在皮肤上摩擦，一定会很不舒服。而蜂蜡被油脂稀释之后涂抹在皮肤上，瞬间就会被体温的热度融化为液态，变成薄薄的一层，这种感觉十分滋润。而当充满香气的油脂遇见天然的蜂蜡，固体形态的东方香膏就正式出现了。

　　东方的香膏与西方的香水究竟有哪些不同呢？

　　第一是性状不同，香水是液体的，需要喷洒，而香膏是固体的，需要涂抹，这是最直观的区别。

　　第二点不同是，一瓶香水80%以上都是酒精，而香膏则完全没有酒精。酒精的加入是西方香水的一项重要发明，因为精油并不能直接溶于水，但却可以溶于酒精，充分融合后再喷洒出来，香气就会很均匀，所以香水的"水"，其实是酒精。

　　对于酒精大家一定是深有感受的，皮肤上搽一点，凉凉的，几秒钟后就完全干了，这就是酒精的特性，它的挥发速度极快。而这个特性也决定了香水与香膏的第三点不同，它们的香气效果一个张扬，一个内敛。为什么鼻子会闻见香气？因为香气会在空气里传播。为什么香气会传播？因为芳香物质会挥发。有些香料易挥发，比如富含挥发油的花朵，大老远就闻得见，有些香料则不易挥发，或者说挥发缓慢，比如沉香、檀香，需要凑近了或加热之后才能明显闻到。而酒精一旦加入，任何香气都会随着它的挥发快速扩散，这就形成了香水的重要特点，香气浓烈、扩散性强，一个人喷、一群人闻。

制作香膏之切割蜂蜡步骤，天然蜂蜡为黄色，可切成薄片进行日晒，自然脱色后即可得到白色蜂蜡，白蜂蜡在制作胭脂等对色彩要求较高的膏体时常用

香膏不含酒精它又靠什么挥发香气呢？很简单，靠香料本身的自然挥发和体温的自然加热。香膏通常会被涂抹在主要的动脉上，比如手腕、颈部、脚踝，实际上这是为了寻求略高一点的体温。因此香膏呈现出的整体效果一定是缓慢挥发的香气，而不是快速扩散的香气，这就是两者的第三点不同。

  第四点是二者的使用目的不同，香水侧重于悦人，香膏侧重于悦己。香水的扩散范围大，香气明显，很容易被周围的人捕捉到。而人体的嗅觉器官有一种自我保护功能，如果长期处于同一种气味中就会对这种气味产生免疫，简单来说就是麻木了，所以香水在大多数的时间里是用来取悦别人的，自己反而不怎么能够闻到，故而说它重在悦人。香膏就不同了，因为不

切割蜂蜡

含酒精,香气挥发很慢,扩散性也很小,除非是亲近的人,否则别人很难闻到,它更多的是为了悦己。涂抹香膏之后,香气是在不经意间传出来的,因为一阵微风,因为一次举手投足又或是某一次的擦肩而过,所以这种香气不会是刻意的,更不会是持续的,它的特点就是飘忽不定,当你努力去闻的时候也许并不明显,但当你偶然闻见时却会在刹那间陶醉不已,这就是香膏之妙。

第五点是对于皮肤的影响不同。酒精是具有刺激性的,部分人群还可能对酒精过敏,所以有些人天生不适合用香水,这一点很无奈。相比之下香膏要温和得多,因其本身是植物油与蜂蜡构成的,植物油中诸如橄榄油、葡萄籽油、椰子油、杏仁油、荷荷巴油等,对于皮肤有着很好的滋润、养护效果,且十分容易吸收,不显油腻。这也是为什么长期使用中式香膏可以形成体香的原因所在,因为它不仅是在向外挥发,同时也被向内吸收。

以上五点就是西方香水与东方香膏的不同之处了,可为何会产生这五点不同呢?我也粗浅地总结了三方面的原因:

第一点是东西方的性格不同。西方人的性格奔放张扬,东方人的性格温柔内敛,这不仅暗合了香水与香膏的差异,也是造成东西方香文化差异的根本原因。

第二点是身体的原因。西方人体味重,需要浓烈的香气来遮掩,因此悦人的功能对于西方人来说尤为重要,如果无法扩香或香气不够强烈,自身的缺陷就会暴露无遗,也会影响他人的感官。但东方人却是几乎没有什么体味的,从身体的角度来说,东方人并不需要太多的香气来遮掩什么,相对于悦人,悦己反而更加重要了。

第三点是审美的问题。与对绘画的审美一样,西方喜欢油画、素描的犀利直白,而东方则更喜欢泼墨山水的恬静含蓄。包括为什么自宋开始,中国人的香水之路开始与西方渐行渐远,对于诸如蔷薇水之类的兴趣也较唐朝大打折扣,我想这与宋代整体上偏柔弱、偏素净的审美也有很大关系。

第七章 香茶文化

人间

烟火

香自来

# 48. 异域香茶与宋代贡茶

香文化中有一个很有意思的小分支，被称为"香茶"，它是茶文化与香文化相融合的产物。自古以来，茶的概念就十分宽泛，它不仅指茶叶，也泛指饮品，比如红枣茶、菊花茶、枸杞茶、藏红花茶，包括今天流行的很多奶茶，其中并没有茶叶但也被称之为茶。"香茶"亦是如此，重点不在于茶叶而在于香，确切地讲，"香茶"是一种用香料制成的茶。

让我们索性把目光抛得远一点，先听我讲几则关于异域香茶的见闻。记得很多年前，我第一次去印尼采购香料，去的是印尼南部的爪哇岛。在中国古人的眼里，爪哇岛往往代表着遥不可及的所在，很多古典小说里常用"爪哇岛"来进行调侃。而实际上爪哇人早在东汉就遣使向中国进贡了，到了明朝更是成为了藩属国之一。大航海时代开启之后，由于爪哇盛产香料，同时扼守着太平洋与印度洋之间的交通咽喉，便一跃成为了世界上人口最多的岛屿和输出东方香料的重要海港。

我除了去首都雅加达，还要探访岛上很多的小城市，因为每座城市不论大小都会有一个香料市场，有些比较原始的市场里往往藏着意想不到的惊喜。我发现很多商贩都在煮着一种茶，小瓦罐里咕嘟咕嘟地冒着热气，里面是一团纱布裹着的原料，煮出来的茶汤十分红艳。一开始我对这茶没什么兴趣，一是因为这种茶的香气并不神秘，就是一股丁香的味道，而丁香是最能代表印尼的物产，如今不论是丁香的产量还是消耗量，印尼都是全球第一。丁香入口的感觉是辛辣刺激的，曾经汉恒帝把丁香赏给侍中刁存用于除口臭，却把刁存吓得以为是毒药而嚎啕大哭，所以丁香煮茶非一般人可以接受；二是这热茶与岛上的天气有些违和，三十五六℃的高温外加潮湿，相比之下我更愿意去买个冰淇淋吃。

可老板们都很好客，一进店就端上茶来，结果不喝不要紧，一喝却停不下来了，只感到微微发汗，浑身毛孔畅通，体内湿热之气加速排出，嘴里也是口齿生津、回味无穷，于是赶紧问了配方，才知道这茶并非我想象中的那么简单。

首先的确有丁香，但比例并不高，喝起来有丁香香气，口感却不刺激。红色的茶汤来自另一种叫作苏方木的奇特材料，这是一种橙红色木头，在中国是一味古老的中药，常用酒煎服，有消肿化瘀、疏经通络的妙用。只是印尼苏方木看起来更红一些，故而汤色也更加鲜亮，同时为茶汤增加了沉稳厚重的木质香调。

接下来是高良姜，东南亚饮食中常见的调料，没想到切下几片煮在茶里竟也十分合适，辣度适中、温热醇厚，让我微微发汗的就是它了。此外还有三种树叶，分别是丁香叶、肉豆蔻叶和肉桂叶。如果去掉这个"叶"字，直接把丁香、肉豆蔻、肉桂放在一起煮，基本上是属于卤水的范畴了。但奇就奇在这个"叶"上，三种树叶经过晾晒之后磨粉混合，煮出来几乎没有它们所对应的香料味道，反而呈现出一种清爽的草本香气，喝下去有明显的回甜感，这种甜味也很好地中和了丁香、高良姜的辛辣。

几杯茶喝下去，不但没有想象中燥热，反而是无比舒畅的感觉，连呼吸也变得平顺了，海风一吹，高温、湿热全都一扫而空。当时我便由衷地感慨道，这款不起眼的香茶实在是太适合这个海岛的气候了，而爪哇人的智慧冥冥之中竟与我们夏季养阳驱寒的养生之法不谋而合。

第二则见闻发生在土耳其的伊斯坦布尔，那里也有一座古老的香料市场，叫作埃及市场，顾名思义这里最初售卖的是来自地中海彼岸的埃及香料。土耳其人比东南亚人爱喝茶，随便往哪家餐厅一坐，先端上来的一定是杯红茶，街边也四处都是茶馆、茶摊。所以埃及市场的商品里数香茶最为繁多，其中十分畅销的一款就被译为"安神茶"。

伊斯坦布尔埃及市场的"安神茶"

安神茶的配方是不宣之秘，但瞒不过我的眼睛，首先里面有三种干花。第一种是洛神花，让人马上联想到了曹植笔下"翩若惊鸿、婉若游龙"的洛水女神，而实际上洛神花与洛神并没有关系，这种花原产于印度，随着大航海的船队被引入了欧洲，因为颜色暗红近似玫瑰便被称为"Roselle"，学名"玫瑰茄"，"洛神"即"Roselle"的音译。洛神花的花瓣厚而多汁，含有大量的维生素 C，吃起来很酸，用其泡茶则有美容养颜、开胃健脾、消除疲倦的功效；第二种花是罗马洋甘菊，其富含的欧白芷酸异丁酯成分经科学研究证明，在放松神经、舒缓压力、消除焦躁情绪等方面都有着绝佳的疗愈效果；第三种花是玫瑰花蕾，为何善制"帐中香"的南唐李煜偏偏对蔷薇水推崇至极呢？因为玫瑰花香非常适合用于营造温馨静谧的睡眠环境。

接下来是一种红彤彤的果实，看着像小红枣，其实是狗蔷薇的果子。狗蔷薇学名犬牙蔷薇，开花后会结果，果实中同样富含维生素C，在西方常用来做果酱、酿酒、烹茶。之后是一种果皮，看着像陈皮，实际上是香橼，也叫香水柠檬，有很强的果香气，但香橼泡水后并没有柠檬那么酸，而是呈现出一种微苦的甜。最后是一种叶片，微微泛白，叶柄上有细细的绒毛，这就是鼠尾草叶。由于鼠尾草中富含乙酸沉香酯，其甜美的花香气能让人感到快乐、舒缓。

以上材料被组合在一起，冲泡出来的香气十分美妙，有种瓜果飘香的感觉，犹如置身在阳光下的花海田园一般。而唯一不好的是有些太酸了，因此土耳其人通常会在茶里加些糖。

第三则见闻来自泰国，我是在一家香薰店里见到它的，它是用桑叶制成的茶，因为泰国东北部也是重要的产丝区。桑叶炒青用作茶基，再分别加入不同的香料，如香茅、香橼、干姜之类，就变成了很多种口味，再用不同颜色的玻璃瓶装起来，显得乖巧可爱。我买了好几款，每天晚上换着喝，桑叶茶的味道谈不上惊艳，但却十分温和，完全不用担心喝了睡不着觉的问题，同时桑叶也是降血糖的一味良药。

以上三则关于异域香茶的小故事就是我在寻香过程中无意间遇到的，一如香茶在香文化、茶文化中的地位一样，虽然它很不起眼，但一遇见就足以让人难忘。

如今在很多人眼里，这些所谓的香茶都是不入流的，似乎只要把茶叶与其他东西掺和在一起就上不得台面了。而我想说的是，这些观念恰恰非常现代，在明代以前漫长的岁月里能够登堂入室的茶正是香茶。接下来让我们把目光转回中国，看看中国古人是如何来制作一款御用香茶的。

在《香乘》卷二十"香属"中有关于"香茶"的记载，其中的第一款香茶最具代表性，名为"经进龙麝香茶"。配方如下：

> 白豆蔻一两，白檀末七钱，百药煎五钱，寒水石五钱（薄荷汁制），
> 麝香四分，沉香三钱，片脑二钱，甘草末三钱，上等高茶一斤。

首先是香料部分，第一味是白豆蔻，在草豆蔻、红豆蔻、肉豆蔻这些常见的豆蔻中，白豆蔻的香气最为清爽，古人形容它入口有"清澈冷冽之气"，口感很不错，同时也保留了豆蔻类散寒、祛湿的辛温特性。

第二味是龙脑，《香乘》中有一则记载题为"龙脑香与茶宜"："龙脑其清香为

百药之先，于茶亦相宜，多则掩茶气味，万物中香无出其右者。"意思是龙脑与茶香十分匹配，但不能多放，否则会掩盖茶香。

第三味是麝香，用量极少，约 0.2% 的样子，但就是这么一点点的麝香却让整体香气立即提升了好几个档次，因为它不属于任何草木香气，而是属于动物香气，且具有强大的定香作用，能让留香更加持久。

接下来是沉香和檀香，自古以来它们就是可以单独煮水喝的，比如《香乘》中有这样一则记载，名为"五香饮"：

> 隋仁寿间，筹禅师常在内供养，造五香饮。第一沉香饮，次檀香饮，次泽兰香饮，次丁香饮，次甘松香饮，皆有别法，以香为主。

"仁寿"是隋文帝杨坚的年号，彼时海上丝路刚刚开始兴盛，南海的沉檀香木也刚刚进入中国，却已经被皇家的方士们用来制作香饮了，其中在一位筹禅师的香饮中，沉香饮排第一，檀香饮排第二。

继沉檀之后是三味药材。第一味是寒水石，此处注明用"薄荷汁制"，即与薄荷同蒸制成，故而这里的寒水石应指方解石磨成的细粉。第二味叫作百药煎，主要原料五倍子是一种虫瘿，由五倍子蚜在盐肤木上寄生而成。将新鲜五倍子与其他材料共同捣碎进行发酵，直到长出白霜再取出晒干，煮水服用有很好的止咳化痰之效。第三味是甘草，甘草与百药煎经常合用，在很多止咳化痰的药方中都能见到它们的身影，这便体现出了在古代香茶中也是充满了深厚的中医药功底的。三味药材合在一起，口感上我们不做评价，但就其清热泻火、止咳润肺的功效而言，已经远胜于普通的单方茶叶了。

最后一味材料是主材，"上等高茶一斤"，古代的一斤是十六两，占比高达 80% 以上。制作方法如下：

> 右为极细末，用净糯米半升煮粥，以密布绞取汁，置净碗内放冷和剂。不可稀软，以硬为度。于石板上杵一二时辰，如粘黏用小油二两煎沸。入白檀香三五片，脱印时以小竹刀刮背上令平。

简而言之，把上述材料全部磨成细粉备用，用糯米煮粥以纱布挤出浓汁，冷却后用来黏合细粉，糯米汁一定要浓稠，合出来的香茶团也是越硬越好。接下来是体力活，在石板上杵一两个时辰，也就是 2 至 4 个小时，最后脱模成形，晾干就成了香茶饼。从这一套复杂的制茶工艺来看，大约就是宋代贡茶的制法，所谓"大小龙团""龙凤团茶"，基本上都是这个制作思路。这就是在茶文化巅峰时期的大宋，最为高贵、最上得了皇家厅堂的茶了，而它正是一款不折不扣的香茶。

现在可以把古今中外的香茶都拿到一起来对比、总结一下了，我们会发现虽然它们相差了千年岁月，相隔了万水千山，但彼此之间是有着异曲同工之妙的。

首先在配比上都是以香料加茶基来构成，香料部分非常类似于古法合香，甚至比合香要更加精妙、复杂，因为除了嗅觉还要考虑到口感。茶基的部分则用到了当地的某种树叶，比如中国人用茶叶，没有茶叶的国家则用桑叶、丁香叶、肉豆蔻叶、肉桂叶、鼠尾草叶等，也是很好的选择。只是不论有没有用到茶叶，各国都异口同声地把香茶称之为"tea"，这是闽南语中"茶"的发音，证明中国作为茶的起点，把这种天然烹煮、冲泡的饮品形式带到了世界的各个角落。

其次在功效上，中国香茶在选料制作之前一定有功效方面的考量。但我们有着深厚的中医文化，其他国家却不一定有，可神奇的是他们所调制出的香茶也都暗合了我们的中医养生之道，这是否也说明了一个问题，养生也许没有我们想象当中那么复杂，没有书本中所描述的那般晦涩难懂，其实就是在人们不断地摸索之中所找到的让身体感到舒适的方法，这种方法就是正确的养生之道了。

最后一点是香木入茶，今天常见的茶无外乎是树叶、花朵、果实之类的组合，很难见到用木头煮茶的，但印尼的苏方木，筹禅师的沉檀饮，龙麝香茶中的沉檀末，都共同见证了香木对于茶的加持作用，这也为香茶的复兴与制作提供了很好的依据和灵感。

# 49. 茉莉花茶的窨制工艺

香茶中除了用香料制成的茶，还有一类则是用花香窨出来的茶，简称花茶。通常我们会认为花茶有两种，一种是只有花而没有茶叶的，另一种是花与茶叶混合在一起的，但是这里要说的花茶，却不是其中的任何一种，因为在我看来这些花茶的花香气都太过微弱了，无法达到"香茶"的级别。

香气微弱的原因是由于花香本身非常容易挥发，它与木质、树脂、根茎类的香气相比，存留时间和香气强度都弱了很多，在古代香方中真正用花朵入香的也极少，即使是梅花香、兰花香，也不会真的用到梅花和兰花。如果一定要体现鲜花的香气，要么用大量的花朵，要么用类似"脂吸法""蒸馏法"之类的萃取手段，而仅仅凭借冲泡一点点干花就想要还原它们鲜灵绽放时的香气，简直是个天方夜谭。

因此接下来所说的花茶，必须具备三个特征：第一它是用鲜花来入茶的，保留了最为原始和纯正的花香气；第二它用到了远胜于茶叶数十倍的鲜花，而不是混合在茶叶中的区区几朵；第三是这些鲜花并不会出现在最终的香茶里，它是只留香气而不留花的。唯有做到此三点，才能让一杯花茶的花香如故、芬芳不减。

该如何实现呢？这就要用到一种特殊的制茶工艺——窨花。何为"窨"？不妨让我们从头到尾来看看一杯真正的花茶是怎样被制作出来的。

有一个成语叫"国色天香"，出自唐代李浚的"国色朝酣酒，天香夜染衣"，形容的就是牡丹，百花丛中最鲜艳，它的艳丽的确无花可及。但若论香气，牡丹恐怕难当这"天香"之名，至少它是有对手的，比如被称之为"天香"的就另有一种花儿，名为天香茉莉。

"好一朵茉莉花"被传唱了几十年，但很少有人知道它其实并非中国的物产，而是原产于西亚，之后传入印度以及南海诸岛，隋唐时期才沿着海上丝路传入中国。"茉莉"是一个音译词，比如佛经中会被翻译成"抹利""没厉"等，因此到了中国以后，它又被赋予了一重"莫离"的寓意，相传古代的七夕，年轻男女会泛舟水上，抛洒茉莉鲜花，祈福两情相悦、永不分离。

为什么茉莉不能从陆上丝路传入呢？这是因为茉莉很少结果，无法通过播种来繁殖，大多都是扦插的，活的植株自然无法经受漫漫黄沙的考验，所以茉莉作为舶来品在中国最先扎根的地方就是东南沿海，其中又以福建茉莉的种植历史和茉莉花的品质最负盛名。我们要讲的这款花茶主要原料就是福州的茉莉花。

茉莉从热带来，生长习性比较特别，种活很简单，种好却很难。首先茉莉喜高温怕低温，10℃以下基本就不生长了，而35℃左右才是它开花的最佳温度，所以在北方种好茉莉的难度很大；其次茉莉喜光照，阳光越强长得越好，花儿的品质也越高，比如我在重庆这样缺少阳光的城市种茉莉，每年开出的花都星星点点、柔弱不堪，香气也很清淡；此外茉莉喜湿怕涝，既需要大量的水，水一多又容易烂根，普通土壤的沥水性很难达标。正是以上三点"怪癖"，恰恰注定了福州会成为高品质茉莉花的核心产区。

福建自古就有"八山一水一分田"的称号，八成都是山，几乎没有平的地方，实际经过测绘福建全省89%都是丘陵和山地，唯一一点田地是河流冲积出来的平原，比如福州平原就是闽江冲积出来的。冲积平原虽小，却有着得天独厚的优势，让它非常适合种植茉莉花。我去福州考察时，发现很多茉莉花田都是种植在河流两侧的，或是种在离水很近的丘陵脚下。一来供水充沛，满足了茉莉对水的需求，二来这里的土壤都是富含砂砾的，渗水性很强，避免了烂根的问题。一路看过去，很多小丘陵都形成了一个个立体的生态系统，山下种着茉莉花，山上种着福州茶，层次分明，交相辉映，仿佛它们的香气早已在天地之间开始融合了。

那是一个烈阳高照的正午时分，我有幸参观了花农们采摘茉莉伏花的场景，原本我还想亲手体验一番，但实在是太热了，没待几分钟就逃到树荫下远远地看着。花农

采摘下来的新鲜茉莉花蕾，知序茶舍供图

们是有专业装备的，头戴大大的斗笠，帽檐下垂着一圈纱巾。衣服都是长袖长裤，防止晒伤，腰间还挎着一个小竹篓，摘下的花儿直接投了进去。起初我以为这竹篓就是个普通的容器，一问之下还大有玄机，因为新鲜的茉莉摘下来，如果放进一个不透气的容器里叠压起来的话，在如此高温的环境中没一会儿就变质了，所以它必须放在这样一个通气的竹篓里才能保持新鲜。更有意思的是这些竹篓并不是为了摘茉莉而特制的，它们原本是装鱼的篓子，很多花农都还兼着渔民的身份。竹篓里装满花之后，又会统一倒在一张大渔网上摊开，防止腐烂。仔细看下来，整个采花的场面意趣非凡，处处都透着劳动人民的智慧。

　　看着看着，我又发现了一些奇怪的地方，花农们只摘花蕾，而不摘已经开放的花儿。我猜想，这大约与古人制桂花香一样，已经绽放了的桂花，香气便开始流逝，不堪用了。但不能理解的是，花农们并不是每一朵花蕾都摘下，而是有选择地摘，我还特意看过

福州陈师傅正将鲜花与茶基混合

枝头上剩下的花蕾，与篓子里的似乎没有什么区别。结果又是一追问，方才恍然大悟。

　　原来被摘掉的花蕾是要保证可以在当晚绽放的！也就是说，这些花蕾不能过夜，收集起来之后要马上运到茶厂开始加工，必须要在当天晚上让花蕾全部绽放，这样才能把最好的香气吐出来，这个过程被称为"吐香"。当晚就能绽放的花蕾和明天才绽放的花蕾又能有多大区别呢？简直微乎其微，因此如果不经过训练就来采摘茉莉，便会造成很大的浪费，而熟练的花农基本能保证90%以上的花蕾都能在当晚绽放。

　　运到茶厂之后要立即在室内把挤压的花蕾重新摊开，迅速进行降温透气，这时依然不能掉以轻心，需要仔细控制花堆的温度，保持在35℃左右花蕾才能均匀开放。这个过程叫作"伺花"，果然比伺候人还要仔细，算是非常形象的比喻了。

　　等到花蕾全部绽放，最关键的一步就要开始了。首先按照配比把鲜花与烘焙后的茶基充分混合，堆成一个堆状，再把顶部摊平，最后再铺上一层茶叶，做到花不外露，称为"盖面"。接下来，茶堆中的温度开始上升，茶叶开始大口大口地吸附茉莉花吐出的香气，这个过程即为"窨"。

窨一次的时间没有定数，大约五六个小时，具体要根据温度来确定，如果放任不管，茶堆中的温度太高，里面的花就臭烂了。有经验的老师傅甚至不用看温度计，把手伸进茶堆一摸，马上就能得出判断。

等温度上升到40℃需要再次摊开茶堆，进行降温透气，这个步骤叫作"通花"，通花之后则再次堆成堆，即为"复窨"。复窨同样要进行五六个小时，所以两次窨花结束，天也就亮了，一个不眠之夜就在如此的辛劳中度过。

复窨完成之后再次摊开茶堆，里面的茉莉花已发黄了，残留着微弱的香气，而茶叶却吸附了茉莉的精华，透着一如花田里的崭新花香，这种香气的流转实在是太神奇了！

接下来用筛子将花、茶分离，称为"起花"，起出来花直接丢掉，绝不会留在茶里，这就是真正的茉莉花茶见不到花的原因。至此，窨花结束。

想来大家都喘了口气吧，折腾了一整夜，终于把这花茶给窨好了。然而，这才仅仅是第一次窨花，茶叶中所吸附的茉莉花香还远远不够，接下来一连五六天，乃至七天八天九天的夜晚，都要一丝不苟地重复这一过程，这就是所谓的一窨、二窨、三窨……一直到七窨、八窨、九窨，而每一窨都要加入全新的茉莉鲜花。

写到这里，我看了看面前的这杯茉莉花茶，不由得感慨良多，这杯茶来得真是太不容易了。虽然里面看不到任何一朵花儿，但在这无形的香气背后，却是远远超过茶叶千百倍的新鲜茉莉花。它们前赴后继，把最鲜活的生命付诸杯水之间，而自己却选择了默默无闻、不留痕迹。再细品一口吧，让香气通达灵魂深处，也不负这些冰清玉洁的夜夜凋零了。

正宗的茉莉花茶在初次窨制时，师傅们还会适当加入一些白兰鲜花，可以让花茶的头香显得更加轻灵跃动，入口的感受也更为鲜甜。这个步骤也十分讲究，既要体现出白兰鲜甜的滋味，又不能透出白兰的花香，行话叫不能"透兰"，所以千万不要忘记好喝的茉莉花茶中还有白兰这位深藏其间的好帮手。

一杯正宗的茉莉花茶经历数次窨制总算是制作完成了，喝起来大约有这样几点感受：首先是香气，完全是新鲜茉莉的花香，没有任何一丝腐朽的气息，与干品茉莉花泡水的感受简直是天壤之别。除了鲜活灵动，香气还十分持久，这也是判断品质高低的标准，如果花香一掠而过，一泡有香，二泡三泡就不香了的，要么是窨的次数太少，要么是没有严格遵循制作流程，而通常六窨以上的茉莉花茶，连续冲泡十余次都依然香气扑鼻；其次是口感，借用一句行话，称为"冰糖甜"，这是福州茉莉花茶独有的一种回甘效果，虽然并非真有冰糖那么甜，但这种回甘的确是透着丝丝清凉的，宛如福州夏夜的海风。

既然是花茶，除了花香，茶也同样重要，只是福州的茶自古以来便享誉天下、尽人皆知，茉莉花也可以与福州的烘青绿茶、红茶、白茶进行多种组合，不同的搭配又有不同的口感，合出的香气也是各有千秋。

 番外篇：印篆之香，浅谈中国香的计时功能

曾有一部热播的古装剧，名为《长安十二时辰》。顾名思义，讲的是一天之中发生的事情，这部剧一共 48 集，因此时间概念在这部剧中需要特别精确，平均下来每集只能讲一刻的故事。

今天讲一刻钟即十五分钟，是一个时间段的概念，如果再细分，分后面还有秒，秒后面还有毫秒、微秒等，但是在古代，一刻就是最小的时间单位了。古人把一昼夜分成了一百刻，平均下来每刻相当于今天的 14 分钟多一点，这种计时方法就叫"百刻制"。直到 13 世纪欧洲人发明了机械钟，才出现了"分"的概念，而"秒"的出现，更是 17 世纪荷兰人发明了摆钟以后的事情了，因此在长达至少三千年的历史里，中国人最精细的时间单位就是刻。

如果去故宫参观钟表馆，会发现皇帝们都对钟表十分热爱，把钟表做得奢华至极，恨不能把世间珍宝都镶嵌其上。这是因为在此之前，人类从未想过有朝一日可以如此精准地用"分""秒"来掌握时间，堪称文明的一个巨大进步，而身处这个节点之上的人，自然是惊喜不已了。

在《长安十二时辰》中，靖安司里坐着一个雷打不动的人，他有一个职位——司天台报时博士。每到准点，便敲一下鼓，高喊报时。司天台是唐代设立的掌管天文历法的国家机构，里面的官员都被称为博士，管历法的叫"置历博士"，管天文的叫"天文博士"，专管计时的叫"漏刻博士"，也叫"报时博士"，是正儿八经的九品官员。

这位博士面前有个巨大的计时器，即漏刻。古人曰，"孔壶为漏，浮箭为刻"。有孔的壶，匀速地往下滴水，称为"漏"，滴水的叫"滴漏"，流沙的叫"沙漏"。"浮箭"是能随着水的多少而上下浮沉的标尺，标尺上有刻度，可以观测时间。这种滴漏钟，也叫水钟，最初发明的时候，漏壶只有一只，为了更加精准人们便不断增加漏壶的数量，一层层地堆叠上去，到了唐代，水钟已经变成了一种庞大的计时器具。

但无论水钟有多大，它始终缺少了一项重要的功能——闹钟。它可以衡量流动的时间，却无法衡量固定的时间。如果要定个时又该怎么办呢？古人的智慧果然弥补了这项不足。

其中一段剧情是必须要在一个时辰之内取得案情上的突破性进展，因此这一个时辰就需要用倒计时的方式来精准计算。于是，司丞李必说："架火闹钟！"

"火闹钟"是一条金龙造型的器物，龙昂首向前，四足落地，被制成了一个架子的形状。龙背上悬挂了七根丝线，每根丝线下端都吊着一个铜球，铜球下方是接球的铜盘。七根丝线并不是随意悬挂的，它们把龙背平均分成了八段，每一段就代表一刻，八刻正好是一个时辰。接下来取一根线香，点燃后放置在龙背上，倒计时便正式开始了。

香火慢慢燃烧，每烧断一根丝线，铜球就会掉入铜盘里发出清脆的响声，表示一刻钟过了，当所有的铜球全部掉落时，计时结束。因此"火闹钟"之"火"不是明火，而是香火。

剧中的龙形火闹钟在历史上确有其物，且有一个好听的名字——龙舟香漏，但它的出现绝不会在唐朝，这是个时代性的谬误，原因就是唐朝还没有线香。唐朝人没有线香，他们又用什么香来计时呢？答案是印香。

印香即"印篆之香"，简称香篆，需要用明火来点燃，这一点跟线香相同，唯一的区别是香篆的主体是松散的香粉。首先需要模具，即在一块铜板上刻出镂空，镂空的部分可以是图案，也可以是文字，中国古人尤爱用篆书来做镂空，称之为"篆模"。接着把香粉填进去压实，再拿掉模具，从而形成图案或篆字。最后从一端点燃，香火会沿着笔画一点点燃烧，直至把整个图案完全化为灰烬。这就是"打香篆"的基本过程。

如今"打香篆"已成为了主流的品香方式，填压各种不同的香粉，使用不同样式的篆模，置入各式精美的香炉，而后一缕青烟飘散，具有十足的仪式感。但早期的"打香篆"并不是用来品香的，它唯一的功能还是用来计时。

在《香乘》卷二十二"印篆诸香"中首先登场的一则故事，题为"五夜香刻"：

> 熙宁癸丑岁大旱，夏秋愆雨，井泉枯竭，民用艰饮，时待次梅溪，始作百刻香印以准昏晓，又增置五夜香刻如左。

北宋神宗熙宁六年（1073），发生了大旱灾，久不下雨，水井都枯竭了，老百姓们都要按次序排队取水。宣州梅氏发明了一种名为"百刻香印"的香篆，把焚香祈雨和计时功能进行了融合，所谓"百刻"，即将一天分成了一百刻，全部体现在了香篆上。此外还有用于夜间计时的"五夜香刻"。

古人以燃香计时，真的能保证准确性么？这是很多人的疑惑所在。以今天的时间观念来看，这种计时方法当然是不够精准的，因为香燃烧的速度会受到各种因素的影响，计算的时间越长误差也就越大，这一点毫无疑问。然而这个道理，古人心知肚明，因此在制作香粉时，古人也会尽量来避免误差。

　　《香乘》"大衍篆香图"一则记载："凡合印篆香末，不用栈、乳、降真等，以其油液涌沸令火不燃也。"做香篆的材料，不要用栈香、乳香、降真香之类含油量太高的材料，点燃时油液沸腾会让火熄灭。这种现象是真实存在的，比如降真香粉点燃时能够清晰地看到油液沸腾，即使制成线香，也只能竖着点燃，卧着点则会熄灭。虽然含油量高是高品质香材的一种体现，但却不适合来做香篆。

　　《香乘》"百刻篆香图"一则记载："百刻香若以常香即无准，今用野苏、松球二味相和令匀，贮于新陶器内，旋用。"如果用常规香料来做百刻香，则计时不准，

"祥云"香篆步骤

平整香灰安放篆模—填入香粉—脱印—从一端点燃

要将白苏叶和松球一起制成香粉，计时才能准确。

这两则记载对计时香篆的用材进行了规范，显然对于计时香来说，香气并不重要，准确性永远是排在第一位的。此外按照我的经验来看，除了材料的选择，香粉的粗细程度也对准确性有很大影响，越细、越均匀则越准确，其他诸如香品的干湿程度、填压香粉时的力度大小、燃香环境中风的大小等，也都会影响最终的结果。

## 番外篇：邪不压正，瘟疫的历史与香之妙用

2019 年岁末，一场疫情席卷而来，只是不承想它会如此旷日持久，截至本文完稿的 2021 年 5 月 21 日，疫情仍在严重地影响着这个世界。因此本文有两个目的，一是从历史的角度看看这种大规模蔓延的疾病对于人类都造成过哪些影响；二是从香文化的角度来浅谈一番香气在此类灾难中能够发挥的作用。聊尽绵薄之力，愿疫病退却、世界清净。

如今在对大范围传染病的病源进行分析之后，会将疾病分别命名以示区分，但在古代通常只有一种叫法——瘟疫。

"瘟"里头是个"昷"，同"温"，代表一种体温升高的疾病，而"疫"在《说文解字》里被释义为"民皆疾也"。瘟疫连在一起就是伴随着发热状态的、扩散性极强的传染病，这是古人对于瘟疫的理解。

瘟疫一词最早出现在殷墟甲骨文上，内容大约是商王病了，巫师前来占卜，所卜内容是大王的病是不是民间的疫病。若不是疫病尚且可医，若是疫病则基本无力回天了。而能够解答巫师这个问题的只有鬼神了，病来是恶鬼附体，病去是神仙显灵，除此以外再无更好的解释。

但从有限的记载来看，先秦时期发生大规模疫病并不多见，到了秦汉时期却突然开始增多了，其原因与国家统一有关。诸侯争霸时期，各国间都有明确的界限，秦国文献曾记载，为了防范他国疾病传入，所有进入秦国的马车都要经过一番烟熏火燎，相当于严格的消毒措施。但当国界被打破，版图融为一体，人口也逐渐向核心城市聚集时，瘟疫就像一匹脱缰的野马，开始了大范围的狂奔。人们这才意识到，人口密度与瘟疫传播的范围、速度成正比。

于是人们开始对患病者进行隔离，比如《汉书》记载："元始二年，民疾疫者，舍空邸第，为置医药。"瘟疫发生时，先腾出一间空房子，将病患集中起来，再统一进行医治。到了南北朝时期又出现了专门的"疠人坊"来隔离得了麻风病的人，相当

于麻风病院。这些看似原始的方法对于阻断瘟疫的传播有着明显的作用，时至今日依然是控制疫情的首选方案。

一开始，中国人都认为瘟疫是源于天灾，"大灾之后有大疫"，事实也证明诸如洪水、干旱、地震、饥荒等发生之后，随着大量死亡的出现，瘟疫很快就会到来。但在经历了几次对外战争之后，中国人突然意识到，瘟疫的触发也可能来自敌人的故意散播。

霍去病征匈奴，一路杀到狼居胥山，举行了祭天大典。可为何他不继续北追，以绝后患呢？除了战略、战术上的因素以外，还有一点重要的原因即瘟疫已在汉军之中扩散开了。

匈奴人是游牧民族，成天跟牲畜打交道，还会驯养草原上的飞禽走兽。久而久之，匈奴人摸索出了一些关于疾病的规律，疾病最初是出现在禽兽身上的，且具有传染性，会导致大批牲畜接二连三地死亡，其中一部分还会传染到人，从而引发更加恶劣的后果。而匈奴人在数千年的游牧生活中自身已有了相当的免疫力，也懂得很多防治的技巧。因此当被汉军追到走投无路之时，他们想到了利用这种"生化武器"来逃出生天。匈奴人将得病腐烂的动物尸体抛弃在河流上游，追上来的汉军军马饮了河水很快就倒下了，一匹接着一匹。没了马自然就追不上了，士兵们也开始变得萎靡不振。霍去病一声叹息，只能鸣金收兵。

汉军撤了，但可怕的事情才刚刚开始，瘟疫随着回撤的队伍被带往中原，并在人口最为密集的长安开始发酵。《香乘》上有一则记载，题为《西国献香》：

> 汉武帝时弱水西国有人乘毛车以渡弱水来献香者，帝谓是常香，非中国之所乏，不礼，其使留久之。帝幸上林苑，西使千乘舆闻，并奏其香。帝取之看，大如燕卵三枚，与枣相似。帝不悦，以付外库。后长安中大疫，宫中皆疫病，卒不举乐。西使乞见，请烧所贡香一枚，以辟疫气。帝不得已听之，宫中病者登日并瘥，长安百里咸闻香气，芳积九十余日，香犹不歇。帝乃厚礼发遣饯送。

西方有一小国使者来向汉武帝献香，汉武帝十分不屑，看也没看，说我泱泱大国还能缺你这点香么？并未厚待使者。过了些时日，汉武帝到上林苑游玩，使者不依不饶又来献香，汉武帝只好看了一眼，发现这香共有三枚，大小像鸟蛋，颜色与枣相似。不能总是驳了使者的面子，汉武帝勉强收下，吩咐放到宫外的库房里去。

后来长安发生了大瘟疫，这场瘟疫很有可能是由匈奴而起，不但城里的百姓遭殃，就连宫里也染上了。通常瘟疫多发生在人口密集、卫生条件堪忧的市井巷陌，像皇宫这种戒备森严、生活精致的场所是很难被传染的，可见疫情的严峻程度。原文形容"卒不举乐",亡者众多,一切娱乐活动都停止了。

正焦头烂额之际,使者又来了,他建议汉武帝烧一枚所贡之香试试看。汉武帝无计可施只得听从,从库房里把香翻了出来,烧了一枚。结果宫里染病的人当天就好转了,整个长安城百里之内也是香气馥郁,且这香气存留了九十多天方才散去,言下之意就是在香气的笼罩下瘟疫也尽数退散了。汉武帝大喜,赐厚礼并设酒宴送别了这位小国使者。

匈奴尝到了甜头,继续用这种方式来攻击敌人,甚至有传言说,匈奴西迁之后将瘟疫传进了西方,很大程度上导致了东罗马帝国的覆灭。而到了成吉思汗时期,蒙元在西进中遇到久攻不下的城池,也会用投石机把感染瘟疫的死尸抛进城去,每次都能起到奇效。因此蒙元的扩张,某种程度上来讲也附带着瘟疫的全球性扩散。

接二连三的大瘟疫让西方世界人口锐减,其中最厉害的要数中世纪欧洲的"黑死病"。起初人们根本不知道这种疾病从何而来,甚至一度有教派认为是猫引起的,说猫看起来像是邪恶的化身,把猫大量地驱赶、杀死。但却渐渐发现猫少的地方老鼠横行,疾病反而更加严重,方才意识到这竟是一场鼠疫,是寄生在老鼠身上的跳蚤把鼠疫传给了人,继而又在人与人之间传播。前文"世界香史"部分曾提及,欧洲贵族会把肉豆蔻做成香囊挂在身上,就是要用香气驱赶跳蚤,这种手段很有效,只可惜肉豆蔻太贵,没几个人能用得起。最终"黑死病"让超过两千五百万的欧洲人死去,如此巨大的伤亡在人类历史上都触目惊心。

相对于西方而言,古代中国尽管也是瘟疫横行,但造成的人口削减要少很多,得益于两方面,一是中国古人要更讲卫生;二是中国的医术更加发达。卫生方面不用多说,不论是城市的排污系统,还是个人的洗护清洁,都要高出西方很多。医术方面,中医更是遥遥领先,毕竟有几千年的历史了,西医只能算近代的后起之秀。很多古代名医都是在瘟疫之中被催生出来的,比如张仲景的经典著作《伤寒杂病论》其实就是一部探索瘟疫防治的医书。

张仲景生活在东汉末年,那也是一个瘟疫猖獗的年代,曹操曾写道:"白骨露于野,千里无鸡鸣。生民百遗一,念之绝人肠。"百不留一的人间地狱,除了战争,瘟疫也是罪魁祸首之一。张仲景在《伤寒杂病论》中记述了自己宗族的情况:"余宗族素多,向逾二百,建安纪年以来,犹未十稔,其死亡者三分有二,伤寒十居其七。"意思是两百来个亲戚,十年之间,死了三分之二,其中百分之七十都是死于伤寒。张仲景的一生开发了一百多服药方来治疗瘟疫,为后世提供了宝贵的治疗思路,挽救了无数人的性命,不愧"医圣"之称。

瘟疫唯一的积极作用是让医学不断进步,只可惜进步的速度却十分缓慢,数千年间人类一直都没能搞清楚瘟疫究竟是什么引起的,每一次对于源头的溯源到了蚊虫、跳蚤那里便无法再深入地探究下去,而原因就是真正的源头属于另一个世界——微观世界。

一直到 19 世纪 60 年代，随着显微技术的进步，德国医学家科赫才发现了瘟疫的幕后真凶，诸如结核杆菌、霍乱弧菌等病原体，在他的理论基础上，伤寒杆菌、鼠疫杆菌、痢疾杆菌也相继被发现。真相大白，没想到让人类差点走向灭亡的竟然是这些只能在显微镜下才能看见的细菌们，宏观世界第一次向微观世界低下了高贵的头颅。找到了病根，自然就有了崭新的治疗方案，比如抗生素的出现等。

有了对于古代瘟疫的认知基础，现在可以回头看看中国香在历史中对于防治瘟疫的作用了。前文曾提及，香的第一次出现大约是在某个原始部落里，有人在无意中向篝火里投入了香料，与香气同时被发现的，还有那一晚相当明显的驱蚊作用。这实际上就是香的第一种能力——驱散。

为什么香会有驱散的作用呢？首先是因为烟，燃烧香料产生大量的烟，而能够承受浓烟的生物并不多，除非不需要呼吸。比如处理马蜂窝时，最安全的做法是先用烟熏，烟一来马蜂就退散了。同样像老鼠、虱子、跳蚤、蚊蝇等活跃的细菌宿主们也都会被烟所驱赶。但烟有两大弊端，一是散了就散了，除了烟火气之外什么也不会留下，持续性很差；二是虽然蚊虫鼠蚁怕烟，但人也怕烟，长期待在烟熏火燎的房子里对于健康的伤害更大。这时就需要香气的加持了。

香料之所以香，因为富含挥发油，油性成分弥散之后会附着在墙壁、家具、衣物等物体上。油脂不会很快消失，更有一些挥发极慢的油性成分，在几年甚至十几年间都会存在。比如沉香，古人在书房里焚一块上好的沉香，这间书房很多年都不会生蛀虫，这不是因为蛀虫被熏怕了，而是因为油脂的存在让它们无法卷土重来。

第二种能力是杀菌。可以杀菌的香料有很多，最常见的就是艾草。艾草被用于杀菌的历史久远到无法追溯，直到今天依然是一剂良药，包括端午插艾条、泡艾澡、食艾团等习俗，本质上都是为了抵御"毒月"活跃的菌毒。

艾草能够杀菌消毒，也是因为它富含挥发油，比如其中的水芹烯成分就是一种天然的杀虫剂、杀菌剂，对于鼠疫杆菌、霍乱杆菌等都有着良好的杀灭作用；再如其中的细辛醚成分，它能够有效抑制细菌的活性，尤其是真菌的活性。

当然古人并不知道细菌的存在，他们认为瘟疫是一种"邪气"，只要找到了"正气"就能予以克制，而熏焚艾草的香气即正气所在！虽然他们是"蒙"对了的，但现代科学最终证明他们的选择正确无比。

特别要说明的是"是药三分毒"，哪怕是天然的杀菌香草也是具有毒性的，大量吸入焚烧艾草的烟气也有损健康。尤其是今天的普通住宅比起古人的房屋，在空间上已经小太多了，更加要注意熏艾之后的通风透气。很多人担心通风之后药效会消失，实际上由于挥发油的存在，杀菌效果会十分持久。

中国人善用艾草，西方人则善用鼠尾草，其中又数白鼠尾草的杀菌净化作用最为强大，而西方人在熏焚鼠尾草时也很注重通风，一定会留下窗口排出烟气。

总结一下，为什么熏焚香草可以抑制瘟疫？一是因为烟气切断了传染途径，让携带细菌的动物、昆虫不得近身，远离我们的居所，瘟疫的传播途径就被阻断了；二是烟气中裹挟着具有杀菌作用的挥发油，油脂附着在器物上还形成了一层保护膜。但这些并不意味着得了瘟疫的人可以通过熏香来恢复健康，治疗和预防又是完全不同的概念了。

如此说来，是不是只要里里外外熏上香草，家里、衣服上、被子上一天熏它个十几遍就能完全杜绝瘟疫了呢？当然不是，瘟疫远远没有这么简单。

19世纪末，一位名叫伊万诺夫斯基的俄国科学家，发现了比细菌更加微小的病原体，小到了纳米级别，发现它们要比发现细菌困难很多，需要更强大的显微技术，这就是病毒。

细菌可以视作一个独立的生命体，它可以自己生活在水里、土里、空气里或宿主身上，它的传播方式有很多，比如匈奴污染河水就是通过水这种介质。后来有了抗生素，人类可以直接杀死细菌，且杀菌的同时还不损害其他的人体细胞，这一下子就让细菌感染基本被治愈了。但是病毒却不是一个独立的生命体，而是介于生命与非生命之间，病毒只能寄生在宿主身上，离开久了就会消亡，所以病毒的传播途径很少，没办法通过水、空气等长时间传播，主要还是通过口口相传，也就是所谓的"飞沫传播"。在古代，由于人口稀少，瘟疫主要是由细菌造成的，但今天恰恰反过来，卫生条件好了，细菌没了，但人口却几何级地增加了，从而导致病毒开始肆虐。这是古今瘟疫的一个明显差异。

哪些瘟疫是属于病毒型的呢？举个最耳熟的例子，天花就是天花病毒引起的。清朝时民间流行一句话："生了孩子只一半，出了天花才能算。"意思是孩子顺利出生只能算活下来一半，只有扛过天花有了免疫力，才能算是彻底安全。顺治皇帝就死于天花，最终选择玄烨继位，其中非常重要的一点原因是玄烨得过天花，已经有了抗体，有利于政权稳定。古往今来，病毒是无药可治的，唯一的方法就是提前接种疫苗，而在没有疫苗或是疫苗尚未研发出来的时候，最好的防御策略就是隔离，减少扩散从而让病毒自然消亡。

熏香可以抵御细菌性瘟疫，对于病毒性瘟疫还有没有作用呢？实事求是地讲，中国香对于病毒没有杀灭的作用，也无法隔绝类似飞沫传播、接触传播之类的传染途径。所以在病毒引发的瘟疫中，请各位务必戴好口罩，减少与外界的接触，等待疫苗的出现和病毒的自生自灭。若问我有没有能治病的香，我的答案是没有。

如此说来，是否意味着中国香对于病毒性瘟疫就一点作用都没有了呢？这倒也不是，在另外两个层面上中国香是有积极作用的——中医层面和精神层面。

先说说中医层面，中医之博大精深不是一两句话能够说得清楚的，也不是用今天所谓的"科学"可以完全解释清楚的，我们可以举个例子浅浅地说明一下。有一种药材，也是香材，它的名字叫苍术。苍术生闻气味芳香，点燃之后与艾草、菖蒲一样，具有非常好的天然杀菌能力。但除此之外，苍术的香气还具有一重特殊的作用即祛湿浊、化痰瘀。我想即使是不了解中医的人，听到这样的功效也会觉得十分对症，因为咳嗽多痰、高热不散都是典型的瘟疫症状。还有大黄，中式合香中经常用到，大黄性寒，主攻热毒，炮制时用酒更能增强其效力，闻其香气可解深藏于肺腑中的热毒聚积，这些功效也十分对症。因此诸如苍术、大黄、菖蒲、艾草之类的香药，虽然不能直接杀灭病毒，但从辅助的角度、从缓解病症的角度、从提高人体之正气来对抗邪气的角度来说，它们一定是有着积极作用的。

再来说说精神层面，自古以来，人们对于无药可治的疾病往往充满了绝望，无奈之下只能寄托于鬼神，烧香拜佛或是迷信巫术，终日哀声叹息、诚惶诚恐、茶饭不思，继而又进一步导致身体每况愈下。古人的愚昧无知情有可原，但我们不能再重蹈覆辙，因为我们已经知道抵御病毒最好的良药就是自己的身体，而身体又包含两个方面，一是身体本身，二是精神情绪。

情绪很重要，按古人的话来讲，"宁静方能致远"，平和的心态才是杜绝浮躁、隔绝干扰的重点所在，对于抗击病毒的过程而言依然如此。病毒来袭时最忌恐慌，一是慌乱会让人失去条理、忙中出错，反而增大了感染概率；二是恐惧会极大增加焦虑的情绪，让自身免疫力下降。因此在一个不利的大环境下拥有一个良好的情绪和乐观的心态是很重要的，中国香在这个方面就显现出了它独特的优势。

首先在视觉方面，点上一炷香，看着一缕青烟悠然而上，这会让人很快放松下来，因为你看得见如丝如缕的青烟，说明你一定是身处在安全、静谧的环境里，否则就算是喘一口粗气也会让青烟荡然无存。这也相当于一种心理暗示，青烟告诉你，此时的你很舒适，很放松。

然后是香气，中国香的香气是天然柔和的，相对于满世界充斥着的酒精、消毒水等刺鼻的味道，有着极大反差。你闻见香气，会想到春兰秋菊、夏栀冬梅，它会唤起你很多美好的记忆，虽然你的身体可能被禁锢了，但你的思绪却能因香而致远。情绪好了，身心放松了，吃得好了睡得香了，免疫力自然会提高，病毒也没有那么容易对你造成伤害了。中国香能够有如此的效果，在这人心惶惶的大环境下，你还奢求什么呢？我认为这种对于情绪的安抚作用远胜于其他。

2003年非典，我还是一名学生，当时学校封锁所有人都不能出去，但我能明显感受到当时的焦虑情绪是远远低于今天的。很重要的一个原因是当年的信息不够发达，手机除了电话短信之外还没有其他功能，恐惧的传播比病毒的传播要慢很多。而今天正好反过来了，恐惧远比病毒传播得快，传播得广，这其实并不是件好事。不如就像我当年做学生时一样，该吃吃该睡睡，按照国家的安排统一行动，等到风波过去再回头来看，恐惧是没有半点作用的。

　　瘟疫很可怕，这是自然界对于人类的惩罚，但同时也是对于人类的恩赐。我们在每一次的灾难中进步着，不断提高对于疾病的认知，促使医学飞速发展，为子孙后代提供了更加有效的保障，只有这样人类才能够繁衍生息。而瘟疫也让我们提高了对于大自然的敬畏心，因为只有足够敬畏，才能足够安全。

# 香料索引